高职高专课程改革项目研究成果
“互联网+”新形态教材

数字电子技术

主　编　王　露　章　魁
副主编　钱声强　陈　琳
陆海空　吴以岭
主　审　赵建辉

北京理工大学出版社
BEIJING INSTITUTE OF TECHNOLOGY PRESS

图书在版编目（CIP）数据

数字电子技术／王露，章魁主编. —北京：北京理工大学出版社，2019.7（2019.8重印）

ISBN 978-7-5682-7269-8

Ⅰ.①数…　Ⅱ.①王…　②章…　Ⅲ.①数字电路-电子技术　Ⅳ.①TN79

中国版本图书馆CIP数据核字（2019）第146350号

出版发行／北京理工大学出版社有限责任公司
社　　址／北京市海淀区中关村南大街5号
邮　　编／100081
电　　话／（010）68914775（总编室）
（010）82562903（教材售后服务热线）
（010）68948351（其他图书服务热线）
网　　址／http：//www.bitpress.com.cn
经　　销／全国各地新华书店
印　　刷／唐山富达印务有限公司
开　　本／787毫米×1092毫米　1/16
印　　张／17
字　　数／400千字
版　　次／2019年7月第1版　2019年8月第2次印刷
定　　价／48.00元

责任编辑／张鑫星
文案编辑／张鑫星
责任校对／周瑞红
责任印制／施胜娟

前言

随着电子技术和信息处理技术的高速发展，云计算、物联网、移动互联网、大数据、智能制造等新技术不断落地，有效提升了生产效率和人们的生活质量。数字电子技术作为相关技术实现的硬件基础，是电子、计算机、电气、通信、物联网等专业的重要基础课程。

教材编写团队长期从事电子、电气等专业大类学生的数字电子技术教学，在综合传统教学、项目化教学模式优点的基础上，结合信息化教学的要求编写了本书。本书在内容上注重实用性，以应用为主，尽量删繁就简，避免过多过深的理论推导与介绍，遵循由浅及深、循序渐进。在内容的编写方式上，借鉴问题驱动教学法，每章问题为学习起点，通过提出生活中常见的案例引导读者思考；随后由浅及深地讲解专业领域的相关知识点；最后提出问题的解决方案。在教学资源上，及时吸纳新的教学资源和工具，介绍了 Proteus 单机版仿真软件，以及在线电路设计和仿真工具，便于读者摆脱硬件束缚，随时随地进行学习。

全书共分 10 章。第 1 章主要介绍了数字电路分类与特点，数制与码制；第 2 章主要介绍了逻辑运算、逻辑代数的定律、公式和规则，逻辑函数的代数化简法和卡诺图化简法；第 3 章主要讲解了 TTL 集成门电路和 CMOS 集成逻辑门电路特点，包括集电极开路门、三态门等；第 4 章主要讲解了组合逻辑电路的分析方法，竞争冒险，着重分析了编码器、译码器、数据选择器、加法器、数值比较器等典型组合电路的功能与应用；第 5 章主要介绍了基本触发器，*RS* 触发器、*D* 触发器、*JK* 触发器、*T* 触发器等电路结构与功能，触发器的触发方式、集成触发器；第 6 章主要介绍了时序逻辑电路的结构、分析方法，同步时序电路的设计，计数器、寄存器与移位寄存器的功能与应用；第 7 章介绍了存储器和可编程逻辑器件的种类、结构等；第 8 章介绍了 555 电路及其典型应用；第 9 章介绍了数/模、模/数转换电路及使用方法；第 10 章讲解了使用 Proteus 进行数字电路仿真的方法。

本书第 1 至 3 章由王露执笔，第 4 章由钱声强执笔，第 5 章由吴以岭执笔，第 6 章由陈琳执笔，第 7、8、10 章由章魁执笔，第 9 章由陆海空执笔，附录由王露、钱声强执笔。王露、章魁担任主编，负责本书的组织、策划、修改和定稿工作，赵建辉担任本书的主审，对全稿进行了审核，并提出了宝贵意见。本书在编写过程中也得到了学校领导和试用老师的大力支持和帮助，江苏久创电气科技有限公司钱荣总经理对本书提出了宝贵意见，在此一并表示衷心的感谢。

由于编者水平有限，书中难免存在错误和不足之处，热诚欢迎专家和读者提出宝贵意见。

编　者

目录 Contents

第1章 绪论

学习目标

了解数字电路的特点及其分类；理解数制和码制的概念；掌握不同数制之间的转换方法；掌握各种 BCD 码与十进制数之间的转换方法及码制间的转换方法；了解格雷码和奇偶校验码的表示形式。

先导案例

人类日常生活中最常见的是十进制，而在数字电路系统中广泛采用的是二进制，那如何实现人机交互？常听说的“半斤八两”解释为彼此相同、不相上下，又是怎么回事呢？

1.1 数字电路概述

电子技术分为模拟电子技术和数字电子技术两大部分。模拟电子技术主要研究模拟信号的产生、传送和处理，数字电子技术主要研究数字信号的产生、传送和处理。处理模拟信号的电路称为模拟电路，处理数字信号的电路称为数字电路。

1.1.1 模拟信号与数字信号

（1）模拟信号：在时间上和数值上均做连续变化的电信号。如收音机、电视机通过天线接收的音频信号、视频信号，在正常情况下它们的电压信号不会发生突变，都是随时间做连续变化，如图 1-1（a）所示。

（2）数字信号：在时间上和数值上均做断续变化的电信号，也称离散信号。一般来说数字信号在两个稳定的状态之间做阶跃式变化，常用数字 0 和 1 来表示。这里的 0 和 1 不是十进制数中的数字，而是逻辑 0 和逻辑 1，因而称为二值数字逻辑，如开与关、亮与灭、高与低，等等，如图 1－1（b）所示。

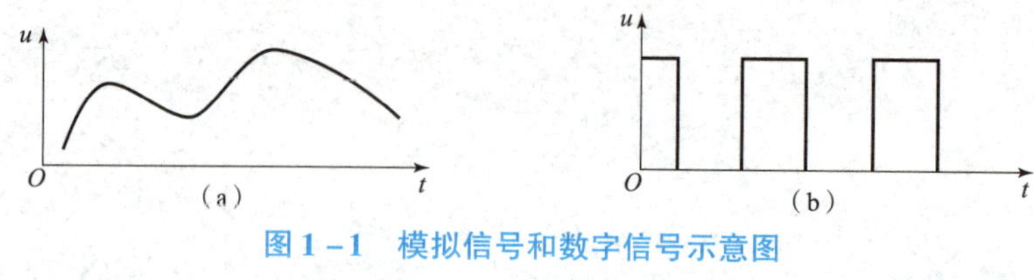

图 1－1　模拟信号和数字信号示意图

（a）模拟信号；（b）数字信号

1.1.2　数字电路的分类

1. 按电路组成的结构分类

按电路组成的结构分类，数字电路可分为分立元件电路和集成电路两类。

（1）分立元件电路：是将元件和器件等用导线连接起来的电路。

（2）集成电路：是将各个元件、器件及它们之间的连线均用半导体工艺集成制作在同一块硅片上构成的电路，然后按照一定的封装形式封装，提供给用户。用户使用时，通过外部的管脚来利用芯片内部的电路。

2. 按集成度的大小分类

所谓集成度的大小，是指在同一集成芯片上制作的逻辑门电路或元器件的数量多少。

（1）小规模集成电路（Small Scale Integrated Circuits，SSIC）：其每块电路包含 10 ~ 100 个基本元器件，如各种逻辑门电路、集成触发器等。

（2）中规模集成电路（Middle Scale Integrated Circuits，MSIC）：其每块电路包含 100 ~ 1 000个基本元器件，如编码器、译码器、计数器、寄存器等。

（3）大规模集成电路（Large Scale Integrated Circuits，LSIC）：其每块电路包含 1 000 ~ 10 000个基本元器件，如存储器、串并接口电路、中央控制器等。

（4）超大规模集成电路（Very Large Scale Integrated Circuits，VLSIC）：其每块电路包含 10 000 个以上的基本元器件，如各种微处理器等。

3. 按构成数字电路的半导体器件分类

按构成数字电路的半导体器件分类，数字电路可分为双极性电路和单极性电路两类。二极管、三极管工作时内部有两种载流子，所以称为双极性半导体器件；场效应管则靠导电沟道工作，称为单极性半导体器件。

（1）以双极性管为基本器件的集成电路称为双极性集成电路，如 TTL 电路、ECL 电路、I^2L 电路。

（2）以单极性管为基本器件的集成电路称为单极性集成电路，如 NMOS 电路、PMOS 电路、CMOS 电路。

4. 按电路的记忆功能分类

按电路的记忆功能分类，数字电路可分为组合逻辑电路和时序逻辑电路。

（1）组合逻辑电路：电路任意时刻的输出仅取决于电路当前的输入，而与电路过去状态无关的逻辑电路。如全加器、编码器、译码器、数据选择器等，这些集成电路均为组合逻辑电路，它们不能“记忆”过去的输入。

（2）时序逻辑电路：电路任意时刻的输出不仅取决于电路当前的输入，而且与电路过去状态有关的逻辑电路。如触发器、计数器、寄存器等，这些集成电路均为时序逻辑电路，它们能“记忆”过去的输入，带“记忆”功能。

1.1.3　数字电路的特点

数字电路与模拟电路相比，主要具有以下优点：

（1）数字电路不但能够完成算术运算（加、减、乘、除），而且能够完成逻辑运算（与、或、非等），这在控制系统中是必不可少的，因此数字电路也称为数字逻辑电路或逻辑电路。

（2）数字电路中，无论是算术运算还是逻辑运算，其信号代码符号只有“0”和“1”两种，电路的基本单元相对简单，便于集成和批量生产制造。随着半导体技术和工艺的飞速发展，数字电路几乎就是数字集成电路。批量生产的集成电路成本低廉，使用方便。

（3）数字电路组成的数字系统，工作的信号只有高低两种电平，所以数字电路的半导体器件一般工作在导通和截止这两种开关状态，抗干扰能力强，功耗低，可靠性高，稳定性好。

（4）数字电路中可以对数字信号进行加密处理，使信号在传输过程中不易被窃取，保密性好。

（5）数字电路系统中，通常采用数字集成电路组成，因此数字电路具有较强的通用性。

知识拓展

数字电路概述

脉冲波形及其参数

脉冲是一个突然的变化过程，在数字信号中，脉冲是突然变化的电压或电流。实际数字波形并不是理想的矩形脉冲，如图 1－2 所示。描述脉冲波形的主要参数有以下几个。

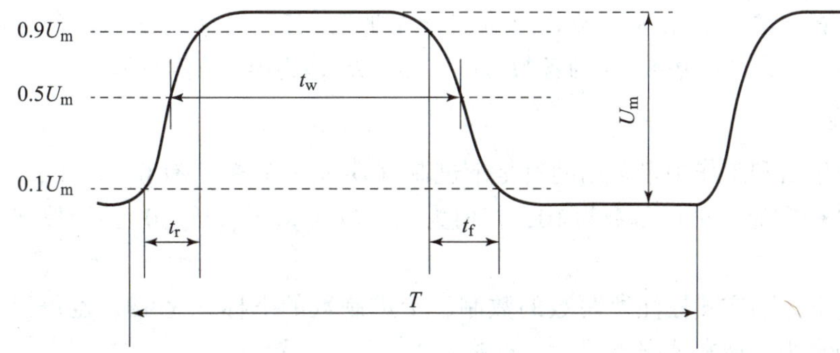

图 1－2　实际矩形脉冲波及参数

（1）脉冲最大幅度 U_m：电压从起始静态值到峰值之间的变化幅度，单位：V（伏）。

（2）脉冲上升时间 t_r：脉冲波形从 0.1U_m 上升到 0.9U_m 所需的时间。

（3）脉冲下降时间 t_f：脉冲波形从 0.9U_m 下降到 0.1U_m 所需的时间。

脉冲上升时间 t_r 和脉冲下降时间 t_f 越短，越接近理想的矩形脉冲，单位为秒（s）、毫秒（ms）、微秒（μs）、纳秒（ns）。

(4) 脉冲宽度 t_W：脉冲上升沿 $0.5U_m$ 到下降沿 $0.5U_m$ 两点间的时间，单位与 t_r 相同。

(5) 脉冲周期 T：在周期性连续脉冲中，相邻两个脉冲波形重复出现所需的时间，单位与 t_r 相同。

习题 1.1

(6) 脉冲频率 f：在周期性连续脉冲中，每秒出现脉冲波形的次数，单位为赫兹（Hz）、千赫兹（kHz）、兆赫兹（MHz），$f=1/T$。

(7) 占空比 D：脉冲宽度 t_W 与脉冲重复周期 T 的比值，即 $D=t_W/T$，它是描述脉冲波形疏密的参数。

1.2 数　　制

在数字电路中，数字量的计数方法就是数制。在生产实践中人们习惯用的计数制是十进制，而在数字电路中用得最广泛的数制却是二进制。由于二进制表示时所需位数太多，不太方便，所以也常采用八进制和十六进制。

1.2.1 进位计数制

常用的进位计数制包括十进制、二进制、八进制和十六进制，这些进制可以统称为“R 进制”，R 被称为进位基数，即每个数位可以出现的数码个数，也就是“逢 R 进一”。

$$(N)_R = a_{n-1}a_{n-2}\cdots a_2a_1a_0a_{-1}a_{-2}\cdots a_{-m}$$

上面这个表达式表示了一个 R 进制数 N，由 n 位整数和 m 位小数组成。

确定一个 R 进制 N 的数值大小，可以利用以下表达式进行计算：

$$\begin{aligned}(N)_R &= a_{n-1}R^{n-1} + a_{n-2}R^{n-2} + \cdots + a_2R^2 + a_1R^1 + a_0R^0 + \\ &\quad a_{-1}R^{-1} + a_{-2}R^{-2} + \cdots + a_{-m}R^{-m} \\ &= \sum_{i=-m}^{n-1} a_i R^i\end{aligned}$$

这样的计算方法可总结为“按权对位展开相加”，各种具体进制都符合这样的计数规则，表达式中：R 为进位基数，i 为各数位的序号，R^i 称为第 i 位的权值。

1. 十进制

人类日常生活和工作中最常用的就是十进制（Decimal）数，有 0，1，2，3，4，5，6，7，8，9 共 10 个数码，进位基数为 10，权值为 10^i（i 可为正、负、0），计数规则“逢十进一，借一当十”。

一般通过下标的方式标注所写数的数制，十进制数的下标就是 10，也可以写成 D，因十进制数最为常用，通常情况下下标可省略。

$$\begin{aligned}(172.83) = (172.83)_{10} = (172.83)_D \\ = 1\times10^2 + 7\times10^1 + 2\times10^0 + 8\times10^{-1} + 3\times10^{-2}\end{aligned}$$

2. 二进制

在数字电路中用得最多的是二进制（Binary）数，二进制数只有两个数字符号 0 和 1，进位基数为 2，权值为 2^i（i 可为正、负、0），计数规则“逢二进一，借一当二”。

二进制的下标就是2，也可以写成B。例如：

$$(101.11)_2=(101.11)_B=1\times2^2+0\times2^1+1\times2^0+1\times2^{-1}+1\times2^{-2}=(5.75)_{10}$$

3. 八进制

八进制（Octal）的每个数位上可用的数码为：0，1，2，3，4，5，6，7，进位基数为8，权值为8^i（i可为正、负、0），计数规则“逢八进一，借一当八”。

八进制的下标就是8，也可以写成英文字母O。例如：

$$(125)_8=(125)_O=1\times8^2+2\times8^1+5\times8^0=(85)_{10}$$

4. 十六进制

十六进制（Hexadecimal）数比二进制数位数少，便于书写和记忆，因此在计算机中经常使用。十六进制数数位上可用的数码为：0~9，A（10），B（11），C（12），D（13），E（14），F（15）。进位基数为16，权值为16^i（i可为正、负、0），计数规则“逢十六进一，借一当十六”。

十六进制的下标就是16，也可以写成H。例如：

$$(AD5.C)_{16}=(AD5.C)_H=10\times16^2+13\times16^1+5\times16^0+12\times16^{-1}=(2773.75)_{10}$$

表1-1所示为不同进制数的等值对照表，同时约定在本书的后续部分中，所有的计数制下标都采用数字形式。

表1-1 不同进制制数的等值对照表

十进制数	二进制数	八进制数	十六进制数
0	0000	0	0
1	0001	1	1
2	0010	2	2
3	0011	3	3
4	0100	4	4
5	0101	5	5
6	0110	6	6
7	0111	7	7
8	1000	10	8
9	1001	11	9
10	1010	12	A
11	1011	13	B
12	1100	14	C
13	1101	15	D
14	1110	16	E
15	1111	17	F

1.2.2 进位计数制之间的转换

1. 二进制-十进制数转换

用按权展开法可以将任意二进制数转换成十进制数。所谓按权展开法就是将各位二进制数的权值乘上系数，再相加即可得相应的十进制数。

例如：将二进制数 $(11010.011)_2$ 转换为十进制数。

$$(11010.011)_2 = 1\times2^4 + 1\times2^3 + 1\times2^1 + 1\times2^{-2} + 1\times2^{-3} = (26.375)_{10}$$

为了方便利用按权展开法进行二进制数转换成十进制数，应熟记表 1-2。

表 1-2 常用二进制的位权

i	10	9	8	7	6	5	4	3	2	1	0	-1	-2	-3
2^i	1024	512	256	128	64	32	16	8	4	2	1	0.5	0.25	0.125

2. 十进制-二进制数转换

十进制数转换成二进制数需要分两部分转换：整数部分和小数部分。

整数部分采用除 2 取余法，其步骤如下：

(1) 给定的十进制数除以 2，余数作为二进制数的最低位 LSB (Least Significant Bit)。

(2) 将第 (1) 步的商再除以 2，余数作为二进制数的次低位。

(3) 重复第 (2) 步，直至商为 0，最后的余数作为二进制数的最高位 MSB (Most Significant Bit)。

例如：将十进制数 $(13)_{10}$ 转换为二进制数。

余数(LSB)

2 | 13 …… 1
2 | 6 …… 0
2 | 3 …… 1
2 | 1 …… 1
0

(MSB)

读取顺序 ↑

因此，$(13)_{10} = (1101)_2$。

小数部分采用乘 2 取整法。所谓乘 2 取整法是将小数部分逐次乘以 2，取乘积的整数部分作为二进制数的各位，乘积的小数部分继续乘以 2，直至乘积为 0 或到一定的精度。

例如：将十进制数 0.1875 转换为二进制数。

		取整 ↓
0.1875×2=0.3750	0(MSB)	
0.3750×2=0.7500	0	
0.7500×2=1.5000	1	
1.5000×2=1.0000	1(LSB)	小数部分为0，结束

因此，$(0.1875)_{10} = (0.0011)_2$。

例如：将 0.542 十进制数转换为误差不大于 2^{-6} 的二进制数。

$$0.542 \times 2 = 1.084 \qquad 取整\ 1$$
$$0.084 \times 2 = 0.168 \qquad 取整\ 0$$
$$0.336 \times 2 = 0.672 \qquad 取整\ 0$$
$$0.672 \times 2 = 1.344 \qquad 取整\ 1$$
$$0.344 \times 2 = 0.688 \qquad 取整\ 0$$
$$0.688 \times 2 = 1.376 \qquad 取整\ 1$$

至此，已满足误差不大于2^{-6}的精度要求，因此$(0.542)_{10} = (0.100101)_2$。

将一个带有整数和小数的十进制数转换为二进制数时，只要将整数部分和小数部分分别转换，然后将结果合并起来即可。

例如：将十进制数 13.542 转换为二进制数，误差不大于2^{-6}的精度。

解：$(13.542)_{10} = (1101.100101)_2$。

3. 八进制、十六进制－十进制数转换

八进制、十六进制数转换为十进制数，与二进制－十进制转换的方法一致，按照“按权展开相加”的方法进行即可。

例如：

$$(246.15)_8 = 2 \times 8^2 + 4 \times 8^1 + 6 \times 8^0 + 1 \times 8^{-1} + 5 \times 8^{-2} = (166.2031)_{10}$$

$$\begin{aligned}(AD5.C)_{16} &= A \times 16^2 + D \times 16^1 + 5 \times 16^0 + C \times 16^{-1} \\ &= 10 \times 256 + 13 \times 16 + 5 \times 1 + 12 \times 16^{-1} \\ &= (2773.75)_{10}\end{aligned}$$

4. 十进制－八进制、十六进制数转换

十进制数转换为八进制、十六进制数，与十进制－二进制转换的方法一致，也分为整数部分和纯小数部分分别进行，各自的转换方法也一致，整数部分除 8 取余或除 16 取余，小数部分乘 8 取整或乘 16 取整，然后将结果组合起来。

将$(37.8125)_{10}$转换为八进制数和十六进制数：

$$37 \div 8 = 4 \quad 余数\ 5 \uparrow \qquad 0.8125 \times 8 = 6.5 \quad 整数\ 6 \downarrow$$
$$4 \div 8 = 0 \quad 余数\ 4 \qquad 0.5 \times 8 = 4.0 \quad 整数\ 4$$

得$(37.8125)_{10} = (45.64)_8$。

$$37 \div 16 = 2 \quad 余数\ 5 \uparrow \qquad 0.8125 \times 16 = 13 \quad 整数\ 13\ (D)$$
$$2 \div 16 = 0 \quad 余数\ 2$$

得$(37.8125)_{10} = (25.D)_{16}$。

特别提示

可以将十进制数先转换成二进制数，再将二进制数转换成八进制或十六进制数。

例如：将$(25.625)_{10}$转换成八进制数和十六进制数。

$(25.625)_{10}=(11001.101)_2$

再将 $(11001.101)_2$ 三位一组转换成八进制数，四位一组转换成十六进制数。

$$(11001.101)_2=(011001.101)_2=(31.5)_8$$

$$(11001.101)_2=(00011001.1010)_2=(19.A)_{16}$$

5. 二进制与八进制的相互转换

3 位二进制数从 000 到 111，一共有 8 种状态，其表达范围刚好相当于一位八进制数，所以二进制数转换成八进制数，只要将二进制数的整数部分由右向左三位一组直至最高位。整数部分有不足三位的，则在高位补零，因为整数的高位添零不影响数值。小数部分由左向右三位一组直至最低位。若小数部分有不足三位的，则在低位补零，因为小数的低位添零不影响数值。即分组对位转换，顺序不变。

例如：$(1111011.100101)_2$转换为八进制数。

001　　111　　011.　　100　　101

1　　7　　3　　4　　5

得 $(1111011.100101)_2=(173.45)_8$。

类似地，将八进制数转换为二进制数，也是分组对位转换，顺序不变，将一位八进制数转换成一组三位二进制数。

例如：将 $(137.26)_8$转换为二进制数。

1　　3　　7.　　2　　6

001　　011　　111.　　010　　110

得 $(137.26)_8=(1011111.01011)_2$。

6. 二进制与十六进制的相互转换

二－十六进制的转换与二－八进制的转换很类似，只是分组位数有不同。

四位二进制数从 0000 到 1111，一共有 16 种状态，其表达范围刚好相当于一位十六进制数，所以二进制数转换成十六进制数，只要将二进制数的整数部分由右向左四位一组直至最高位。整数部分有不足四位的，则在高位补零，因为整数的高位添零不影响数值。小数部分由左向右四位一组直至最低位。若小数部分有不足四位的，则在低位补零，因为小数的低位添零不影响数值。

例如：$(1001011.100011)_2$转换为十六进制数。

(0100　　1011.　　1000　　1100)

4　　B.　　8　　C

得 $(1001011.100011)_2=(4B.8C)_{16}$。

将十六进制数转换成二进制数也是同样的方法，分组对位，顺序不变，将一位十六进制数转换成一组四位二进制数。

习题 1.2

例如：将十六进制数 $(3A9.C8)_{16}$转换为二进制数。

3　　A　　9.　　C　　8

0011　　1010　　1001.　　1100　　1000

得 $(3A9.C8)_{16}=(1110101001.11001)_2$。

1.3 码 制

码制是编码的规则，编码的规则是人们根据需要为达到某种目的而制定的。在数字电路系统中，用二进制数形式书写的代码来表示各种符号、文字等信息，这样的过程称为编码，这样得到的编码方案及其采取的规则统称码制。数字系统可以采用的码制是多种多样的，本节介绍一些常用的码制。

码制

1. 常用 BCD 码

BCD 码是二 - 十进制码的简称（Binary Coded Decimals），它是用四位二进制代码来表示一位十进制数，四位二进制数共有 16 个码组（0000 ~ 1111），十进制数从四位二进制数中选 10 个码组，这 10 个四位二进制码组叫许用码；其余的 6 个码组平时不允许使用，称为禁用码或伪码。

1）8421 BCD 码

每位十进制用四位二进制代码表示，并从高位到低位 8、4、2、1 即 2^3、2^2、2^1、2^0 属于有权码。不允许出现 1010 ~ 1111 这六个代码，十进制没有相应数码，称作伪码。

例如：

$$(39.25)_{10}=(0011\ 1001.0010\ 0101)_{8421\ \text{BCD码}}$$

$$(39.25)_{10}=(100111.01)_2$$

2）5421 BCD 码

每位十进制用四位二进制代码表示，并从高位到低位 5、4、2、1，属于有权码。不允许出现 0101、0110、0111、1101、1110、1111 这六个代码，十进制没有相应数码，称作伪码。

例如：

$$(39.25)_{10}=(0011\ 1100.0010\ 1000)_{5421\ \text{BCD码}}$$

3）余 3 BCD 码

余 3 码的所有码元组合均为对应的 8421 BCD 码加 3（0011），因此称余 3 BCD 码，属于无权码。不允许出现 0000、0001、0010、1101、1110、1111 这六个代码，十进制没有相应数码，称作伪码。

例如：

$$(39.25)_{10}=(0011\ 1001.0010\ 0101)_{8421\ \text{BCD码}}=(0110\ 1100.0101\ 1000)_{\text{余3 BCD码}}$$

特别提示

BCD 码不是二进制数，而是用二进制数的形式表示的十进制数。“四位二进制数”和由“四位二进制代码构成的 1 组 BCD 码”，这两者概念完全不同，前者是二进制数，后者是用代码表示的十进制数。

表 1 - 3 所示为三种常用的 BCD 码。需要注意的是，三种 BCD 码在表 1 - 3 中各出现 10 个代码是许用码，分别还各有 6 个代码未出现，是禁用码，实际编码中不允许应用。

表 1-3　三种常用的 BCD 码

十进制数	8421 BCD 码	5421 BCD 码	余 3 BCD 码
0	0000	0000	0011
1	0001	0001	0100
2	0010	0010	0101
3	0011	0011	0110
4	0100	0100	0111
5	0101	1000	1000
6	0110	1001	1001
7	0111	1010	1010
8	1000	1011	1011
9	1001	1100	1100

2. 各种 BCD 码间的转换

BCD 码之间的转换

不同类型的 BCD 码可以进行相互转换，如 8421 BCD 码可以转换成 5421 BCD 码或余3 BCD码，而 5421 BCD 码、余 3 BCD 码也可转换成 8421 BCD 码，或它们间相互转换。

例如：将十进制数 192.36 分别转换成 8421 BCD 码、5421 BCD 码、余 3 BCD 码。

解：$(192.36)_{10}=(0001\ 1001\ 0010.0011\ 0110)_{8421\ BCD码}$

$=(0001\ 1100\ 0010.0011\ 1001)_{5421\ BCD码}$

$=(0100\ 1100\ 0101.0110\ 1001)_{余3\ BCD码}$

特别提示

在 BCD 码间的转换过程中，一般可先转换成十进制数中间状态，然后再转换成另一种编码形式。

3. 可靠性编码

代码在形成、传输过程中可能会发生错误，为了减少这种错误，出现了一种叫可靠性编码的方法，它使代码本身具有一种特性和能力，在代码形成中不易出错，或者这种代码在出错时容易被发现，甚至能查出出错位置并加以纠正。

(1) 格雷码（Gray 码）。格雷码不是有权码，形式有多种，但它们有一个共同的特点，就是任意两个相邻的数，它们的格雷码表示形式中仅有一位不同。

与普通的 BCD 码相比，格雷码最大的优点是在代码转换中，如果它顺序变化，则每一次转换只会有一位代码改变。表 1-4 所示为格雷码与 8421 BCD 码对照表。例如，十进制数 7 变成 8，如表 1-4 所列的 8421 BCD 码，则意味着 0111 变成 1000，四位要同时变化。

表 1-4 格雷码与 8421 BCD 码对照表

十进制数	8421 BCD 码	格雷码
0	0000	0000
1	0001	0001
2	0010	0011
3	0011	0010
4	0100	0110
5	0101	0111
6	0110	0101
7	0111	0100
8	1000	1100
9	1001	1101

对于一个电路系统而言，四位代码就是 4 路信号，转换过程中，并不能保证“0111” 4 路信号同时变化成“1000”，这就意味着转换中有可能出现 0110、0100、0000 等错误码的可能，这些错误码出现虽然短暂，但有时却是不允许的，它将形成干扰，影响数字电路正常工作，这些错误码在信号波形上被称为“过渡噪声”。而格雷码是从编码形式上杜绝了这种错误出现的可能。

格雷码和奇偶校验码

（2）奇偶校验码。二进制信息在传送时，可能会发生错误，即有的 1 错成 0 或有的 0 错成 1，奇偶校验码就是一种常用的具有校错能力的可靠性代码。表 1-5 所示为 8421 奇校验码和 8421 偶校验码。

表 1-5 8421 奇校验码和 8421 偶校验码

十进制数	8421 奇校验码		8421 偶校验码	
	信息位	校验位	信息位	校验位
0	0000	1	0000	0
1	0001	0	0001	1
2	0010	0	0011	1
3	0011	1	0010	0
4	0100	0	0110	1
5	0101	1	0111	0
6	0110	1	0101	0
7	0111	0	0100	1
8	1000	0	1100	1
9	1001	1	1101	0

奇偶校验码分奇校验码和偶校验码两种，均由信息位和校验位两部分组成。信息位就是需要传送的信息本身，可以是位数不限的二进制形式的数据代码，如并行传送 8421 BCD 码，信息位就是表 1－5 中信息位所示四位。校验位仅有一位，放在信息位的前面或后面均可。

所谓“奇校验码”，是指信息位和校验位中，“1”的个数之和为奇数。所谓“偶校验码”，是指信息位和校验位中“1”的个数之和为偶数。奇校验和偶校验在计算机中都获得广泛的应用。

奇偶校验码的生成，指的是按照奇校验码或偶校验码的规定，依据信息位中 1 的个数，产生校验位具体的取值。

奇偶校验码的检测，指的是接收设备收到具体代码后，计算整个码组中 1 的个数，看码中 1 的个数的奇偶是否正确。如果不对，就是错误代码，说明信息传送有错。

按表 1－5 传送奇校验码，如收到的代码组为 0110 1，接收端校验其中“1”的个数为奇数，就认为数据传输中没有出现误码，接收正确。如果收到的代码组为 0010 1，校验码组中“1”的个数后发现是偶数，则表示传输中出现了误码。但是，具体是哪一位码元出现了错误，则无法判断。

特别提示

奇偶校验码只能检一位错，且不能纠错。如发生双错（有两位出错），奇偶校验码是查不出来的，但双错的概率要比单错少得多，所以奇偶校验码还是很有效的，在信息传输与检测中应用广泛。

先导案例解决

人类日常生活中最常见的是十进制，而在数字电路系统中广泛采用的是二进制，要实现人机交互，则将十进制数整数部分除 2 取余，小数部分乘 2 取整，这样就转换成了机器所能接收的二进制。而“半斤八两”也就是十进制的半斤相当于十六进制的八两。

习题 1.3

【本章小结】

1. 数字信号是在时间上和数值上均做断续变化的电信号，处理数字信号的电路称为数字电路。在数字信号中，脉冲是突然变化的电压或电流。

2. 数字电路中，广泛采用二进制，用“0”和“1”表示逻辑变量的两种状态，二进制可以和八进制、十进制、十六进制间相互转换。

3. BCD 码是用一个四位二进制代码表示一位十进制数字的编码方法，常用的 BCD 码有 8421 BCD 码、5421 BCD 码、余 3 BCD 码，各种 BCD 码与十进制数之间是可以相互转换的。格雷码和奇偶校验码是两种可靠性编码。

【习 题】

1. 将下列二进制数转换成十进制数、八进制数、十六进制数。

（1）$(1010011)_2$

（2）$(101011.01)_2$

（3）$(101101.101)_2$

（4）$(110.011)_2$

2. 将下列十六进制数转换成二进制数、八进制数、十进制数。

（1）$(63)_{16}$

（2）$(5A.E)_{16}$

（3）$(25.6C)_{16}$

（4）$(3AD.7BE)_{16}$

3. 将下列代码转换为十进制数。

（1）$(1011\ 1001\ 0011)_{\text{余3 BCD码}}$

（2）$(1001\ 0010\ 0111)_{\text{8421 BCD码}}$

（3）$(1000\ 1010\ 0011.1000\ 1011)_{\text{5421 BCD码}}$

（4）$(1001\ 0011\ 0111.0110\ 1010)_{\text{8421 BCD码}}$

4. 将下列十进制数转换为 8421 BCD 码、5421 BCD 码和余 3 BCD 码。

（1）$(573)_{10}$

（2）$(829)_{10}$

（3）$(236.179)_{10}$

（4）$(416.58)_{10}$

5. 已知下列 8421 BCD 码，试求出其对应的 8421 BCD 奇校验码和偶校验码。

（1）$(1001)_{\text{8421 BCD码}}$

（2）$(0001)_{\text{8421 BCD码}}$

（3）$(0111)_{\text{8421 BCD码}}$

（4）$(0110)_{\text{8421 BCD码}}$

6. 判断下述表达是否正确，并说明理由。

（1）连续变化的量称为模拟量，离散变化的量称为数字量。

（2）数字波形是由 1 和 0 组成的序列脉冲信号。

（3）格雷码的特点是任意两个相邻的数中仅有一位代码不同。

（4）数字电路中用“1”和“0”分别表示两种状态，二者无大小之分。

（5）因为 BCD 码是一组四位二进制数，所以 BCD 码能表示十六进制以内的任何一个数码。

第2章 逻辑代数基础

学习目标

掌握逻辑代数的三种基本运算及复合逻辑门，了解不同类型逻辑表达式的相互转换以及最简与或表达式，掌握逻辑代数的基本运算法则、基本公式、基本定理和化简方法。能够熟练地运用真值表、逻辑表达式、卡诺图、波形图和逻辑图表示逻辑函数。

先导案例

数字信号一般用“1”和“0”表示两个离散值，它们之间有哪些运算，这些运算和我们熟知的四则运算一样吗？

2.1 逻辑代数的基本运算

逻辑代数是分析和研究数字逻辑电路的基本工具。它是由英国数学家乔治·布尔于1847年创立的，所以也称布尔代数。

逻辑代数与普通代数相似之处在于它们都是用字母表示变量，用代数式描述客观事物的关系；不同的是，逻辑代数是描述客观事物间的逻辑关系，逻辑函数变量的取值范围仅为0和1。0和1并不表示数量的大小，而是表示两种不同的逻辑状态，如真和假、高电平和低电平、开和关等。因此，逻辑代数有其自身独特的规律和运算法则，不同于普通代数。

逻辑：事物前因后果所遵循的规律。

逻辑状态：两个既相互对立，又相互依存的状态，如真、假，0、1。

逻辑变量：问题产生的条件和结果。

逻辑表达式：描述输入、输出变量之间的逻辑关系。例如：$L=f(A, B, C)$，L 为输出，f 为逻辑函数，A、B、C 为自变量。

逻辑电路：实现逻辑关系的电路。

逻辑代数：分析和设计数字电路的数学工具。

逻辑代数中包含三种基本运算：与、或、非。任何逻辑运算都可以用这三种基本运算来实现。通常将实现与逻辑运算的单元电路叫作与门，将实现或逻辑运算的单元电路叫作或门，将实现非逻辑运算的单元电路叫作非门（也叫作反相器）。

2.1.1 逻辑代数基本运算

1. 与逻辑

1）定义

所谓与逻辑，是指只有决定事物结果的全部条件同时具备时，结果才会发生。“与”运算也称逻辑乘、逻辑与。

当参与与运算条件为两个时，称为“两输入与运算”；当条件为三个时，称为“三输入与运算”，以此类推。

如图 2－1 所示，用串联开关电路来说明“两输入与运算”。

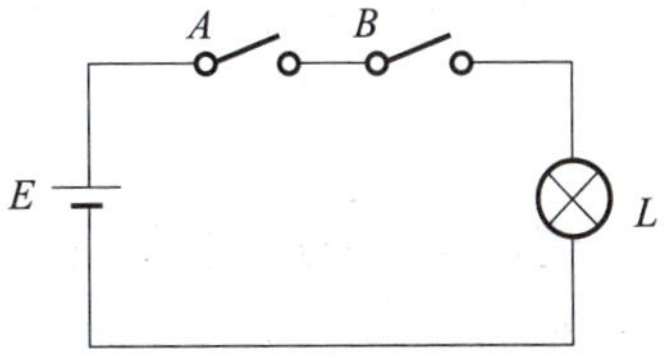

图 2－1 与逻辑电路

如果将开关的闭合和断开作为条件，将灯亮作为结果，可以列出输入 A、B 与输出 L 的所有关系如表 2－1 所示。由表 2－1 可见：灯 L 亮的条件是开关 A、B 同时闭合，这种 L 与 A、B 的关系称为“与逻辑”关系。

表 2－1 与逻辑关系

A	B	L
断开	断开	灭
断开	闭合	灭
闭合	断开	灭
闭合	闭合	亮

若以“1”表示开关 A、B 闭合，以“0”表示开关断开；以“1”表示灯亮，以“0”表示灯灭，则可以列出输入变量 A、B 的所有取值组合与输出变量 L 的一一对应关系，这种用表格形式列出的逻辑关系，叫真值表，它是描述逻辑功能的一种重要形式。表 2－2 所示为与逻辑真值表。

表 2－2 与逻辑真值表

A	B	L
0	0	0
0	1	0
1	0	0
1	1	1

特别提示

真值表描述了输入与输出变量之间的逻辑关系，用1表示条件和结论成立，用0表示条件和结论不成立。真值表是描述逻辑函数功能的最底层工具；是先结构后内容，列写时，要先根据输入输出变量个数，形成真值表的结构，然后再根据功能填写输出列，输入部分从全0到全1，要严格按二进制数递增顺序全排列，以防漏状态。

2）逻辑表达式

与逻辑还可以用输出与输入之间的逻辑关系表达式来表示。

与运算的逻辑表达式为

$$L = A \cdot B$$

式中，A、B为输入条件；L为输出结论；符号“·”叫逻辑乘号（逻辑与号），常省略不写。

逻辑与的运算规则可以归纳为“有0出0，全1出1”。

$$0 \cdot 0 = 0 \qquad 0 \cdot 1 = 0$$

$$1 \cdot 0 = 0 \qquad 1 \cdot 1 = 1$$

逻辑与的表达式可以推广到多输入变量的形式为$L = A \cdot B \cdot C \cdot D \cdots$或简写成：$L = ABCD \cdots$

3）逻辑符号

能实现与逻辑运算的电路称为“与”门，它是数字电路中最基本的一种逻辑门电路，其逻辑符号如图2-2所示。

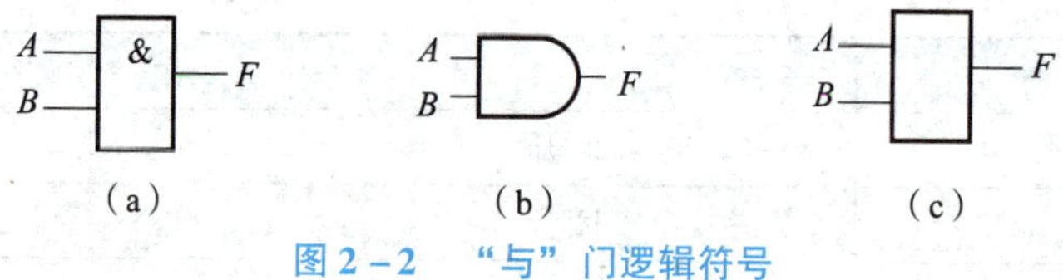

图2-2 “与”门逻辑符号

（a）标准符号；（b）国外符号；（c）惯用符号

图2-2所示为两输入的与门符号，当输入端口数增加时，符号形状不变，只是输入端增加而已。

2. 或逻辑

1）定义

所谓或逻辑，是指在决定事物结果的全部条件中，只要有一个成立，结果就会发生。

当参与或运算条件为两个时，称为“两输入或运算”；当条件为三个时，称为“三输入或运算”，以此类推。

如图2-3所示，用并联开关电路来说明“两输入或运算”。

表2-3列出了该电路输入A、B与输出L的所有关系组合，由此可见：灯L亮的条件是开关A、B只要有一个闭合，这种L与A、B的关系称为“或逻辑”关系。

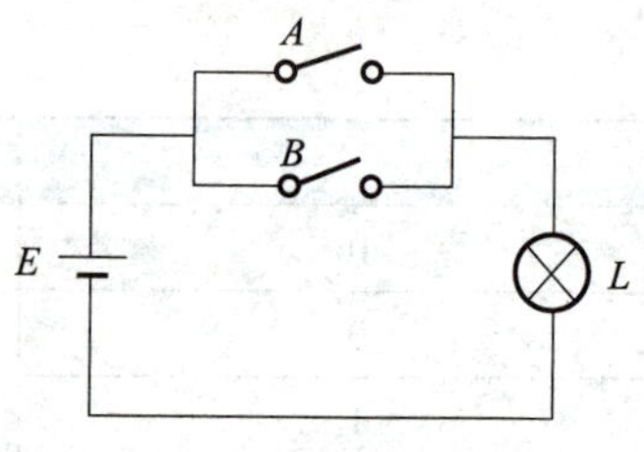

图2-3 或逻辑电路

表 2-3　或逻辑关系

A	B	L
断开	断开	灭
断开	闭合	亮
闭合	断开	亮
闭合	闭合	亮

同理，若以“1”表示开关 A、B 闭合，以“0”表示开关断开；以“1”表示灯亮，以“0”表示灯灭，则可以列出或逻辑的真值表如表 2-4 所示。

表 2-4　或逻辑真值表

A	B	L
0	0	0
0	1	1
1	0	1
1	1	1

2）逻辑表达式

或运算的逻辑表达式为

$$L = A + B$$

式中，A、B 为输入条件；L 为输出结论；符号“+”表示或运算，也叫逻辑加，不可省略。

逻辑或的运算规则可以归纳为“有 1 出 1，全 0 出 0”。

$$0 + 0 = 0 \qquad 0 + 1 = 1$$

$$1 + 0 = 1 \qquad 1 + 1 = 1$$

逻辑或的表达式可以推广到多输入变量的形式为 $L = A + B + C + D\cdots$

3）逻辑符号

能实现或逻辑运算的电路称为“或”门，其逻辑符号如图 2-4 所示。

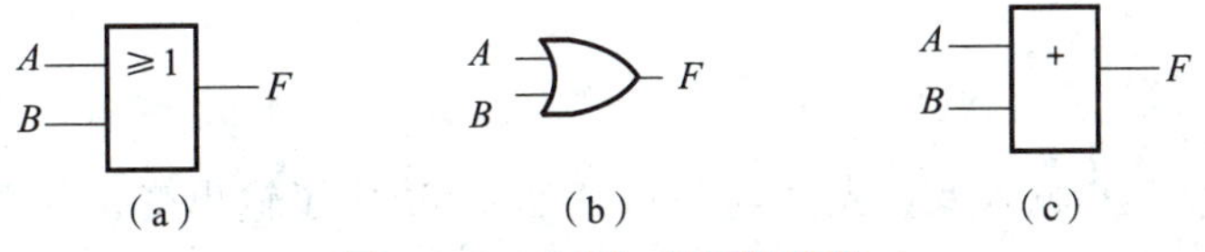

图 2-4　“或”门逻辑符号

（a）标准符号；（b）国外符号；（c）惯用符号

3. 非逻辑

1）定义

所谓非逻辑，也称逻辑反，是一条件、一结论的逻辑运算，是指条件具备，结果便不会产生；而条件不具备时，结果一定发生。简言之，结论是条件的否定。

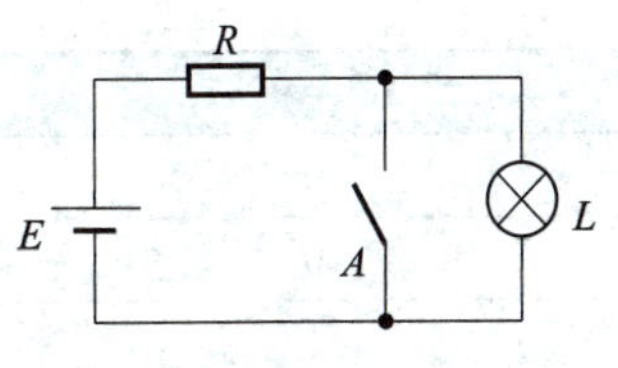

图 2-5　非逻辑电路

如图 2-5 所示，用单开关电路来说明非运算的逻辑关系。该电路输入 A 与输出 L 关系如表 2-5 所示。当开关 A 闭合时，

灯泡 L 不亮；当开关 A 断开时，灯泡 L 反而点亮。

同理，若以“1”表示开关闭合，以“0”表示开关断开；以“1”表示灯亮，以“0”表示灯灭，则可以列出非逻辑真值表如表 2-6 所示。

表 2-5 非逻辑关系

A	L
闭合	灭
断开	亮

表 2-6 非逻辑真值表

A	L
0	1
1	0

2）逻辑表达式

在逻辑代数中，逻辑变量之间非逻辑的关系称作非运算。

非运算的逻辑表达式为

$$L=\overline{A}$$

逻辑非的运算规则可以归纳为“有 0 出 1，有 1 出 0”。

$$\overline{0}=1 \quad \overline{1}=0$$

3）逻辑符号

能实现非逻辑运算的电路称为“非”门，图 2-6 所示为“非”门逻辑符号。

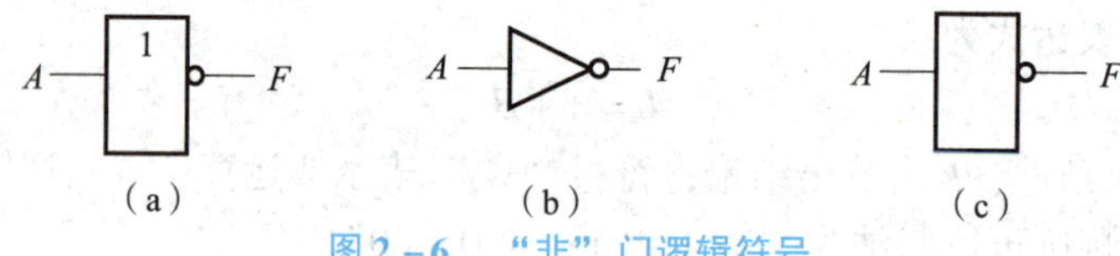

图 2-6 “非”门逻辑符号

（a）标准符号；（b）国外符号；（c）惯用符号

2.1.2 复合逻辑运算

将三种基本逻辑门与、或、非进行适当组合构成复合逻辑运算，能实现这些运算功能的电路称为复合门电路，最常用的复合逻辑门有与非门、或非门、与或非门、异或门、同或门。

1. 与非逻辑

1）定义

“与非”逻辑就是指输入变量先“与”再“非”，决定了输出变量的取值。因此，两输入与非的逻辑表达式为 $F=\overline{AB}$，三输入与非的逻辑表达式为 $F=\overline{ABC}$。

2）真值表

两输入与非逻辑真值表如表 2-7 所示。

表 2-7 两输入与非逻辑真值表

A	B	F
0	0	1
0	1	1
1	0	1
1	1	0

从表2-7中可知，输入中只要有0，输出为1；输入全部为1，输出为0。即“有0出1，全1为0”。“与非”门逻辑符号如图2-7所示。

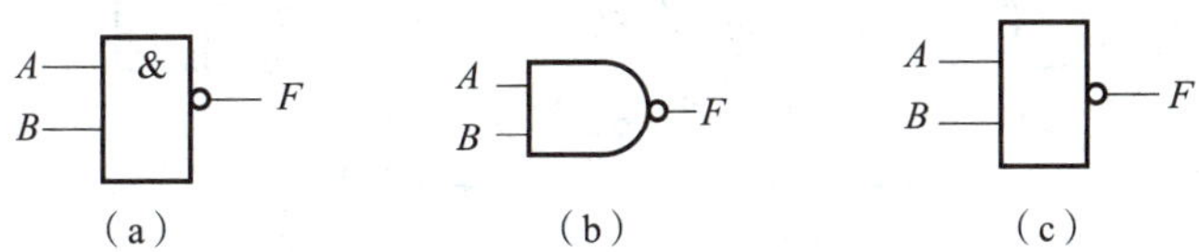

图2-7　“与非”门逻辑符号

(a) 标准符号；(b) 国外符号；(c) 惯用符号

知识链接

识别常用逻辑门电路引脚：引脚数法是以凹口为准，将引脚向下，凹口放在左边，然后从左下角开始逆时针计数。通常情况下，右下角接地（7脚或8脚），左上角接电源（14脚或16脚），如图2-8所示。

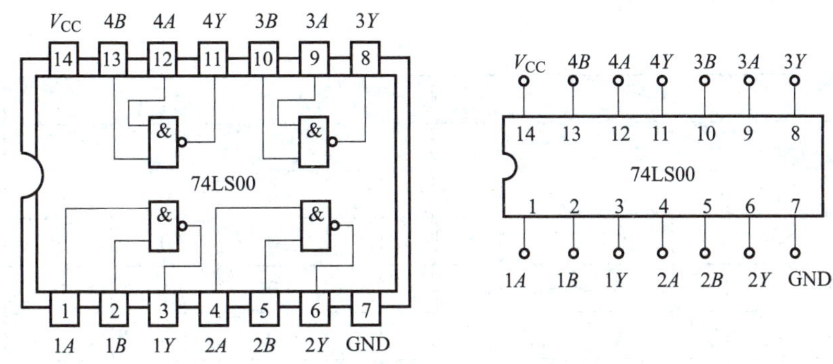

图2-8　4输入与非门74LS00的引脚排列

2. 或非逻辑

1）定义

“或非”逻辑就是指输入变量先“或”再“非”，决定了输出变量的取值。因此，两输入或非的逻辑表达式为 $F=\overline{A+B}$，三输入或非的逻辑表达式为 $F=\overline{A+B+C}$。

2）真值表

两输入或非逻辑真值表如表2-8所示。

表2-8　两输入或非逻辑真值表

A	B	F
0	0	1
0	1	0
1	0	0
1	1	0

从表2-8中可知，输入中只要有1，输出为0；输入全部为0，输出为1。即“有1出0，全0为1”。

3）逻辑符号

“或非”门逻辑符号如图 2 -9 所示。

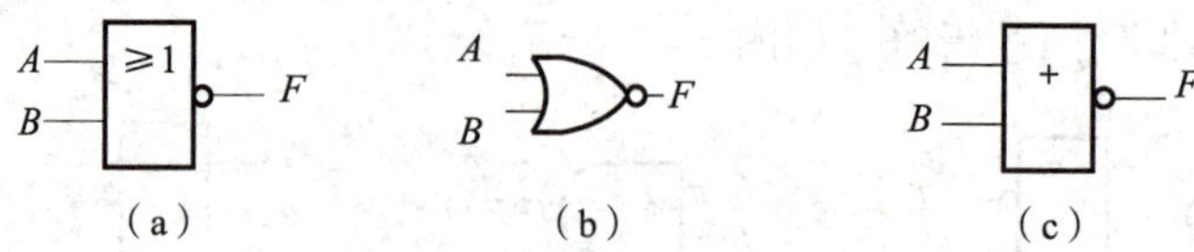

图 2 -9 “或非”门逻辑符号

（a）标准符号；（b）国外符号；（c）惯用符号

3. 与或非逻辑

1）定义

与或非是将 A 和 B、C 和 D 分别相与，然后将两者结果求或最后再求反得到。其逻辑表达式为 $F=\overline{AB+CD}$。

2）真值表

与或非逻辑的真值表如表 2 -9 所示。

表 2 -9 与或非逻辑的真值表

输入				输出	输入				输出
A	B	C	D	F	A	B	C	D	F
0	0	0	0	1	1	0	0	0	1
0	0	0	1	1	1	0	0	1	1
0	0	1	0	1	1	0	1	0	1
0	0	1	1	0	1	0	1	1	0
0	1	0	0	1	1	1	0	0	0
0	1	0	1	1	1	1	0	1	0
0	1	1	0	1	1	1	1	0	0
0	1	1	1	0	1	1	1	1	0

特别提示

由表 2 -9 可知：这是一个四输入、一输出的逻辑函数，输入部分从 0000 递增排列到 1111，一共 16 种输入组合。对真值表进行整体分析，找到所有使输出为 0 的组合，剩下的输入组合必然使输出为 1。当然，也可以先分析输出为 1 的情况。要使 F 为 0，则“$AB+CD$”必为 1，A、B 同时为 1，或者 C、D 同时为 1 即可，在满足要求的输入组合对应的输出列填 0，剩下的输入组合则使 F 为 1，由此补完真值表。

3）逻辑符号

“与或非”门逻辑符号如图 2 -10 所示。

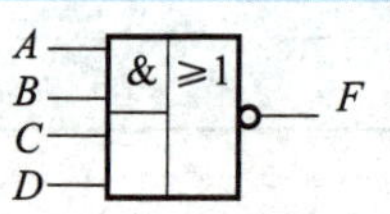

图 2 -10 “与或非”门逻辑符号

4. 异或和同或

1）逻辑表达式

异或：$F=\bar{A}B+A\bar{B}=A\oplus B$；

同或：$L=\bar{A}\bar{B}+AB=A\odot B$。

2）真值表

两输入异或、同或逻辑真值表如表2-10所示。

表2-10　两输入异或、同或逻辑真值表

A	B	$A\oplus B$	$A\odot B$
0	0	0	1
0	1	1	0
1	0	1	0
1	1	0	1

由表2-10可以看出：

两输入异或，相异为1，相同为0。

两输入同或，相同为1，相异为0。

且：异或=同或的非　$L=\bar{A}B+A\bar{B}=\overline{\bar{A}\bar{B}+AB}$

　　同或=异或的非　$L=\bar{A}\bar{B}+AB=\overline{\bar{A}B+A\bar{B}}$

异或和同或互为反函数，即非关系。

3）逻辑符号

"异或"和"同或"门逻辑符号分别如图2-11和图2-12所示。

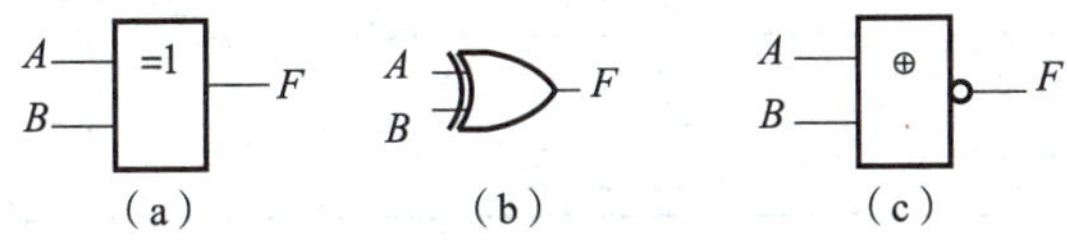

图2-11　"异或"门逻辑符号

（a）标准符号；（b）国外符号；（c）惯用符号

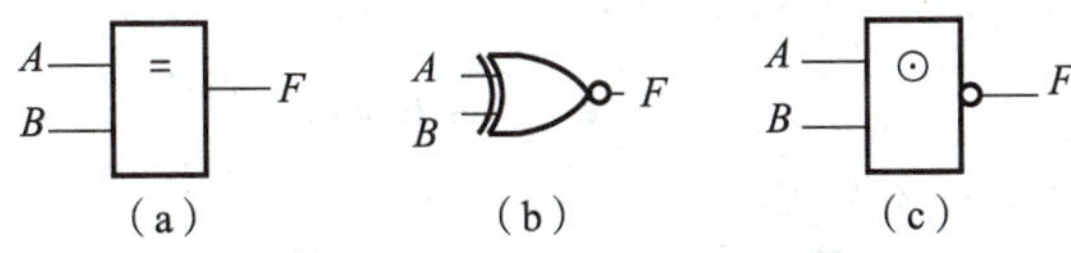

图2-12　"同或"门逻辑符号

（a）标准符号；（b）国外符号；（c）惯用符号

知识拓展

习题2.1

n输入异或的功能：输入中，有奇数个1时，输出值为1；有偶数个1时，输出值为0。n为偶数时，异或、同或互为非关系；n为奇数时，异或、同或功能相同。

2.2 逻辑代数的定律、公式和规则

逻辑代数的定律、公式和规则

根据逻辑代数中与、或、非三种基本运算，以及逻辑变量的取值 0 和 1，可以推导出逻辑代数运算的一些基本定律和常用公式。这些公式的证明，最直接的方法是列出等号两边函数的真值表，看看是否相同，也可利用已知的公式来证明其他公式。

这些定律和公式为逻辑函数的化简提供了依据，也是分析和设计数字逻辑电路的理论工具。

2.2.1 逻辑代数的基本定律

逻辑代数不仅有与普通代数相类似的定律，如交换律、结合律、分配律，还有它本身的一些特殊规律。逻辑代数共有八个基本定律，现将它分成三大类，如表 2－11 所示。

表 2－11 逻辑代数的八个基本定律

与普通代数相似的定律	交换律	$A \cdot B = B \cdot A$	$A + B = B + A$
	结合律	$A \cdot (B \cdot C) = (A \cdot B) \cdot C$	$A + (B + C) = (A + B) + C$
	分配律	$A \cdot (B + C) = A \cdot B + A \cdot C$	$A + BC = (A + B)(A + C)$
有关变量和常量关系的定律	0,1 律	$A \cdot 1 = A, A \cdot 0 = 0$	$A + 1 = 1, A + 0 = A$
	互补律	$A \cdot \overline{A} = 0$	$A + \overline{A} = 1$
逻辑代数的特殊规律	重叠律	$A \cdot A = A$	$A + A = A$
	否定律	$\overline{\overline{A}} = A$	$\overline{\overline{A}} = A$
	反演律	$\overline{A \cdot B} = \overline{A} + \overline{B}$	$\overline{A + B} = \overline{A} \cdot \overline{B}$

以上定律可以用真值表来验证。

例如：用真值表证明摩根定律（反演律）：$\overline{A \cdot B} = \overline{A} + \overline{B}$

$$\overline{A + B} = \overline{A} \cdot \overline{B}$$

摩根定律的证明如表 2－12 所示。

表 2－12 摩根定律的证明

A	B	$\overline{A \cdot B}$	$\overline{A} + \overline{B}$	$\overline{A + B}$	$\overline{A} \cdot \overline{B}$
0	0	1	1	1	1
0	1	1	1	0	0
1	0	1	1	0	0
1	1	0	0	0	0

证明：从真值表 2－12 可知，摩根定律的两种形式是成立的。

摩根定律的目标是用来求反函数，所以也称反演律、求反律。

2.2.2　逻辑代数的常用公式

公式 1　$AB+A\bar{B}=A$

证明：　$AB+A\bar{B}=A(B+\bar{B})=A\cdot 1=A$

公式 2　$A+AB=A$

证明：　$A+AB=A(1+B)=A\cdot 1=A$

公式 3　$A+\bar{A}B=A+B$

证明：　$A+\bar{A}B=(A+\bar{A})(A+B)=1(A+B)=A+B$

公式 4　$AB+\bar{A}C+BC=AB+\bar{A}C$

证明：

$$
\begin{aligned}
AB+\bar{A}C+BC &= AB+\bar{A}C=AB+\bar{A}C+BC(A+\bar{A})\\
&= AB+\bar{A}C+ABC+\bar{A}BC\\
&= AB(1+C)+\bar{A}C(1+B)\\
&= AB+\bar{A}C
\end{aligned}
$$

公式 4 推广：$AB+\bar{A}C+BCDE=AB+\bar{A}C$

2.2.3　逻辑代数的规则

1. 代入规则

任何一个含有某变量的等式，如果等式中所有出现此变量的位置均代之以一个逻辑函数式，则此等式依然成立，这一规则称为代入规则。

例如，已知等式$\overline{AB}=\bar{A}\cdot\bar{B}$，用函数 $A=FD$ 代替等式中的 A，根据代入规则，等式仍然成立，即$\overline{A+B}=\overline{FD+B}=\overline{FD}\cdot\bar{B}$。

2. 反演规则

对于任何一个逻辑函数 F，若同时将式中所有的“·”和“+”互换、“0”和“1”互换、“原变量”和“反变量”互换，则得到的逻辑函数就是原函数 F 的反函数。若两个函数式相等，则它们的反函数必然相等，称这一规则为反演规则。运用反演规则时必须注意运算符号的先后顺序，必须按照先括号，然后再与、后或的顺序变换。

例如：

$$F=A\bar{B}+C\bar{D}E \quad\Leftrightarrow\quad \bar{F}=(\bar{A}+B)(\bar{C}+D+\bar{E})$$

$$F=A+\overline{B+\bar{C}+\overline{D+\bar{E}}} \quad\Leftrightarrow\quad \bar{F}=\bar{A}\cdot\overline{\bar{B}\cdot C\cdot\overline{\bar{D}\cdot E}}$$

3. 对偶规则

在一个逻辑表达式 F 中，若将式中所有的“·”和“+”互换、“0”和“1”互换，则新得到的函数表达式 F' 称为 F 的对偶函数或对偶式。若两个函数式相等，则它们的对偶函数必然相等，称这一规则为对偶规则。运用对偶规则时同样必须注意运算符号的先后顺序。

利用对偶规则，表 2－11 中八个基本定律的左边和右边可以互相推导。

特别提示

逻辑运算的优先顺序：优先级最高的是括号，其次是非运算、与运算；再次是异或、同或运算，这两者是同级运算，优先级最低的是或运算。

2.2.4 逻辑函数的表示方法

表示一个逻辑函数有多种方法，常用的有：真值表、逻辑函数表达式、逻辑电路图、卡诺图和波形图五种表示形式。它们各有特点，又相互联系，还可以相互转换。

1. 真值表

真值表是根据给定的逻辑问题，将输入逻辑变量的各种可能取值的组合和对应的输出函数值排列而成的表格。它表示了逻辑函数与逻辑变量各种取值之间的一一对应关系。逻辑函数的真值表具有唯一性。当逻辑函数有 n 个变量时，共有 2^n 个不同的变量取值组合。

2. 逻辑函数表达式

逻辑函数表达式是用与、或、非等基本运算来表示输入变量和输出函数间因果关系的逻辑函数式。由真值表直接写出的逻辑式是标准的与或逻辑表达式。

3. 逻辑电路图

逻辑电路图是用基本逻辑门和复合逻辑门的逻辑符号组成的对应某一逻辑功能的电路图。根据逻辑函数式画逻辑图时，只要将逻辑函数式中各逻辑运算用相应门电路的逻辑符号代替，就可画出和逻辑函数相对应的逻辑图。

4. 卡诺图

卡诺图就是由表示变量的所有可能取值组合的小方格所构成的图形。卡诺图是真值表中各项的二维排列方式，是真值表的一种变形。在卡诺图中，真值表的每一行用一个小方格来表示。

5. 波形图

波形图就是由输入变量的所有可能取值组合的高、低电平与其对应的输出函数值的高、低电平所构成的图形。波形图可以将输出函数的变化和输入变量的变化之间在时间上的对应关系直观地表示出来，因此又称时间图或时序图。

习题 2.2

2.3 逻辑函数的化简

同一逻辑函数可用不同形式的逻辑函数表达式描述它。进行逻辑设计时，根据逻辑问题归纳出来的逻辑函数式往往不是最简逻辑函数式，根据这样的非最简式来实现电路，系统会过于复杂，成本过高。

为了降低成本，提高工作可靠性，应在不改变逻辑功能的基础上，化简逻辑表达式，降低其规模，并进行相应变形，用更合理的函数式来表达逻辑命题，以期用最少、最合理的门电路器件实现逻辑功能。即逻辑电路所用的门最少，每个门的输入端要少，逻辑电路所用的级数要少，逻辑电路能可靠地工作。

对逻辑函数的化简，通常是指将逻辑函数式化简成“最简与或表达式”。凡与项最少且每个与项中变量个数最少的与或表达式，可称为“最简与或表达式”。

化简逻辑函数的方法通常有代数化简法和卡诺图化简法两种。

2.3.1　逻辑函数的代数化简法

代数化简法就是在不改变逻辑功能的基础上，灵活运用逻辑代数的相关公式与定律来消去式中多余的乘积项和乘积项中多余的因子，得到最简的与或表达式，从而用数量最少的与门和或门来实现电路。

1. 并项法

利用公式 $AB+A\bar{B}=A$，可将两项并成一项，且消去一个变量。

例 2-1　化简函数 $F=AB+AC+A\bar{B}\bar{C}$

解：

$$F=A(B+C)+A(\overline{B+C})=A$$

2. 吸收法

利用公式 $A+AB=A$，吸收掉 AB 项。

例 2-2　化简函数 $F=A\bar{C}+A\bar{B}\bar{C}+BC$

解：

$$F=A\bar{C}+A\bar{B}\bar{C}+BC=A\bar{C}+BC$$

3. 消去法

利用公式 $A+\bar{A}B=A+B$，消去 $\bar{A}B$ 中多余因子 $\bar{A}$。

例 2-3　化简函数 $F=AB+\bar{A}C+\bar{B}C$

解：

$$\begin{aligned}F&=AB+\bar{A}C+\bar{B}C=AB+(\bar{A}+\bar{B})C\\&=AB+\overline{AB}C=AB+C\end{aligned}$$

4. 取消法

利用公式 $AB+\bar{A}C+BC=AB+\bar{A}C$，取消掉与项 BC。

例 2-4　化简函数 $F=ABC+\bar{A}D+\bar{C}D+BD$

解：

$$\begin{aligned}F&=ABC+\bar{A}D+\bar{C}D+BD=ABC+(\bar{A}+\bar{C})+BD\\&=ABC+\overline{AC}D+BD=ABC+\overline{AC}D\\&=ABC+\bar{A}D+\bar{C}D\end{aligned}$$

5. 配项法

利用公式 $A+\overline{A}=1$，试给某个与项配项，进一步化简逻辑函数。

例 2－5 化简函数 $F=\overline{A}\,\overline{B}+\overline{B}\,\overline{C}+BC+AB$

解：

$$
\begin{aligned}
F &= \overline{A}\,\overline{B}+\overline{B}\,\overline{C}+BC+AB\\
&= \overline{A}\,\overline{B}(C+\overline{C})+\overline{B}\,\overline{C}+BC(A+\overline{A})+AB\\
&= \overline{A}\,\overline{B}C+\overline{A}\,\overline{B}\,\overline{C}+\overline{B}\,\overline{C}+ABC+\overline{A}BC+AB\\
&= \overline{B}\,\overline{C}+AB+\overline{A}C(\overline{B}+B)\\
&= \overline{B}\,\overline{C}+AB+\overline{A}C
\end{aligned}
$$

6. 综合应用

例 2－6 化简函数 $F=\overline{A}B\overline{C}+\overline{A}BC+A\overline{B}C+AB\overline{C}+ABC$

解：

$$
\begin{aligned}
F &= \overline{A}B\overline{C}+\overline{A}BC+A\overline{B}C+AB\overline{C}+ABC\\
&= \overline{A}B(C+\overline{C})+AB(C+\overline{C})+A\overline{B}C\\
&= \overline{A}B+AB+A\overline{B}C\\
&= B(A+\overline{A})+A\overline{B}C\\
&= B+\overline{B}AC\\
&= B+AC
\end{aligned}
$$

由于代数法化简需要的技巧性极高，复杂函数不易求得最简形式，因此下面介绍另一种逻辑函数的常用方法——卡诺图化简法。

2.3.2 逻辑函数的卡诺图化简法

1. 最小项及最小项表达式

1）最小项定义

（1）最小项是一个与项（乘积项），它包含全部变量，原变量或反变量必须出现一次而且仅出现一次。

（2）n 个变量的函数最多有 2^n 个最小项。

2）最小项表达式

$F=f(A, B, C)$ 为三变量，三变量 A，B，C 所有的最小项有 8 个，分别是：

$$\overline{A}\,\overline{B}\,\overline{C}\quad \overline{A}\,\overline{B}C\quad \overline{A}B\overline{C}\quad \overline{A}BC\quad A\overline{B}\,\overline{C}\quad A\overline{B}C\quad AB\overline{C}\quad ABC$$

例如： $F=f(A,B,C)=A\overline{B}C+\overline{A}BC+AB$

↖ AB 不是最小项

3）最小项的特点

（1）每个项都有全面因子（包含所有变量）。

（2）每个变量（因子）仅出现一次（原变量或反变量）。

（3）任何函数表达式都可用最小项和的标准形式来表示（标准形式唯一）。

例如：

$$F = AB + AC = AB(C + \overline{C}) + A(B + \overline{B})C$$
$$= ABC + AB\overline{C} + A\overline{B}C$$

4）最小项的性质

表 2－13 所示为三变量最小项真值表，由表 2－13 可知：

（1）对于 n 个输入变量，最小项的数目为 2^n。

（2）当某个最小项为“1”时，对应输入的状态唯一确定。

（3）当输入任意一个输入状态时，2^n 个最小项中有且仅有一项为“1”，其余均为“0”。

（4）任意两个最小项乘积为 0，所有最小项乘积为 0。

（5）所有最小项之和为 1。

表 2－13 三变量最小项真值表

ABC	$\overline{A}\overline{B}\overline{C}$	$\overline{A}\overline{B}C$	$\overline{A}B\overline{C}$	$\overline{A}BC$	$A\overline{B}\overline{C}$	$A\overline{B}C$	$AB\overline{C}$	ABC
000	1	0	0	0	0	0	0	0
001	0	1	0	0	0	0	0	0
010	0	0	1	0	0	0	0	0
011	0	0	0	1	0	0	0	0
100	0	0	0	0	1	0	0	0
101	0	0	0	0	0	1	0	0
110	0	0	0	0	0	0	1	0
111	0	0	0	0	0	0	0	1

5）最小项的编号

将最小项中的原变量取 1，反变量取 0，所得的二进制的数值为最小项的编号。

三变量的最小项编号如表 2－14 所示。

表 2－14 三变量的最小项编号

最小项	变量取值 ABC	所对应的十进制数	最小项编号
$\overline{A}\overline{B}\overline{C}$	000	0	m_0
$\overline{A}\overline{B}C$	001	1	m_1
$\overline{A}B\overline{C}$	010	2	m_2
$\overline{A}BC$	011	3	m_3
$A\overline{B}\overline{C}$	100	4	m_4
$A\overline{B}C$	101	5	m_5
$AB\overline{C}$	110	6	m_6
ABC	111	7	m_7

例如：下列最小项的表达式：

$$F=\sum(2,4,6)=m_2+m_4+m_6=\bar{A}\bar{B}C+\overline{AB}C+A\bar{B}C$$

$$F=A\bar{B}C+AB\bar{C}+ABC=m_5+m_6+m_7$$

2. 卡诺图

1）卡诺图定义

将 n 变量的全部最小项各用一个小方块表示，并使具有逻辑相邻性的最小项在几何位置上也相邻地排列起来，所得到的图形叫作 n 变量的卡诺图。

2）相邻原则

相邻原则：任意相邻两项有且仅有一位元素不同，即只有一个变量互为反变量，其他变量都相同。

目的：按照相邻原则排列最小项，则任意相邻两项都可以提出公因子，再应用公式，从而消去互反的因子（变量），以达到化简的目的。

3）卡诺图构成

一变量卡诺图：如图 2－13（a）所示；二变量卡诺图：如图 2－13（b）所示；三变量卡诺图：如图 2－13（c）所示；四变量卡诺图：如图 2－13（d）所示。

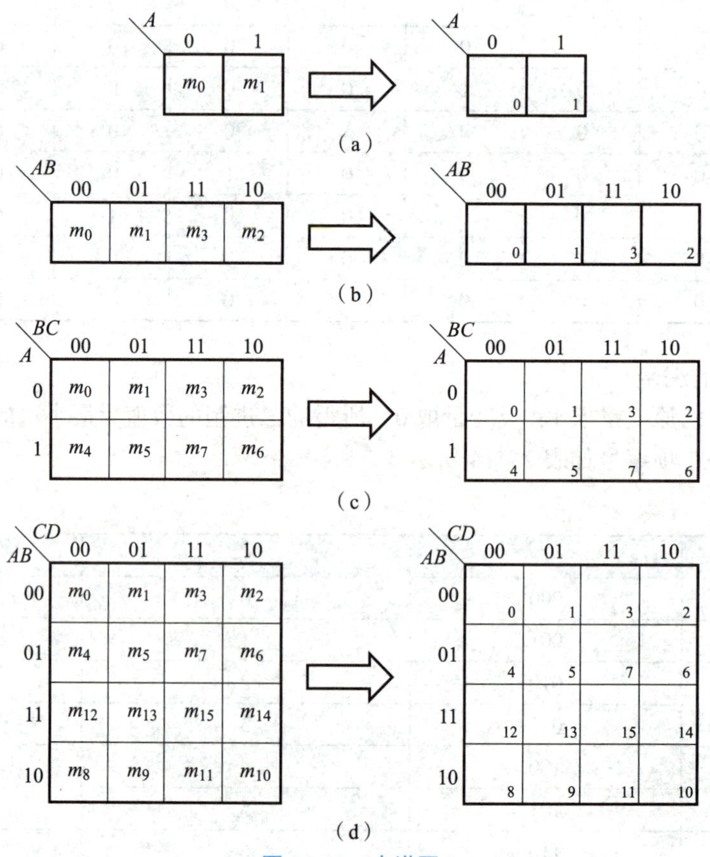

图 2－13　卡诺图

（a）一变量；（b）二变量；（c）三变量；（d）四变量

3. 卡诺图化简法

1）逻辑函数的卡诺图表示方法

（1）将逻辑函数化成最小项表达式。

利用摩根定律——去掉非

分配律——去掉括号

互补律——补上所缺变量

$$
\begin{aligned}
F &= \overline{(AB+\overline{A}\overline{B}+\overline{C})}\,\overline{\overline{AB}} = \overline{AB+\overline{A}\overline{B}+\overline{C}}+AB \\
&= \overline{AB}\cdot\overline{\overline{A}\,\overline{B}}\cdot C+AB \\
&= (\overline{A}+\overline{B})(A+B)C+AB \\
&= A\overline{B}C+\overline{A}BC+ABC+AB\overline{C} \\
&= m_3+m_5+m_6+m_7 \\
&= \sum(3,5,6,7)
\end{aligned}
$$

（2）用卡诺图表示逻辑函数。将逻辑函数最小项表达式中每一项填入卡诺图为1，其余为0。

卡诺图实际上是一张真值表，规定：以行为变量的高位，以列为变量的低位。

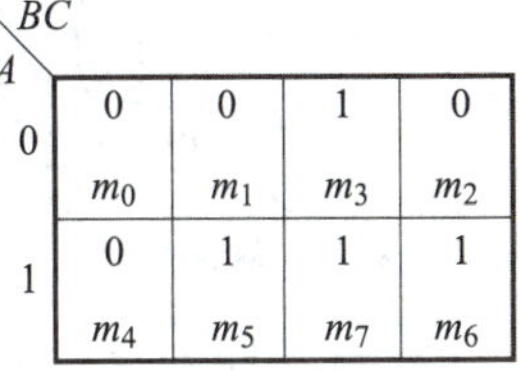

图 2－14　卡诺图

例如：

$$
\begin{aligned}
F &= A\overline{B}C+\overline{A}BC+ABC+AB\overline{C} \\
&= m_3+m_5+m_6+m_7 \\
&= \sum(3,5,6,7)
\end{aligned}
$$

其卡诺图如图 2－14 所示。

2）卡诺图的性质

（1）任何两个（2^1个）标 1 的相邻最小项，可以合并为一项，并消去一个变量（消去互为反变量的因子，保留公因子），如图 2－15 和图 2－16 所示。

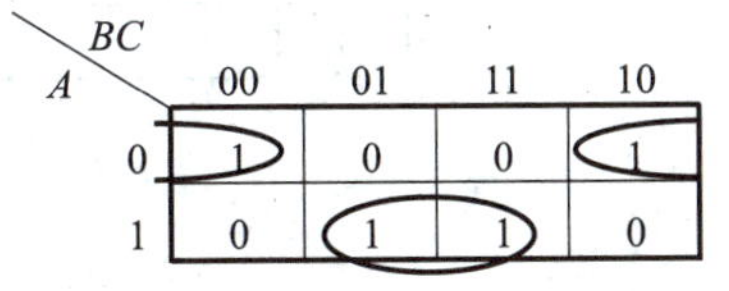

$\overline{A}\,\overline{B}\,\overline{C}+\overline{A}B\overline{C}=\overline{A}\overline{C}\ (\overline{B}+B)\ =\overline{A}\overline{C}$

$A\overline{B}C+ABC=AC\ (\overline{B}+B)\ =AC$

图 2－15　两个相邻最小项合并

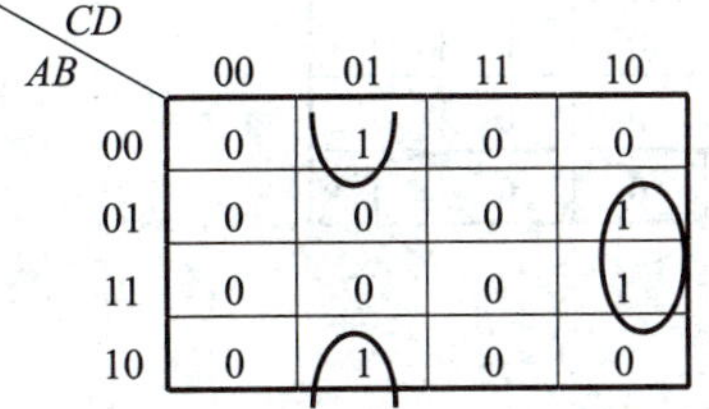

$\overline{A}\,\overline{B}\,\overline{C}D+A\overline{B}\,\overline{C}D=\overline{B}\,\overline{C}D\ (\overline{A}+A)\ =\overline{B}\,\overline{C}D$

$\overline{A}BC\overline{D}+ABC\overline{D}=BC\overline{D}\ (\overline{A}+A)\ =BC\overline{D}$

图 2－16　两个相邻最小项合并

（2）任何4个（2^2个）标1的相邻最小项，可以合并为一项，并消去两个变量，如图2-17～图2-20所示。

$$\overline{A}\,\overline{B}\,\overline{C}+\overline{A}\,\overline{B}C+\overline{A}BC+\overline{A}B\overline{C}=(\overline{B}\,\overline{C}+\overline{B}C+BC+B\overline{C})\overline{A}$$

$$=[\overline{B}(\overline{C}+C)+B(C+\overline{C})]\overline{A}=\overline{A}$$

$$\overline{A}\,\overline{B}C+\overline{A}BC+A\overline{B}C+ABC=(\overline{A}\,\overline{B}+\overline{A}B+A\overline{B}+AB)C=C$$

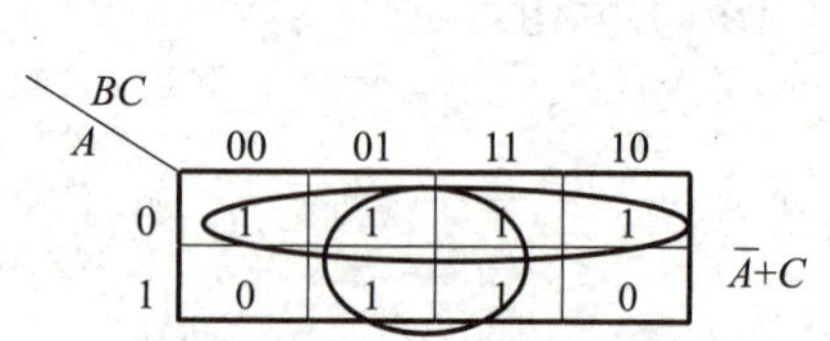

图2-17　4个相邻最小项合并

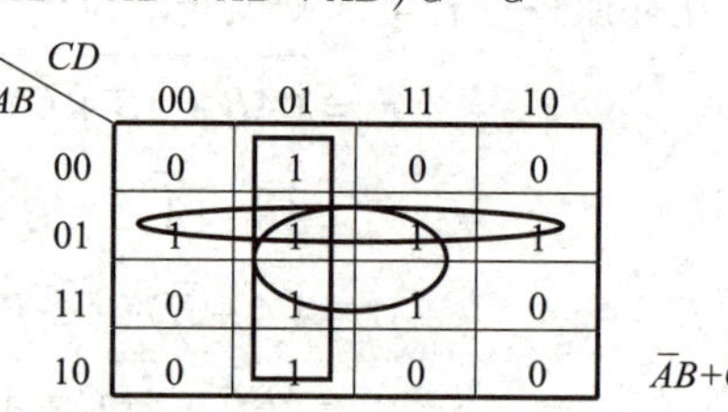

图2-18　4个相邻最小项合并

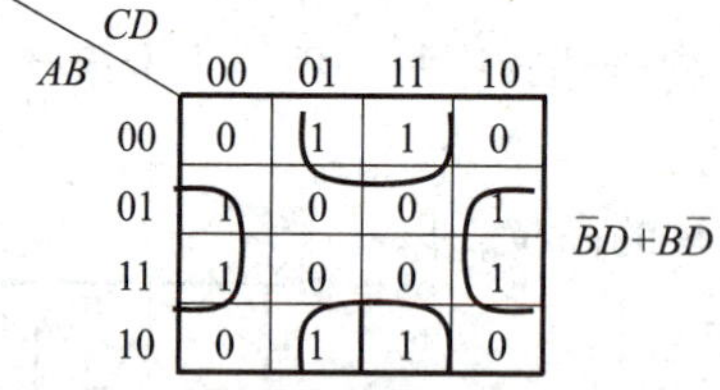

图2-19　4个相邻最小项合并

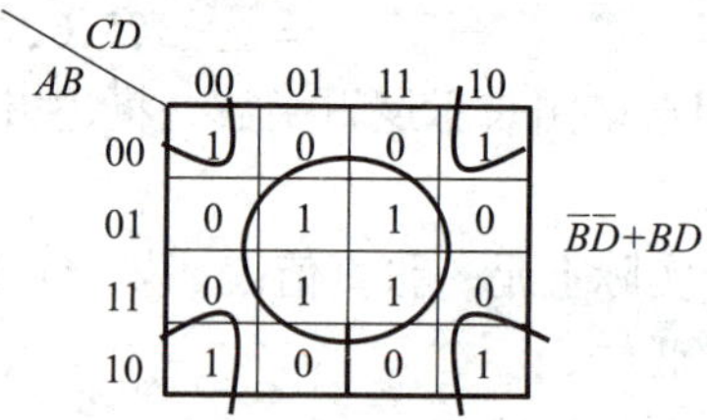

图2-20　4个相邻最小项合并

（3）任何8个（2^3个）标1的相邻最小项，可以合并为一项，并消去3个变量，如图2-21～图2-23所示。

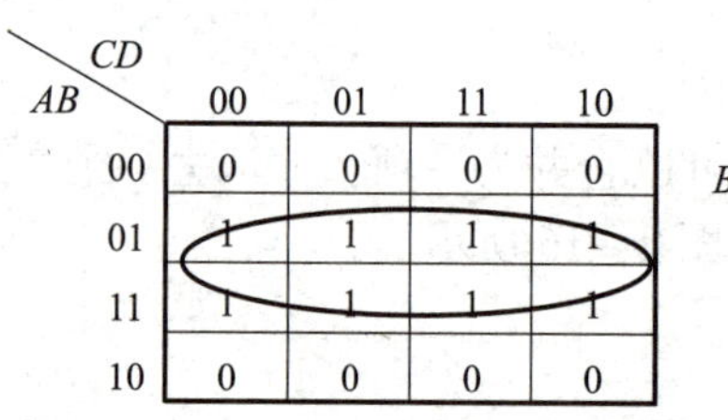

图2-21　8个相邻最小项合并

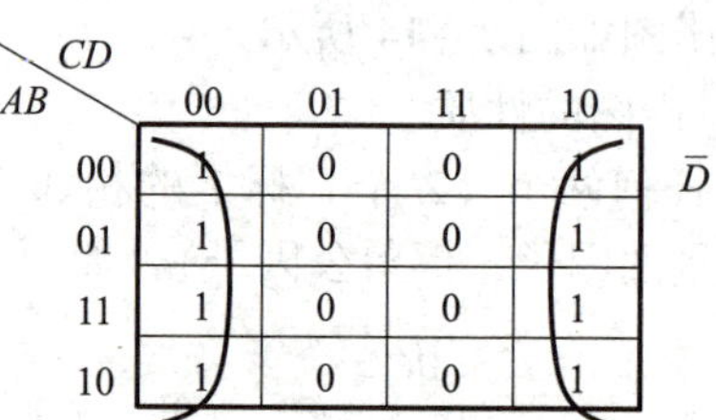

图2-22　8个相邻最小项合并

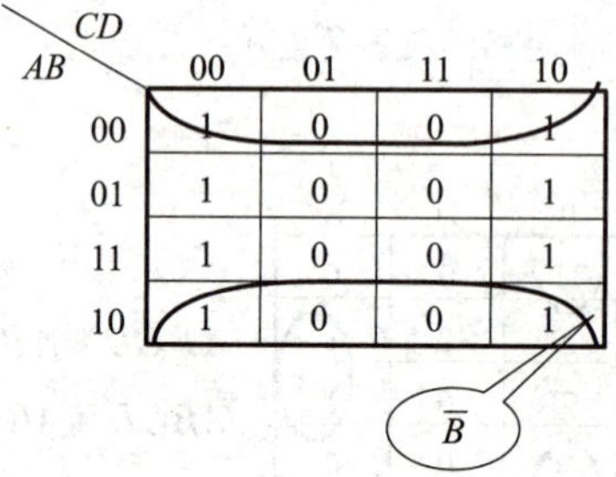

图2-23　8个相邻最小项合并

特别提示|

相邻最小项的数目必须为 2^n 个才能合并为一项，并消去 n 个变量。包含的最小项数目越多，消去变量越多。

3）卡诺图化简步骤

（1）根据逻辑函数作卡诺图。

（2）将逻辑函数最小项表达式中每一项填入卡诺图为1，其余为0（“0”也可省略）。

（3）画卡诺圈：按合并规律，将 2^n 个相邻的“1”方格圈起来合并，直到所有的“1”方格都被圈。

（4）得出化简结果，与或表达式。

4）卡诺图化简原则

（1）卡诺圈尽量圈大，先圈大的，后圈小的。

（2）每个圈内只能含有 2^n（$n=0，1，2，3\cdots$）个相邻项。要特别注意对边相邻性和四角相邻性。

（3）圈的个数尽量少。

（4）卡诺图中所有取值为“1”的方格均要被圈过，即不能漏下取值为“1”的最小项。

（5）保证每个圈中至少有一个“1 格”只被圈过一次，否则该圈是多余的。

（6）将每一个圈对应的与项进行逻辑加，即得到与或表达式。

特别提示|

卡诺图相邻相消的原理：相邻两项有且仅有一个变量互补，其余变量相同，则提取公因子，消掉互补变量。相邻项的数目只能是 2^n（1，2，4，8，16…）。

4. 用卡诺图化简逻辑函数

例 2－7　$F=\overline{A}\overline{B}CD+A\overline{B}\overline{C}D+AB\overline{C}D+A\overline{B}CD$

解： 例 2－7 卡诺图如图 2－24 所示。

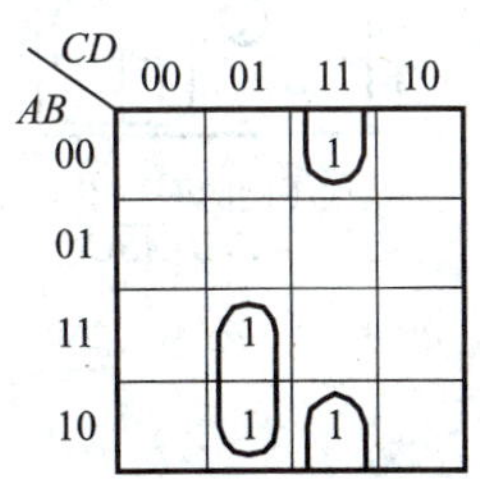

图 2－24　例 2－7 卡诺图

$$F=\overline{A}\overline{B}CD+A\overline{B}\overline{C}D+AB\overline{C}D+A\overline{B}CD$$

$$=A\overline{C}D+\overline{B}CD$$

例 2－8　$F=AB+A\overline{B}\overline{C}+\overline{A}\overline{B}\overline{C}$

解： 如图 2－25 所示，不管 C，只管 AB 为 1，因为 $(C+\overline{C})AB=AB$

$$F=AB+A\overline{B}\overline{C}+\overline{A}\overline{B}\overline{C}=\overline{B}\overline{C}+AB$$

卡诺图化简软件的使用

例 2－9　$F=\overline{A}\overline{B}C+\overline{A}BC+\overline{A}\overline{C}D+\overline{C}D+AB$

解： 例 2－9 卡诺图如图 2－26 所示。

$$F=\overline{A}\overline{B}C+\overline{A}BC+\overline{A}\overline{C}D+\overline{C}D+AB=\overline{A}C+AB+\overline{C}D$$

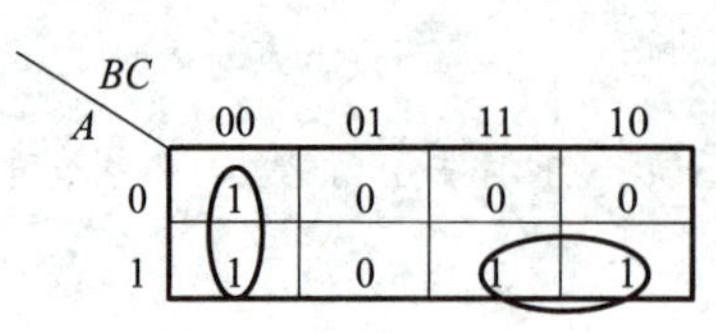

图 2－25　例 2－8 卡诺图

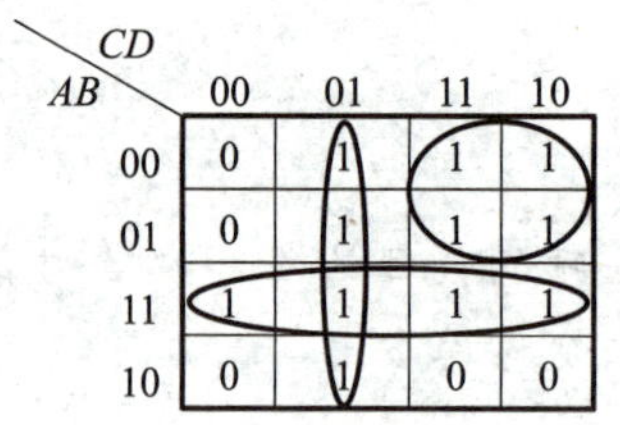

图 2－26　例 2－9 卡诺图

特别提示

逻辑函数化简的基本原则：逻辑电路所用的门最少；每个门的输入端要少；逻辑电路所用的级数要少；逻辑电路能可靠地工作。

案例分析

卡诺图化简常见错误，如图 2－27 所示。

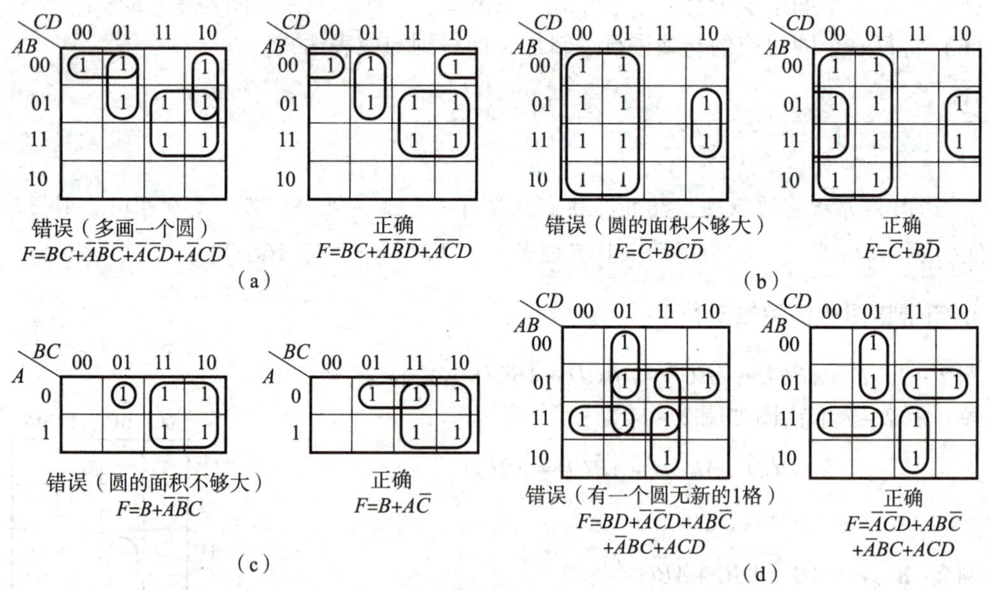

图 2－27　卡诺图化简常见错误

特别提示

在有些情况下，最小项的圈法不止一种，得到的各个乘积项组成的与或表达式各不相同，哪个是最简的，要经过比较、检查才能确定。而在有些情况下，不同圈法得到的与或表达式都是最简形式，即一个函数的最简与或表达式并不是唯一的。

2.3.3　具有无关项的逻辑函数的化简

1. 无关项的意义

在实际的逻辑问题中，有些变量的取值是不允许、不可能、不应该出现的，或者对应输出函数值没有确定值，即函数值可以为1，也可以为0，这些取值对应的最小项称为约束项，又称禁止项、无关项、任意项，在卡诺图或真值表中用×或Φ来表示。

含有无关项的逻辑函数，由于在无关项的相应取值下，函数值随意取成0或1都不改变原有的逻辑函数，因此对于含有约束项的逻辑函数的化简，可以利用无关项来扩大卡诺圈。即如果它对函数化简有利，则认为它是“1”；反之，则认为它是“0”。

2. 具有约束项的函数化简

具有约束项的逻辑函数，在逻辑函数表达式中用d（…）表示约束项。例如，$\sum d$（2，4，5），表示最小项m_2，m_4，m_5为约束项。约束项在真值表或卡诺图中用×表示。

具有约束项的逻辑函数的卡诺图化简在实际应用中经常会遇到。例如，某逻辑电路的输入为8421 BCD码，显然信息中有6个变量组合（1010～1111）是不可使用的。这些变量取值所对应的最小项称为约束项。如果该电路正常工作，这些约束项决不会出现，那么与这些约束项对应的输出是什么，也就无所谓了，可以假定为1，也可以假定为0。约束项的意义在于，它的值可以取“0”，也可以取“1”，具体取什么值，可以根据使函数尽量简化这个原则而定。如果约束项对化简有利，则取“1”；如果约束项对化简不利，则取“0”。

例2-10　判断一位十进制数是否为偶数。

解：(1) 如表2-15所示，输入变量$ABCD$取值为0000～1001时逻辑函数F有确定的值，根据题意，偶数时为1，奇数时为0。其表达式为$F(A, B, C, D) = \sum m(0, 2, 4, 6, 8)$。

表2-15　真值表

ABCD	F	ABCD	F
0000	1	1000	1
0001	0	1001	0
0010	1	1010	×
0011	0	1011	×
0100	1	1100	×
0101	0	1101	×
0110	1	1110	×
0111	0	1111	×

(2) 取值为1010～1111的情况不会出现或不允许出现，对应的最小项属于约束项。约束项之和构成的逻辑表达式叫作约束条件或随意条件，用一个值恒为0的条件等式表示。其表达式为$\sum d(10,11,12,13,14,15)=0$。

(3) 含有约束条件的逻辑函数可以表示成如下形式：

$$F(A,B,C,D) = \sum m(0,2,4,6,8) + \sum d(10,11,12,13,14,15)$$

（4）在逻辑函数的化简中，充分利用约束项不可能出现条件，在化简过程中，约束项的取值可视具体情况取 0 或取 1。具体地讲，如果约束项对化简有利，则取 1；如果约束项对化简不利，则取 0，如图 2－28 所示。

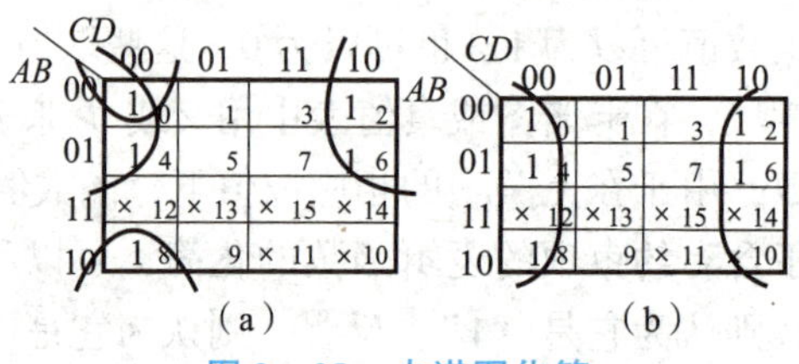

图 2－28　卡诺图化简

（a）不利用约束项的化简结果为 $F=\overline{A}\,\overline{D}+\overline{B}\,\overline{C}\,\overline{D}$；（b）利用约束项的化简结果为 $F=\overline{D}$

结论：由图 2－28 比较发现，利用约束项的化简结果更有利。

例 2－11　用卡诺图化简函数：

$$F = \sum m(1,2) + \sum d(3,4,5,7)$$

解：（1）$\sum d$（3，4，5，7）（约束条件），首先根据最小项表达式画卡诺图，如图 2－29 所示。

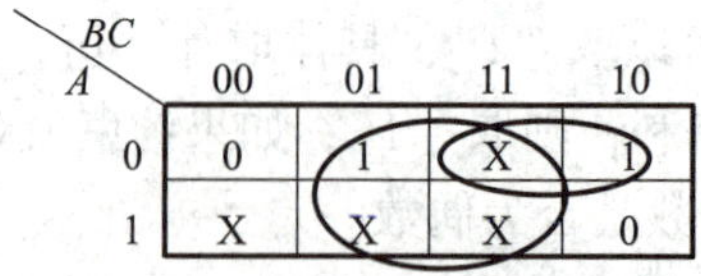

图 2－29　无关项卡诺图化简

（2）画卡诺圈，将 m_3，m_5，m_7 当成“1”可以扩大卡诺圈，而将 m_4 当成“1”会增加“与”项数，因此当成“0”来使用。

（3）最后得到函数的最简与或表达式为

$$F = \sum m(1,2) + \sum d(3,4,5,7) = \overline{A}B + C$$

先导案例解决

我们熟知的四则运算有加、减、乘、除属于普通代数，“1”和“0”表示的是数值。而数字信号“1”和“0”表示的是两种状态，有与、或、非三种基本的逻辑运算，将它们组合在一起可以构成与非、或非、与或非、同或、异或等复合运算，属于逻辑代数，逻辑代数研究的是输入与输出的关系。

【本章小结】

习题 2.3

1. 数字电路的输入变量和输出变量之间的关系可以用逻辑代数来描述。最基本的逻辑运算是与、或、非三种基本运算。与、或、非的不同组合，还可构成复合逻辑运算，如与非、或非、与或非、异或、同或运算，其逻辑门的符号、表达式、真值表、运算规律，如表2－16所示。

表2－16 五种组合逻辑门的符号

逻辑名称	与非	或非	与或非	异或	同或
逻辑表达式	$F=\overline{AB}$	$F=\overline{A+B}$	$F=\overline{AB+CD}$	$F=A\oplus B$	$F=A\odot B$
逻辑符号	A、B 输入，& ，F 输出（带非号）	A、B 输入，≥1，F 输出（带非号）	A、B、C、D 输入，& ≥1，F 输出（带非号）	A、B 输入，=1，F 输出	A、B 输入，=，F 输出
真值表	A B F 0 0 1 0 1 1 1 0 1 1 1 0	A B F 0 0 1 0 1 0 1 0 0 1 1 0	A B C D F 0 0 0 0 1 0 0 0 1 1 … … … … … 1 1 1 1 0	A B F 0 0 0 0 1 1 1 0 1 1 1 0	A B F 0 0 1 0 1 0 1 0 0 1 1 1
逻辑运算规律	有0得1 全1得0	有1得0 全0得1	与项为1结果为0 其余输出全为1	不同为1 相同为0	不同为0 相同为1

2. 逻辑电路的常用表示方法有逻辑表达式、真值表、逻辑电路图、卡诺图、波形图。这几种方法之间可以相互转换，真值表和卡诺图是逻辑函数的最小项表示法，它们具有唯一性。

3. 逻辑函数化简的目的是获得最简与或表达式，化简的方法主要有代数化简法和卡诺图化简法。代数化简法要求能熟练和灵活运用逻辑代数的基本公式与定律，需要一定的技巧和经验。卡诺图化简法是基于合并相邻最小项的原理进行化简，有一定的步骤和方法可循。无关项既可以取0，也可以取1，它的取值对逻辑函数值没有影响，充分利用这一特点化简逻辑函数，以得到更为满意的化简效果。

【习　题】

1. 填空题

(1) 基本逻辑公式 $A+AB=$________，$A+1=$________，$A+A=$________，$A\cdot 0=$________。

(2) 摩根定律表达式 $\overline{A+B}=$________，$\overline{A\cdot B}=$________。

(3) 逻辑函数 $F=\overline{A}+B+\overline{C}D$，它的反函数表达式为 $\overline{F}=$________。

(4) 逻辑函数 $F=A(B+C)\cdot 1$ 的对偶函数是________。

(5) n 个变量的逻辑函数有________个最小项，任意两个最小项的乘积为________，所有最小项的乘积为________。

2. 判断题

（1）逻辑变量和逻辑函数的取值只有0与1两种可能。(　　)

（2）若两个函数具有不同的真值表，则两个逻辑函数必然不相等。(　　)

（3）卡诺图化简逻辑函数的本质就是合并相邻最小项。(　　)

（4）约束项就是在逻辑函数中不允许出现的变量取值组合，用卡诺图化简时，可将约束项当作1，也可当作0。(　　)

（5）逻辑函数二次求反则还原，逻辑函数的对偶式再次做对偶变换也还原为它本身。(　　)

3. 用代数法化简下列函数：

（1）$F=\bar{A}\bar{B}\bar{C}+A+B+C$

（2）$F=\bar{A}\bar{B}+AC+BC+\bar{B}\bar{C}\bar{D}+B\bar{C}E+\bar{B}CF$

（3）$F=AB(C+D)+D+\bar{D}(A+B)(\bar{B}+\bar{C})$

（4）$F=A\bar{B}+BD+DCE+\bar{A}D$

（5）$F=(AD+\bar{A}\bar{D})C+ABC+(A\bar{D}+\bar{A}D)B+BCD$

4. 用卡诺图化简下列逻辑函数：

（1）$F(A,B,C,D)=\Sigma m(1,4,5,8,9,12,13)$

（2）$F(A,B,C,D)=\Sigma m(1,3,5,7,8,9,13,15)$

（3）$F(A,B,C,D)=\Sigma m(0,2,5,7,12,13,14,15)$

（4）$F(A,B,C)=\Sigma m(0,2,4,6)+\Sigma d(3,7)$

（5）$F(A,B,C,D)=\Sigma m(2,4,6,9,10,14)+\Sigma d(0,7,8,11,12)$

5. 用卡诺图化简下列逻辑函数：

（1）$F=\bar{A}\bar{B}\bar{C}+A\bar{B}CD+A\bar{B}+A\bar{D}+A\bar{B}C+B\bar{C}$

（2）$F=A\bar{B}+B\bar{C}+C\bar{A}+\bar{A}B+\bar{C}A$

（3）$F=AC+BC+\bar{B}D+\bar{C}D+AB$

（4）$F=\overline{AC+\bar{A}BC+\bar{B}C}+A\bar{B}C$

第3章 集成逻辑门电路

学习目标

理解TTL门电路的主要参数及TTL电路与CMOS电路的主要差异。了解门电路的使用常识，集电极开路门、三态门等电路及功能。熟悉数字集成电路的器件型号、查找方法及应用。

先导案例

查阅集成电路手册，会发现74LS04和CD4069是六非门，74LS00与74LS03是四-2输入与非门，它们实现的逻辑功能完全一样，那究竟有怎样的区别?

3.1 TTL集成门电路

TTL集成门电路是一种单片集成电路。集成电路中所有元件和连线，都制作在一块半导体基片上，这种门电路的输入级和输出级均采用晶体三极管，故称晶体管-晶体管逻辑门电路，简称TTL电路。

3.1.1 TTL与非门电路

1. 电路组成

如图3-1所示，TTL集成与非门电路可分为三部分。

（1）输入级：由多发射极的三极管T_1和电阻R_1组成。多发射极管的三个发射结为三个PN结，实现“与”逻辑功能。

（2）中间级：由R_2、R_3、T_2组成，为倒相级，满足输出级互补工作要求。

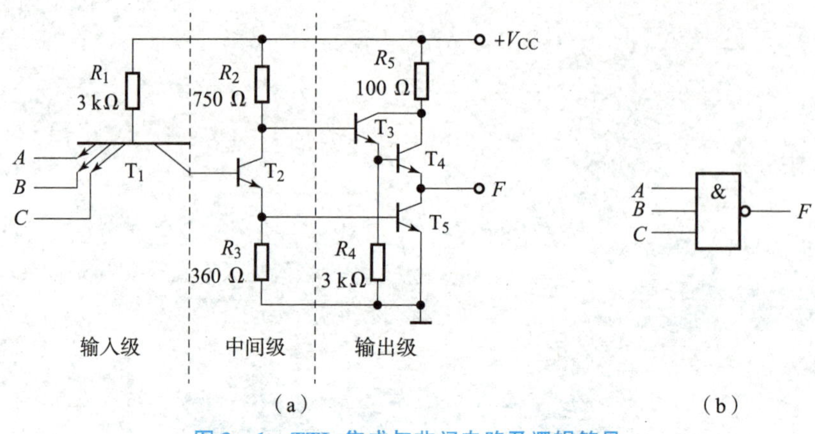

图 3-1 TTL 集成与非门电路及逻辑符号

(a) 电路；(b) 逻辑符号

（3）输出级：由 T_3、T_4、T_5 组成，为推拉式输出电路。

2. 工作原理

设电源电压 $V_{CC}=5$ V，输入高电平 $U_{IH}=3.6$ V，低电平 $U_{IL}=0.3$ V，三极管发射极的正向压降为 0.7 V。

1）输入全部为高电平

TTL 与非门输入全部为高电平的工作状态如图 3-2 所示，电源 V_{CC} 通过 R_1 足以使 T_1 的集电结和 T_2、T_5 的发射结导通，并且 T_2、T_5 饱和。因此 T_2 的集电极电位：

$$U_{C2}=U_{BE2}+U_{CE2}=0.7+0.3=1(\text{V})$$

三极管 T_4 截止，F 输出低电平 $U_{OL}=0.3$ V。

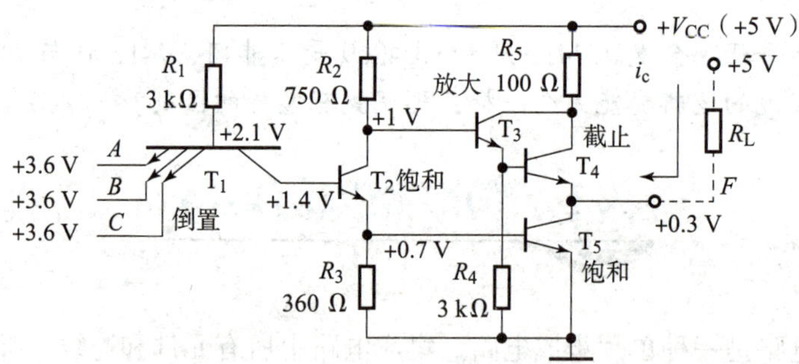

图 3-2 输入全为高电平

此时，T_1 基极电位被钳在 $U_{B1}=U_{BC1}+U_{BE2}+U_{BE5}=0.7+0.7+0.7=2.1$（V），而 T_1 集电极电压 $U_{B2}=U_{BE5}+U_{BE2}=0.7+0.7=1.4$（V），低于发射极电压 3.6 V，管子倒置工作，T_2 的集电极压降 $U_{C2}=U_{CE2}+U_{BE5}=0.3+0.7=1$（V），可以使 T_3 导通，但 T_4 不能导通。因此输出为低电平，$U_O=U_{OL}=U_{CE5}\approx 0.3$（V）。

电路实现了“输入全为高电平，输出为低电平”的逻辑关系，即输入全“1”，输出为“0”的与非门逻辑功能。

2）输入至少有一个为低电平

当输入至少有一个为低电平（0.3 V）时，由图 3-3 可知，电源 V_{CC} 经 R_1 向 T_1 提供较大的基极电流，使其工作在饱和状态，$U_{B1}=1$ V，使 T_2、T_5均截止，而 T_2的集电极电压足以使 T_3、T_4导通。因此输出为高电平：

$$U_O = U_{OH} \approx +V_{CC} - (U_{BE3}+U_{BE4}) = 5-(0.7+0.7)=3.6(\text{V})$$

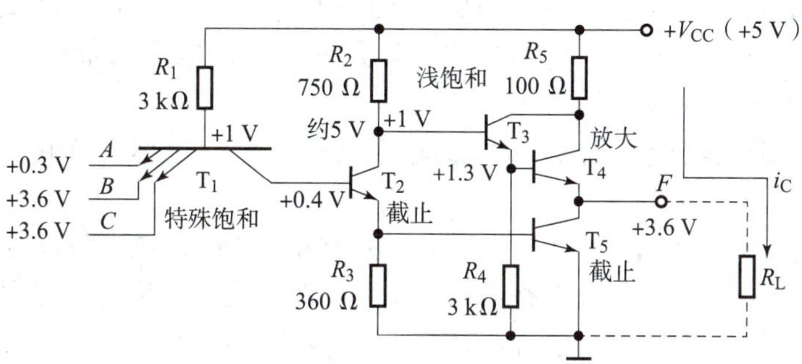

图 3－3　输入至少有一个为低电平

电路实现了“输入有低电平，输出为高电平”的逻辑关系，即输入有“0”，输出为“1”的与非门逻辑功能。

知识链接

集成逻辑门按构成门电路的开关元件不同，可分成单极型逻辑门电路和双极型逻辑门电路两大类，以二极管、三极管为开关元件，电流通过 PN 结的逻辑门电路称为双极型逻辑门电路，目前应用最广泛的是 TTL 电路。以 MOS 管为开关元件，电流不是通过 PN 结，而是通过导电沟道流动的门电路称为单极型门电路，目前应用最广泛的是 CMOS 电路。

3. TTL 与非门的外特性及主要参数

1）电压传输特性

TTL 与非门测试电路及电压传输特性如图 3－4 所示。

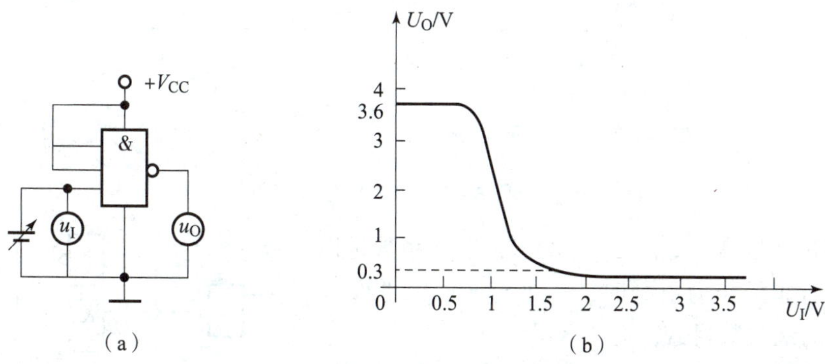

图 3－4　TTL 与非门测试电路及电压传输特性

（a）测试电路；（b）电压传输特性

2）主要参数

（1）输出高电平 U_{OH}和输出低电平 U_{OL}。电压传输特性曲线输出高电平为 U_{OH}，典型值为 3.6 V。输出低电平为 U_{OL}，典型值为 0.3 V，一般产品规定 $U_{OH} \geq 2.4$ V，$U_{OL} < 0.4$ V。

(2) 关门电平 U_{OFF}和开门电平 U_{ON}及阈值电压 U_T。由于器件制造的差异，输出高电平、输入低电平都略有差异，通常规定 TTL 与非门输出高电平 $U_{OH}=3.6$ V 和输出低电平 $U_{OL}=0.31$ V 为额定逻辑高、低电平，在保证输出为额定高电平的 90%（3.24 V）的条件下，允许输入低电平的最大值，称为关门电平 U_{OFF}。通常 $U_{OFF}\approx1$ V，一般产品要求 $U_{OFF}\geq0.8$ V。在保证输出额定低电平（0.31 V）的条件下，允许输入高电平的最小值，称为开门电平 U_{ON}。通常 $U_{ON}\approx1.4$ V，一般产品要求 $U_{ON}\leq1.8$ V。

电压传输特性曲线转折区中点所对应的输入电压为 U_T，也称门槛电压。一般 TTL 与非门的 $U_T\approx1.4$ V。

(3) 噪声容限 U_{NL}、U_{NH}。在实际应用中，由于外界干扰、电源波动等原因，可能使输入电平 U_I 偏离规定值。为了保证电路可靠工作，应对干扰的幅度有一定限制，称为噪声容限。它是用来说明门电路抗干扰能力的参数。

低电平噪声容限是指在保证输出为高电平的前提下，允许叠加在输入低电平 U_{IL}上的最大正向干扰（或噪声）电压。低电平噪声容限用 U_{NL}表示：$U_{NL}=U_{OFF}-U_{IL}$。

高电平噪声容限是指在保证输出为低电平的前提下，允许叠加在输入高电平 U_{IH}上的最大负向干扰（或噪声）电压。高电平噪声容限用 U_{NH}表示：$U_{NH}=U_{IH}-U_{ON}$。

很显然，U_{NL}和 U_{NH}越大，电路的抗干扰能力越强。从电压传输特性曲线可以求 U_{NL}、U_{NH}的大小，如图 3-5 所示。

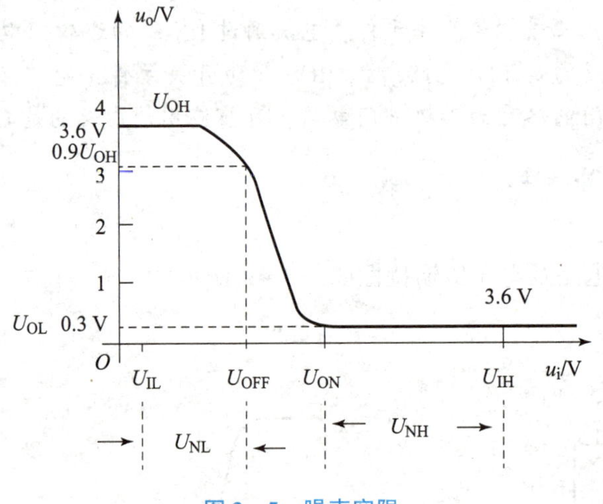

图 3-5　噪声容限

(4) 扇出系数 N。如图 3-6 所示，扇出系数是以同一型号的与非门作为负载时，一个与非门能够驱动同类与非门的最大数目 N，通常 $N=5\sim12$。

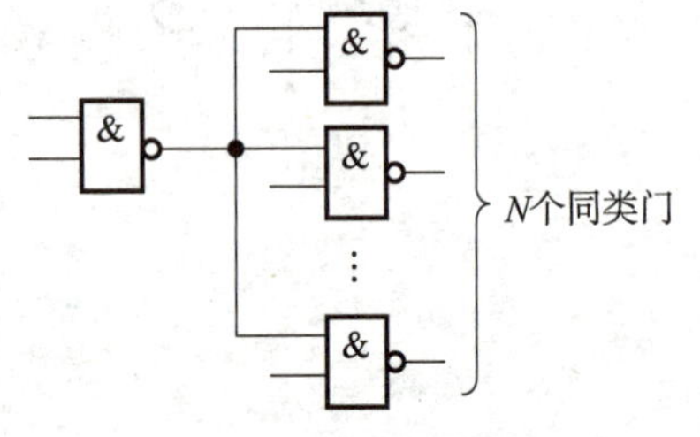

图 3-6　扇出系数

(5) 门传输延迟时间 t_{pd}。门传输延迟时间是指输出信号滞后于输入信号的时间（信号经过一级门所需的时间），它是表示门的开关速度。

(6) 空载功耗。空载功耗是指 TTL 与非门空载时电源总电压与总电流的乘积。

以上这些参数，可以从集成电路手册中查到。

3.1.2　集电极开路门

在使用一般 TTL 门时，输出端是不允许长久接地，或与电源短接的。同样一般的 TTL 门的输出端是不允许连接在一起的，所以就专门设计了输出端可相互连接的特殊的 TTL 门电路——集电极开路（Open Collector）的门电路，简称 OC 门。

1. 电路形式

OC 门电路中外接电阻 R_L 及电源 E_P 代替 TTL 与非门图的 T_3、T_4，由于 OC 门集电极开路，因此 OC 门使用时必须外接上拉电阻 R_L 及电源 E_P 实现与非逻辑功能。而外接电阻 R_L 及电源 E_P 值可根据电路要求，通过计算后选择合适的值。OC 门电路及符号如图 3－7 所示。

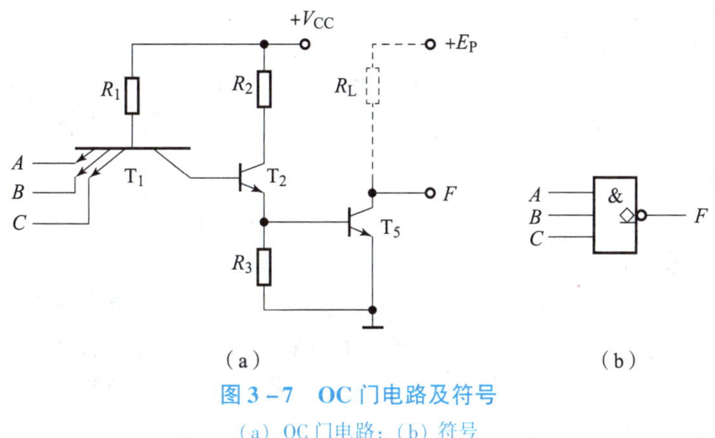

图 3－7　OC 门电路及符号

（a）OC 门电路；（b）符号

2. 应用

1）实现"线与"逻辑

用导线将两个或两个以上的 OC 门输出连接在一起，其总的输出为各个 OC 门输出的逻辑"与"，这种用导线连接而实现的逻辑与就称为"线与"。

图 3－8 所示为两个 OC 与非门用导线连接，实现"线与"逻辑的电路图及其等效逻辑电路图，导线的连接相当于一个将与非门输出 L_1 和 L_2 相与的与门。

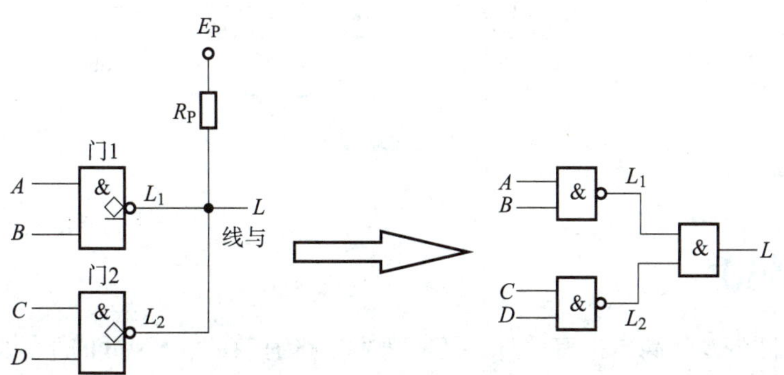

图 3－8　线与逻辑电路图

$$L = L_1 \cdot L_2 = = \overline{AB} \cdot \overline{CD} = \overline{AB + CD}$$

OC 与非门的线与可用来实现与或非逻辑功能。

2）实现逻辑电平的转换

在数字电路中，可能会应用到不同逻辑电平的电路，如 TTL 逻辑电平（$V_H=3.6\ V$，$V_L=0.3\ V$），而 CMOS 逻辑电平为 $V_H=10\ V$，$V_L=0\ V$，如果信号在不同逻辑电平的电路之间传输就会不匹配，因此中间必须加上接口电路，OC 门就可以实现这种接口。

如图 3－9 所示，用 OC 门非门作为 TTL 门和 CMOS 门的电平转换的接口电路。

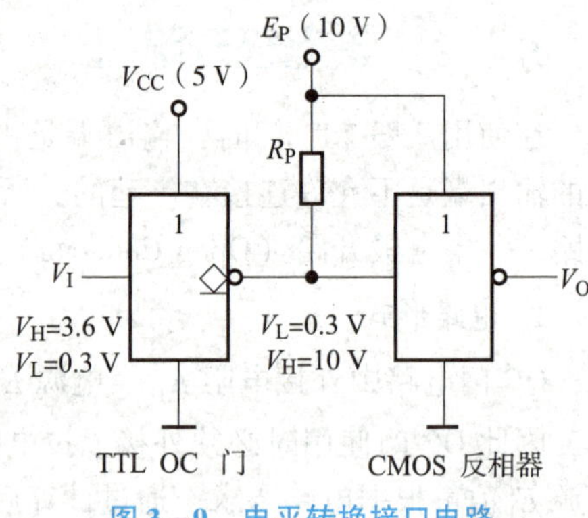

图 3－9　电平转换接口电路

3.1.3　三态门

三态门也是计算机中广泛使用的特殊门电路，简称 TS 门。三态门的输出端有高电平、低电平，以及输出第三种状态——高阻状态（或称禁止状态、开路状态）。

1. 电路形式

三态门的电路如图 3－10（a）所示，实际上是由一个普通与非门加上一个二极管 D 构成的。E 为控制端或称使能端。

当 $E=1$ 时，二极管 D 截止，TS 门与 TTL 门功能一样，其逻辑表达为：$F=\overline{A \cdot B}$。

当 $E=0$ 时，T_1 处于正向工作状态，促使 T_2、T_5 截止，同时，通过二极管 D 使 T_3 基极电位钳制在 1V 左右，致使 T_4 也截止。这样 T_4、T_5 都截止，输出端呈现高阻状态。其逻辑符号如图 3－10（b）所示。

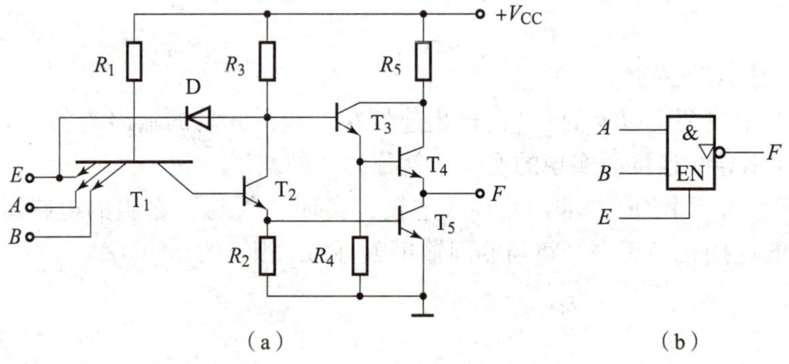

图 3－10　TTL 三态门的电路及逻辑符号

（a）电路；（b）逻辑符号

TS 门中控制端 E 除高电平有效外，还有为低电平有效的，EN 处的小圆圈表示此端接低电平（$E=0$）时为工作状态，而 $E=1$ 时，电路处于高阻（或禁止）状态。如图 3－11 所示，使能控制端接高低电平对输出的影响。

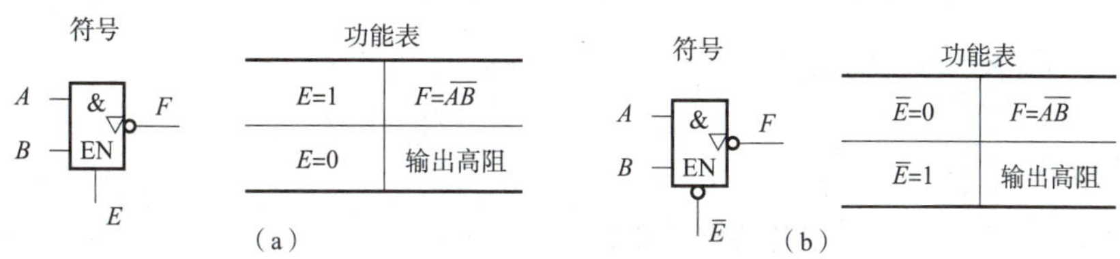

图 3－11　TTL 三态门控制端的作用

(a) 高电平起作用；(b) 低电平起作用

2. 应用

三态门主要应用于总线传送，它可进行单向数据传送，也可进行双向数据传送。

1）用三态门构成单向总线

如图 3－12 所示，用三态门构成单向总线，在任何时刻，n 个三态门中仅允许其中一个控制输入端 $\overline{E}_i$ 为“0”，而其他门的控制输入端均为“1”，也就是这个输入为“0”的三态门处于工作状态，其他门均处于高阻态，此门相应的数据 D_i 就被反相送上总线传送出去。若某一时刻同时有两个门的控制输入端 E 端为“0”，也就是两个三态门处于工作态，那么总线传送信息就会出错。

2）用三态门构成双向总线

如图 3－13 所示，用不同控制输入端的三态门构成的双向数据总线，当控制输入信号 $E=1$ 时，G_1 处于工作态，G_2 处于禁止态（高阻态），输入数据 D_1 经 G_1 反相输出后送到数据总线上；当 $E=0$ 时，G_1 处于禁止态，G_2 处于工作，总线上的数据信号 D 经 G_2 反相输出后送到 D_2。可见，通过改变控制信号 E 的状态，可实现分时的数据双向传送。

习题 3.1

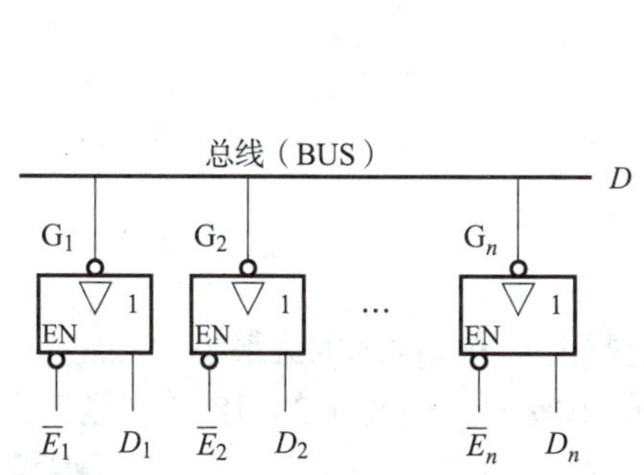

图 3－12　用三态门构成的单向数据总线

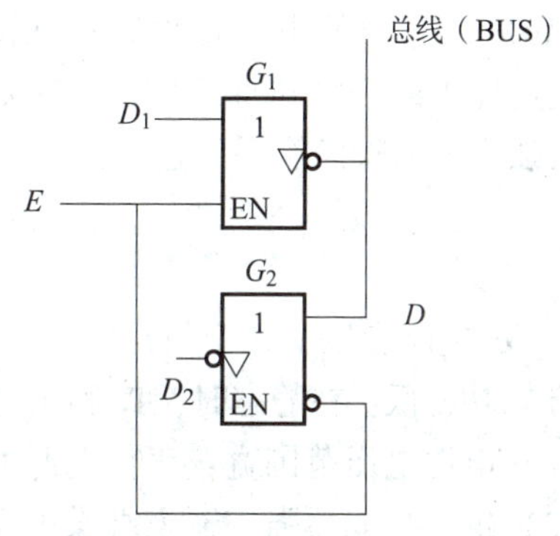

图 3－13　用三态门构成的双向数据总线

3.2　CMOS 集成逻辑门电路

MOS 集成逻辑门是采用 MOS 管作为开关元件的数字集成电路。它具有工艺简单、集成度高、抗干扰能力强、功耗低等优点。MOS 门电路有 PMOS、NMOS 和 CMOS 三种类型，CMOS 电路又称互补 MOS 电路，它突出的优点是静态功耗低、抗干扰能力强、工作稳定性好、开关速度高、性能较好，因此得到较广泛的应用。

3.2.1 CMOS 反相器

1. 电路组成

CMOS 反相器（非门）的基本结构如图 3－14 所示。

其中 T_1 为 NMOS（称为驱动管），T_2 为 PMOS（称为负载管），两管特性相近。T_1 和 T_2 栅极相连作输入端，漏极相连作输出端，T_1 源极接地，T_2 源极接 $+V_{DD}$。

图 3－14　COMS 反相器（非门）的基本结构

2. 工作原理

设电源电压 $V_{DD}=10$ V，T_1 的开启电压 $U_{TN}=2$ V，T_2 的开启电压 $U_{TP}=-2$ V。

（1）当 $u_i=U_{IL}=0$ V 时，由于 $u_{GS1}=0\ \text{V}<U_{TN}=2$ V，T_1 截止。

$u_{GS2}=-10\ \text{V}<U_{TP}=-2$ V，T_2 导通，$u_O=U_{OH}\approx V_{DD}=10$ V。

（2）当 $u_i=U_{IH}=V_{DD}=10$ V 时，$u_{GS1}=10\ \text{V}>U_{TN}=2$ V，T_1 导通，

$u_{GS2}=0\ \text{V}>U_{TP}=-2$ V，T_2 截止，$u_O=U_{OL}\approx 0$ V。

可见，图 3－14 电路实现了反相器功能，即非门功能。从工作原理可知，无论是输入高电平还是低电平，总是一个管子导通，而另一个管子截止，流过 T_1 和 T_2 的静态电流极小（纳安量级），因而 CMOS 反相器的静态功耗极小。

3. 电压传输特性

CMOS 反相器的电压传输特性如图 3－15 所示，它非常接近理想的开关特性。因此 CMOS 反相器的抗干扰能力很强，输入噪声容限可达到 $V_{DD}/2$。

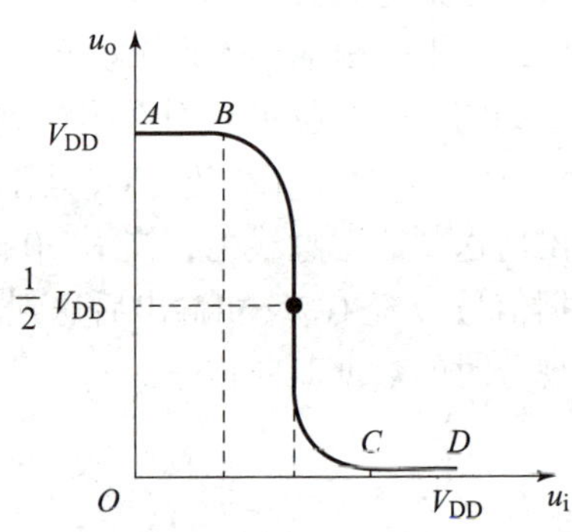

图 3－15　CMOS 反相器的电压传输特性

3.2.2 CMOS 电路的特点

CMOS 电路有以下几个特点。

（1）功耗低：在静态时，T_1 和 T_2 总有一个管子截止，因此静态电流很小。

（2）电源电压范围宽：工作电源 V_{DD} 允许变化的范围大，一般在 3～18 V 均能工作。

（3）抗干扰能力强：输入端噪声容限可达到 $V_{DD}/2$。

（4）逻辑摆幅大：$U_{OL}\approx 0$ V，$U_{OH}\approx V_{DD}$。

（5）带负载能力强：CMOS 输入阻抗高，输入端没有电流。

（6）集成度很高，温度稳定性好。

（7）成本低。

习题 3.2

特别提示

CMOS 门电路也有与门、或门、非门（反相器）、与非门、或非门、与或非门和异或门等，具有与 TTL 门电路相同的逻辑功能。

3.3　集成逻辑门电路的正确使用

3.3.1　TTL 集成电路使用中应注意的问题

TTL 集成电路使用中应注意以下几个问题：

(1) 电源电压（$+V_{CC}$）应满足在标准值（5 ±0.5）V 的范围内。

(2) TTL 电路的输出端所接负载，不能超过规定的扇出系数。

(3) TTL 门多余输入端的处理方法：

① 与门和与非门。

a. 悬空，相当于逻辑高电平，但通常情况下不这样处理，以防止干扰的窜入。

b. 与其他信号输入端并接使用，如图 3－16（a）所示。

c. 通过一个上拉电阻接至电源正端或接标准高电平，如图 3－16（b）所示。

d. 接电源，如图 3－16（c）所示。

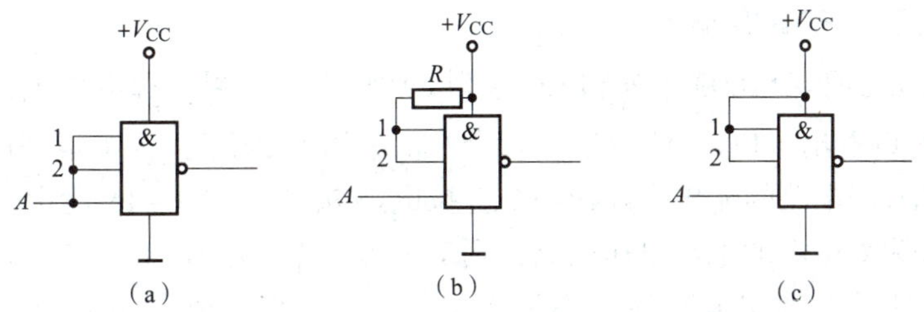

图 3－16　TTL 或非门多余输入端的处理方法

(a) 与使用输入端并接；(b) 通过 R 接电源；(c) 接电源

② 或门和或非门。

a. 接地，如图 3－17（a）所示。

b. 通过一个电阻接至电源地或标准接低电平，如图 3－17（b）所示。

c. 与其他信号输入端并接使用，如图 3－17（c）所示。

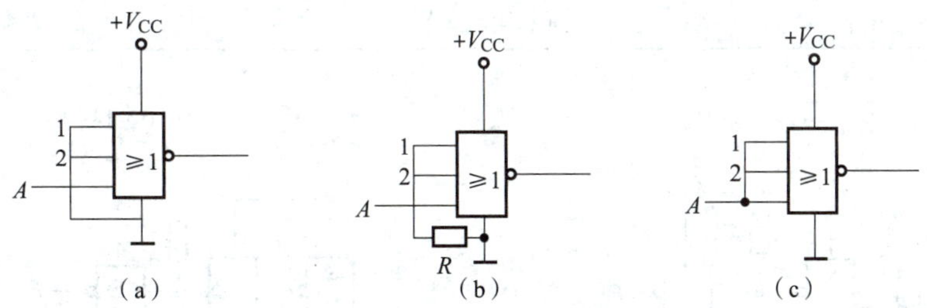

图 3－17　TTL 或非门多余输入端的处理方法

(a) 接地；(b) 通过 R 接地；(c) 与使用输入端并接

特别提示

TTL 与门多余端的处理同与非门，或门多余端的处理同或非门。

3.3.2 CMOS 集成电路使用中应注意的问题

CMOS 电路的输入端是绝缘栅极，具有很高的输入阻抗，很容易因静电感应而被击穿。因此在使用 CMOS 电路时应遵守下列保护措施：

（1）组装调测时，所用仪器、仪表、电路箱板等都必须可靠接地。

（2）焊接时，采用内热式电烙铁，功率不宜过大，烙铁必须有外接地线，以屏蔽交流电场，最好是断电后再焊接。

（3）CMOS 电路应在防静电材料中储存或运输。

（4）CMOS 电路对电源电压的要求范围比较宽，但也不能超出电源电压的极限，更不能将极性接反，以免烧坏器件。

（5）CMOS 电路不用的多余输入端都不能悬空，以防栅极击穿，应以不影响逻辑功能为原则分别接电源、地或与其他使用的输入端并联。输入端接电阻为低电平（栅极没有电流）。

3.3.3 CMOS 门电路与 TTL 门电路的相互连接

1. TTL 输出驱动 CMOS 输入

（1）当 TTL 电路驱动 4000 系列和 HC 系列 CMOS 时，如果电源电压 V_{CC} 与 V_{DD} 均为 5 V 时，从表 3－1 可以看出，TTL 门的 U_{OH} 不符合 CMOS 的 U_{IH} 要求，为了很好地解决这个电平匹配问题，在 TTL 门电路的输出端外接一个上拉电阻 R_P，如图 3－18 所示，使 TTL 门电路的 $U_{OH} \approx 5$ V。如果 CMOS 的电源电压较高，则 TTL 电路需采用 OC 门，在其输出端接上拉电阻，如图 3－19 所示，上拉电阻的大小将影响其工作速度。或采用另一种方法用专用的 CMOS 接口电路（如 CC4502、CC40109 等），如图 3－20 所示。

表 3－1 TTL 的 74LS 系列和 CMOS 的 4000、74HC 系列的输入、输出高电平和低电平

TTL 的输出电平 74LS 系列	CMOS 的输入电平 4000 系列	CMOS 的输入电平 74HC 系列
$U_{OL} \leqslant 0.5$ V	$U_{IL} \leqslant 1.5$ V	$U_{IL} \leqslant 1$ V
$U_{OH} \geqslant 2.4$ V	$U_{IH} \geqslant 3.5$ V	$U_{IH} \geqslant 2.4$ V

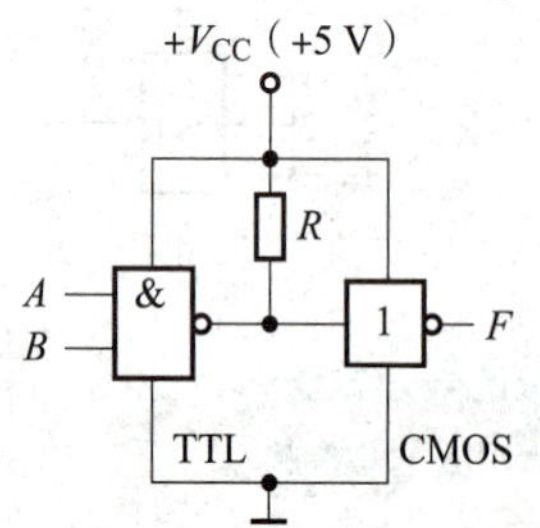

图 3－18 TTL 驱动 COMS 采用外接上拉电阻

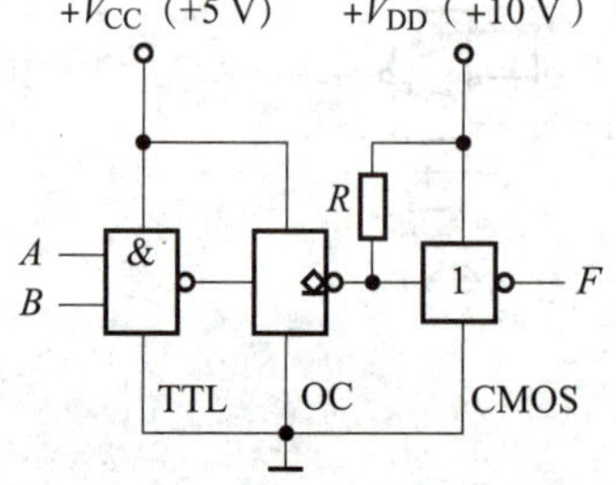

图 3－19 TTL 驱动 COMS 采用 OC 门

（2）当 TTL 电路驱动 74HCT 系列和 74ACT 系列的 CMOS 门电路时，因两类电路性能兼

容，故可以直接相连，不需要外加元件和器件。

2. CMOS 输出驱动 TTL 输入

74HC/74HCT 系列 CMOS 和 74LS 系列 TTL 输入、输出高电平与低电平如表 3－2 所示。由表 3－2 可知，CMOS 的输出电平同 TTL 的输入电平兼容。若 CMOS 电路的电源电压为 +5 V 时，则两者可直接相连。当 CMOS 电源电压较高时，可采用专用的电平转换电路，如图 3－20 所示。

表 3－2　74HC/74HCT 系列 CMOS 和 74LS 系列 TTL 输入、输出高电平与低电平

CMOS 的输出电平		TTL 的输入电平
74HC 系列	74HCT 系列	74LS 系列
$U_{OL} \leqslant 0.1$ V	$U_{OL} \leqslant 0.1$ V	$U_{IL} \leqslant 0.8$ V
$U_{OH} \geqslant 4.9$ V	$U_{OH} \geqslant 4.4$ V	$U_{IH} \geqslant 2$ V

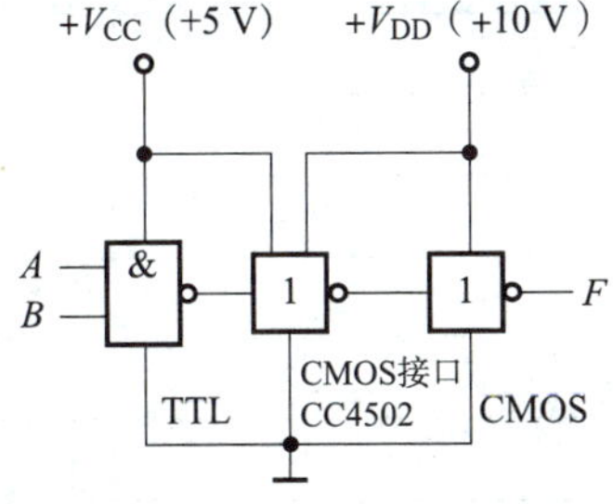

图 3－20　TTL 驱动 COMS 采用专用的接口电路

知识链接

TTL 门电路是基本逻辑单元，是构成各种 TTL 电路的基础，实际生产的 TTL 集成电路品种齐全、种类繁多、应用十分普遍。TTL 器件型号由五部分组成，其符号和意义如表 3－3 所示。

表 3－3　TTL 器件型号组成的符号和意义

第 1 部分		第 2 部分		第 3 部分		第 4 部分		第 5 部分	
产品制造单位		工作温度符号范围		器件系列		器件品种		封装形式	
符号	意义	符号	意义	符号	意义	符号	意义	符号	意义
CT	中国制造的TTL类	54	－55～＋125 ℃	H	标准	阿拉伯数字	器件功能	W	陶瓷扁平
				S	高速			B	封装扁平
				LS	肖特基			F	全密封扁平
SN	美国TEXA公司	74	0～＋70 ℃		低功耗，肖特基			D	陶瓷双列直插
								P	塑料双列直插
				AS	先进肖特基			J	黑陶瓷双列直插
				ALS	先进低功耗				
				FAS	肖特基				
					快捷肖特基				

例如：

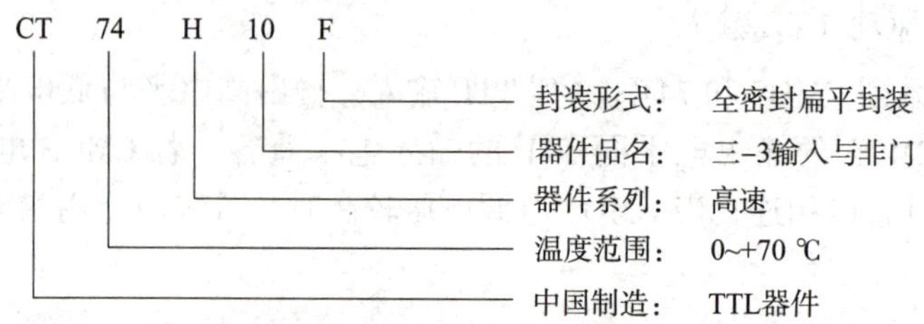

目前，我国 TTL 集成电路主要有 CT54/74（普通）、T54/74H（高速）、CT54/74S（肖特基）、CT54/74LS（低功耗）四个系列国家标准的集成门电路。它们的主要性能指标如表 3－4 所示。由于 CT54/74LS 系列产品具有最佳的综合性能，因而得到广泛应用。

表 3－4 TTL 各系列集成门电路主要性能指标

参数名称 / 电路型号	CT74 系列	CT74H 系列	CT74S 系列	CT74LS 系列
电源电压/V	5	5	5	5
$U_{OH(MIN)}$/V	2.4	2.4	2.5	2.5
$U_{OL(MAX)}$/V	0.4	0.4	0.5	0.5
逻辑摆幅	3.3	3.3	3.4	3.4
每门功耗	10	22	19	2
每门传输延时	9	6	3	9.5
最高工作频率	35	50	125	45
扇出系数	10	10	10	10
抗干扰能力	一般	一般	好	好

在不同系列 TTL 门电路中，无论是哪一种系列，只要器件品名相同，那么器件功能就相同，只是性能不同。例如：7420、74H20、74S20、74LS20 都是双 4 输入与非门（内部有两个 4 输入的与非门），都采用 14 条引脚双列直插式封装，而且，输入端、输出端、电源、地线的引脚位置也是相同的。

常用的 CMOS 产品有 4000 系列、74C××系列等，表 3－5 所示为 4000 系列 CMOS 器件型号组成符号及意义。

表 3－5 4000 系列 CMOS 器件型号组成符号及意义

第 1 部分		第 2 部分		第 3 部分		第 4 部分	
产品制造单位		器件系列		器件品种		工作温度范围	
符号	意义	符号	意义	符号	意义	符号	意义
CC	中国制造的类型	40	系列符号	阿拉伯数字	器件功能	C	0～70 ℃
CD	美国无线电公司产品	45				E	－40～85 ℃
TC	日本东芝公司产品	145				R	－55～85 ℃
						M	－55～125 ℃

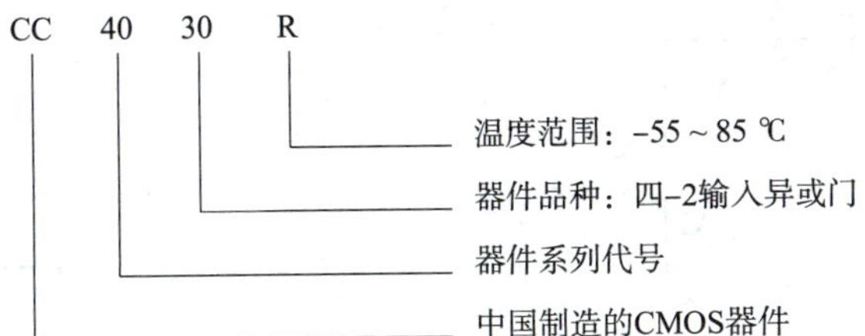

74C××系列有普通74C××系列、高速74HC××/HCT××系列及先进的74AC××/ACT××系列。

先导案例解决

74LS04和CD4069所实现的逻辑功能是一样的，都表示六非门，74LS04是TTL电路，悬空相当于接1；而CD4069是CMOS电路，其特点是：功耗低、电源电压范围宽、抗干扰能力强、逻辑摆幅大、带负载能力强，但输入端不能悬空。74LS00和74LS03表示的都是四-2输入与非门，74LS00是普通TTL电路，输出端不能并接，而74LS03是四-2输入OC与非门，在使用过程中必须接上拉电阻和上拉电源。

任务训练

一、门电路功能测试

1. 实验目的

(1) 熟悉面包板使用，正确识读集成芯片。

(2) 了解与非门、或非门、与或非门、异或门的工作原理。

(3) 会测试74LS00、74LS02、74LS51、74LS86的逻辑功能。

2. 实验器材

(1) 74LS00　　四-2输入与非门。

(2) 74LS02　　四-2输入或非门。

(3) 74LS51　　双2路3-3、2-2输入与或非门。

(4) 74LS86　　四-2输入异或门。

(5) 万用表、数字电路实验箱、导线（若干）。

3. 实验内容及步骤

1) 与非门（74LS00）电路逻辑功能测试

(1) 将芯片74LS00缺口朝左插入面包板。

(2) 根据芯片引脚图3-21，按图3-22所示完成连线［首先将地线GND（V_{SS}）脚接地，将V_{CC}（V_{DD}）接+5 V］。

(3) 输入端A、B接逻辑电平开关，输出端F接指示灯。根据表3-6进行测试，将结果记入表中，并写出逻辑表达式$F=$________。

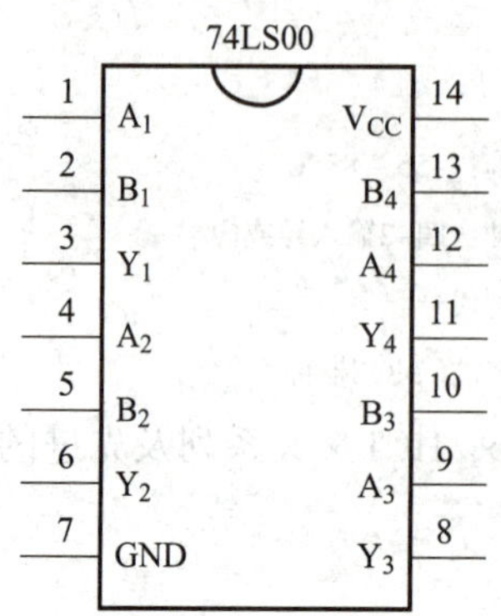

图 3-21　74LS00　四-2 输入与非门引脚

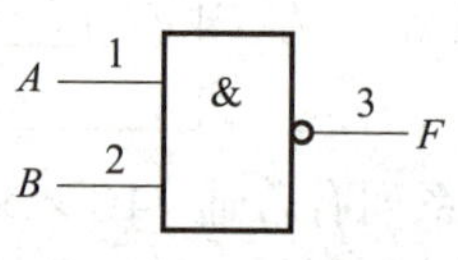

图 3-22　与非门测试电路

表 3-6　与非门测试结果

输　入		输　出
A	*B*	*F*
0	0	
0	1	
1	0	
1	1	

2）或非门（74LS02）电路逻辑功能测试

（1）将芯片 74LS02 缺口朝左插入面包板。

（2）根据芯片引脚图 3-23，按图 3-24 所示完成连线［首先将地线 GND（V_{SS}）脚接地，将 V_{CC}（V_{DD}）接 +5 V］。

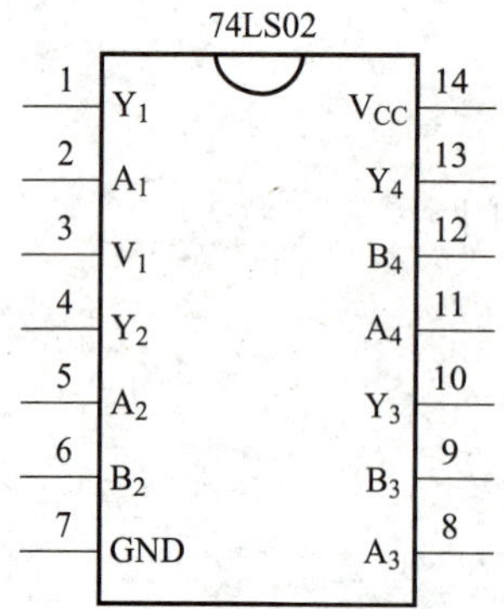

图 3-23　74LS02　四-2 输入或非门引脚

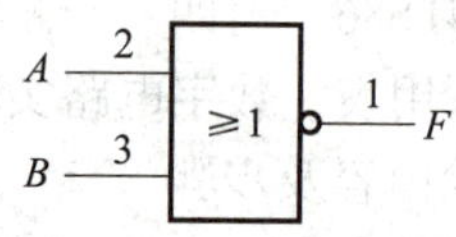

图 3-24　或非门测试电路

（3）输入端 *A*、*B* 接逻辑电平开关，输出端 *F* 接指示灯。根据表 3-7 进行测试，将结果记入表中，并写出逻辑表达式 *F* = ________。

表 3－7 或非门测试结果

输入		输出
A	B	F
0	0	
0	1	
1	0	
1	1	

3）与或非门（74LS51）电路逻辑功能测试

（1）将芯片 74LS51 缺口朝左插入面包板。

（2）根据芯片引脚图 3－25，按图 3－26 所示完成连线［首先将地线 GND（V_{SS}）脚接地，将 V_{CC}（V_{DD}）接 +5 V］。

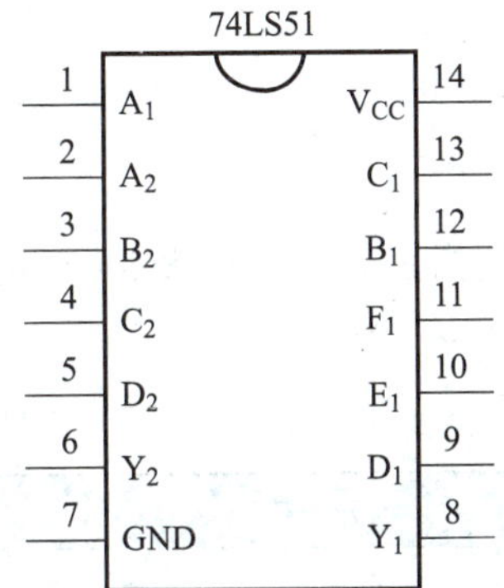

图 3－25 74LS51 双 2 路 3－3、2－2 输入与或非门引脚

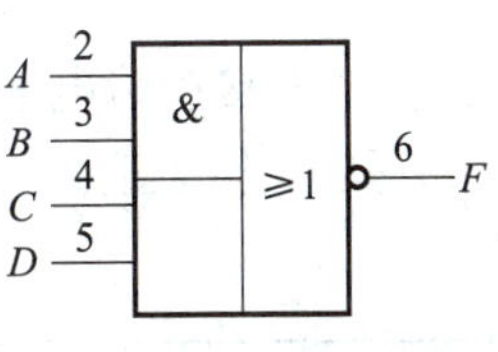

图 3－26 与或非门测试电路

（3）输入端 A、B、C、D 接逻辑电平开关，输出端 F 接指示灯。根据表 3－8 进行测试，将结果记入表中，并写出逻辑表达式 F = ________。

表 3－8 与或非门测试结果

输入				输出	输入				输出
A	B	C	D	F	A	B	C	D	F
0	0	0	0		1	0	0	0	
0	0	0	1		1	0	0	1	
0	0	1	0		1	0	1	0	
0	0	1	1		1	0	1	1	
0	1	0	0		1	1	0	0	
0	1	0	1		1	1	0	1	
0	1	1	0		1	1	1	0	
0	1	1	1		1	1	1	1	

4）异或门（74LS86）电路逻辑功能测试

（1）将芯片 74LS86 缺口朝左插入面包板。

（2）根据芯片引脚图 3－27，按图 3－28 所示完成连线［首先将地线 GND（V_{SS}）脚接地，将 V_{CC}（V_{DD}）接 +5 V］。

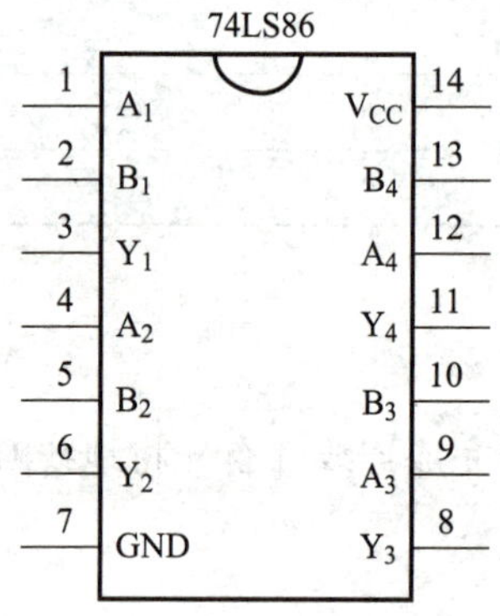

图 3－27　74LS86　四－2 输入异或门引脚

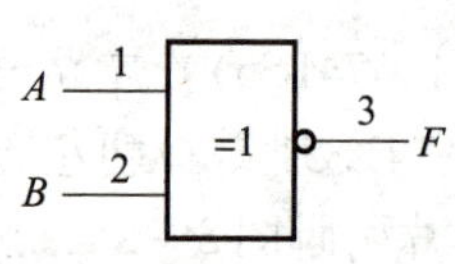

图 3－28　异或门测试电路

（3）输入端 A、B 接逻辑电平开关，输出端 F 接指示灯。根据表 3－9 进行测试，将结果记入表中，并写出逻辑表达式 $F=$________。

表 3－9　异或门测试结果

输　入		输　出
A	B	F
0	0	
0	1	
1	0	
1	1	

4. 任务完成结论

（1）根据表 3－6 的测试结果可以看出与非门输入有“0”时，输出为______，输入全“1”时，输出为______。如果与非门改作非门用则多余输入端接__________。

（2）根据表 3－7 的测试结果可以看出或非门输入有“1”时，输出为______，输入全“0”时，输出为______。如果或非门改作非门用则多余输入端接________。

（3）根据表 3－8 的测试结果可以看出与或非门输入 AB 或 CD 的与项为“1”时，输出为______，输入 AB、CD 的与项全为“0”时，输出为______。

（4）根据表 3－9 的测试结果可以看出异或门输入 A，B 相同时，输出为______，输入 A，B 不相同时，输出为______。如果异或门改作非门用，则多余输入端接________。

二、OC 门和三态门逻辑功能测试

1. 实验目的

（1）了解 OC 门和三态门的工作原理。

（2）会测试 74LS03、74LS125 的逻辑功能。

2. 实验器材

（1）74LS03　　四 -2 输入 OC 与非门引脚。

（2）74LS125　　三态四总线驱动器。

（3）万用表、数字电路实验箱、导线（若干）。

3. 实验内容及步骤

1）OC 与非门（74LS03）电路逻辑功能测试

（1）将芯片 74LS03 缺口朝左插入面包板。

（2）根据芯片引脚图 3-29，按图 3-30 所示完成连线［首先将地线 GND（V_{SS}）脚接地，将 V_{CC}（V_{DD}）接 +5 V］。

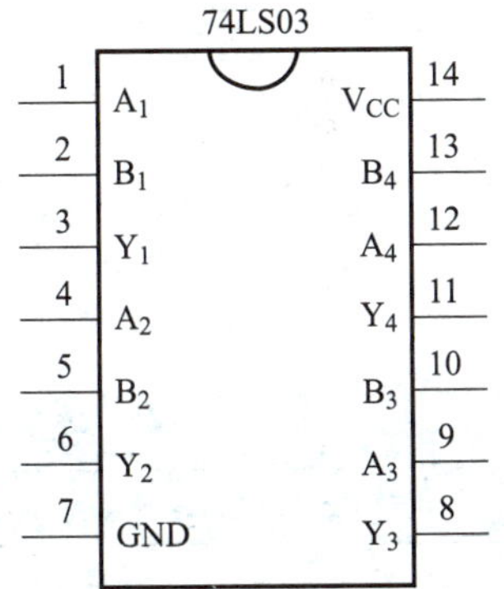

图3-29　74LS03　四 -2 输入 OC 与非门引脚

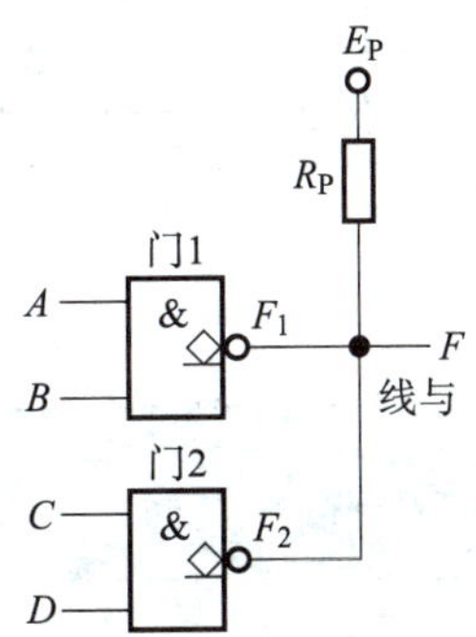

图 3-30　OC 与非门测试电路

（3）输入端 A、B、C、D 接逻辑电平开关，上拉电源 5 V，上拉电阻1 kΩ，输出端 F 接指示灯。根据表 3-10 进行测试，并将结果记入表中，并写出逻辑表达式 $F=$__________。

表 3-10　OC 与非门功能测试结果

输入				输出	输入				输出
A	*B*	*C*	*D*	*F*	*A*	*B*	*C*	*D*	*F*
0	0	0	0		1	0	0	0	
0	0	0	1		1	0	0	1	
0	0	1	0		1	0	1	0	
0	0	1	1		1	0	1	1	
0	1	0	0		1	1	0	0	
0	1	0	1		1	1	0	1	
0	1	1	0		1	1	1	0	
0	1	1	1		1	1	1	1	

2）三态门（74LS125）电路逻辑功能测试

（1）将芯片 74LS125 缺口朝左插入面包板。

（2）根据芯片引脚图 3－31 及表 3－11 的 74LS125 真值表，按图 3－32 所示完成连线［首先将地线 GND（V_{SS}）脚接地，将 V_{CC}（V_{DD}）接 +5 V］。

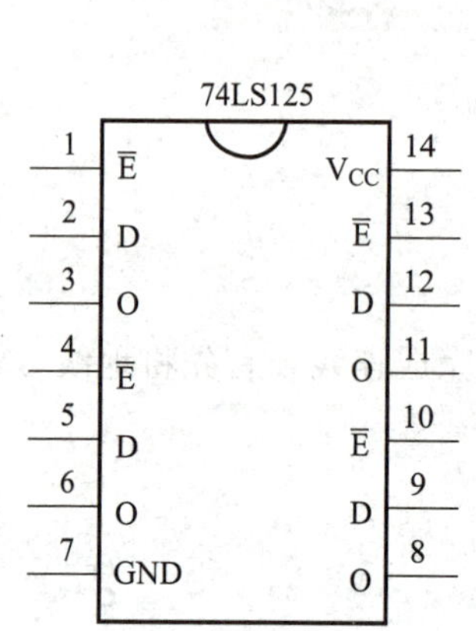

图 3－31　74LS125　三态四总线驱动器引脚

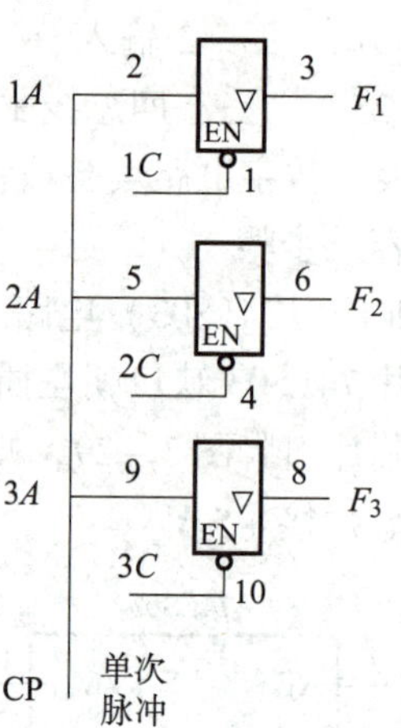

图 3－32　三态门测试电路

表 3－11　74LS125 真值表

74LS125 功能真值表		
输　入		输　出
$\bar{E}$	D	O
0	0	0
0	1	1
1	×	Z
Z 表示高阻抗状态		

（3）输入端 1A、2A、3A 并接，接单次脉冲，使能端 1C、2C、3C 接逻辑电平开关，根据表 3－12 进行测试，按动单次脉冲，将结果记入表中，并写出逻辑表达式 $F=$ ________。

表 3－12　三态门功能测试结果

输入	使能	输出（灯是否一灭一亮）
1A　2A　3A	1C　2C　3C	F_1　F_2　F_3
按动单次脉冲	0　0　0	
	0　0　1	
	0　1　0	
	0　1　1	
	1　0　0	
	1　0　1	
	1　1　0	
	1　1　1	

4. 任务完成结论

（1）根据表 3－11 的测试结果可以看出多个 OC 与非门并接可以实现__________功能。

（2）根据表 3－12 的测试结果得三态门有__________三种工作状态，74LS125 控制端为__________（高电平/低电平）输入与输出实现传输，控制端为__________（高电平/低电平）输出为高阻抗状态。

习题 3.3

【本章小结】

1. 门电路是构成各种复杂数字电路的基本逻辑单元，本章介绍了目前应用最广泛的 TTL 和 CMOS 两类集成逻辑电路。重点是掌握其逻辑功能，即输入和输出的关系。为合理应用，对各类不同系列的门电路的外特性和主要参数也应通过对比加以了解与区分。

2. 门电路器件使用时都有一定的规范，尤其 CMOS 器件应特别注意掌握正确的使用方法，否则容易造成损坏。

3. 普通的 TTL 电路输出端不能并接，集电极开路门和三态门输出端可以并接使用，OC 门可实现线与，还可驱动一定功率的负载；三态门可用来实现总线结构，这时要求三态输出门实行分时使能，三态门还可以实现双向总线。

4. 在使用集成逻辑门电路时，多余的输入端要注意正确的连接，对于与门和与非门，多余的输入端可通过上拉电阻或直接与正电源相连，也可和其他有用端并联使用。对于或门和或非门，多余的输入端可直接接地，也可和其他有用端并联使用。

【习　题】

1. 填空题

（1）一般 TTL 门电路的标准电源电压是__________。

（2）TTL 与非门的输入端悬空相当于输入为__________。

（3）采用与非门实现非门的逻辑功能，可以将与非门的多余输入端接__________。

（4）图 3－33（a）G_1和 G_2叫__________门，其 F_1 表达式为__________。

（5）图 3－33（b）叫__________门，若 $C=1$ 时，则 F_2 __________，若 $C=0$ 时，则 F_2 __________。

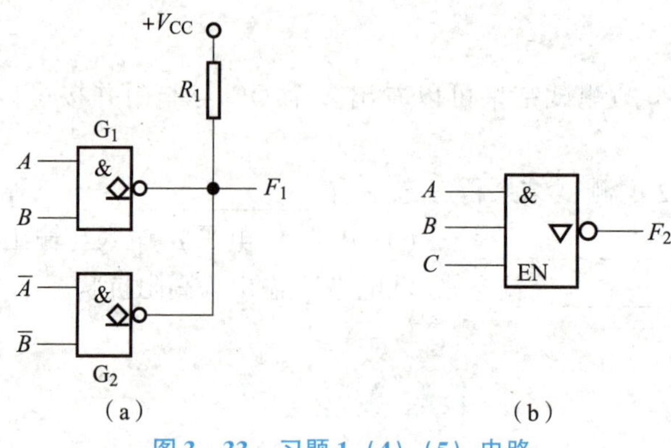

图 3-33　习题 1（4）（5）电路

2. TTL 与非门如有多余输入端能不能将它接地，为什么？TTL 或非门如有多余输入端能不能将它接 V_{CC} 或悬空，为什么？

3. 如何将 TTL 与非门、或非门、异或门改接成非门？

4. OC 门和三态门各有什么主要特点？它们各自有什么重要的应用？

5. 如图 3-34 所示，当输入 V_1、E/D_1、V_2、E/D_2（表 3-13）时，请分析对应的 V_O 输出的状态？（图 3-34 中门电路为 TTL 型）

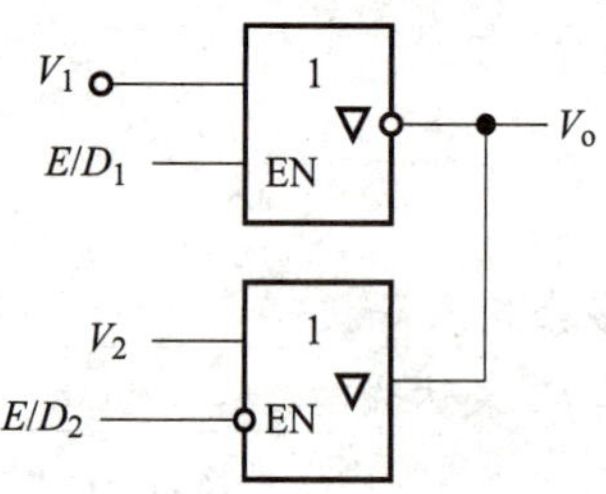

图 3-34　习题 5 电路

表 3-13　习题 5 表格

V_1	E/D_1	V_2	E/D_2	V_O
0	1	0	1	
0	0	1	0	
1	0	1	1	
1	1	0	1	

第4章 组合逻辑电路

学习目标

掌握组合逻辑电路的分析方法；掌握组合逻辑电路的设计方法；了解组合逻辑电路中的竞争冒险；掌握常用中规模逻辑器件译码器、数据选择器、编码器、全加器和数值比较器的功能及应用。

先导案例

在数字系统中，为了便于信号的处理，常常需要将十进制数进行BCD编码，处理完再进行译码，最后显示成人们熟悉的十进制数。这个电路中的编码器、译码显示器采用什么型号的集成芯片？如何使用这些芯片？怎样进行电路的设计与制作？

4.1 组合逻辑电路的分析与设计

在实际应用中，往往需将若干个门电路组合起来实现不同的逻辑功能，这种电路就是逻辑电路。数字逻辑电路，按逻辑功能分成两大类：一类叫组合逻辑电路，另一类叫时序逻辑电路。

组合逻辑电路的特点：在任一时刻，输出信号只取决于该时刻各输入信号的组合，而与该时刻前的电路输入信号无关，这种电路称为组合逻辑电路。

4.1.1 组合逻辑电路的分析

所谓组合逻辑电路的分析，就是对给定的组合逻辑电路找出其输出与输入之间的逻辑关系，分析出组合逻辑电路的功能。

组合逻辑电路分析步骤如图4-1所示，具体步骤如下：

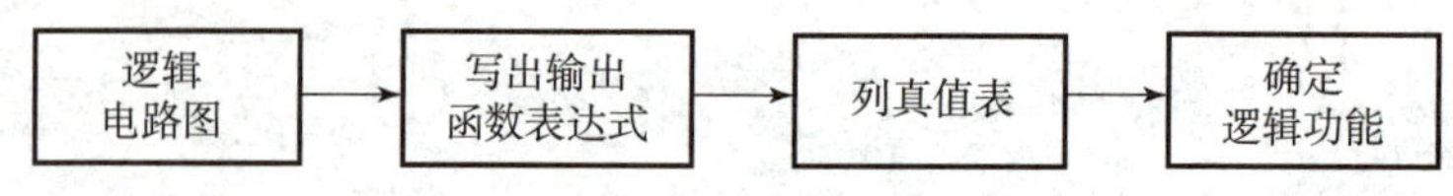

图 4－1　组合逻辑电路分析步骤

（1）根据逻辑电路图，写出输出变量对应于输入变量的逻辑函数表达式。

具体方法是：由输入端逐级向后递推，写出每个门输出对应于输入的逻辑关系式，最后推出输出信号对应于输入的逻辑表达式。得到的表达式可能不是与或式，也可能太复杂，不利于列真值表，因此需要做相应的化简与变形，为了方便下一步列写真值表，因此，并不需要得到最简与或式，一般来说得到与或式即可。

（2）根据输出逻辑表达式列出真值表。

将输入信号所有可能的取值组合代入化简后的逻辑表达式中进行计算，列出真值表。

（3）根据逻辑表达式和真值表，对电路进行分析，最后确定电路逻辑功能。

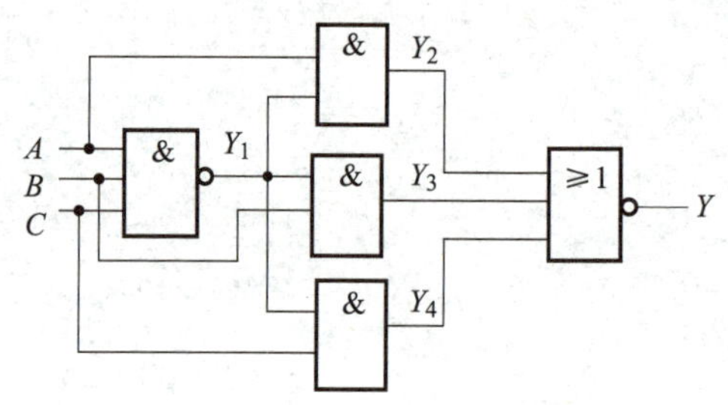

图 4－2　例 4－1 逻辑电路图

例 4－1　分析图 4－2 所示组合逻辑电路的功能。

（1）根据图 4－2 所示逻辑电路图，逐级推导得到逻辑表达式。

$$Y_1 = \overline{ABC}$$

$$Y_2 = AY_1 = A\,\overline{ABC}$$

$$Y_3 = BY_1 = B\,\overline{ABC}$$

$$Y_4 = CY_1 = C\,\overline{ABC}$$

$$Y = \overline{Y_2 + Y_3 + Y_4} = \overline{A\,\overline{ABC} + B\,\overline{ABC} + C\,\overline{ABC}} = \overline{\overline{ABC}(A+B+C)}$$

$$= ABC + \overline{A}\,\overline{B}\,\overline{C}$$

（2）列出真值表。

将 A、B、C 各种输入组合代入 Y 表达式可得对应的逻辑值，列出如表 4－1 所示的真值表。

表 4－1　例 4－1 真值表

输　入			输　出
A	B	C	Y
0	0	0	1
0	0	1	0
0	1	0	0
0	1	1	0
1	0	0	0
1	0	1	0
1	1	0	0
1	1	1	1

（3）分析确定电路逻辑功能。

通过对真值表观察，可发现当 A、B、C 三个输入变量取值一致时，输出为 1，否则为 0。所以该电路是一个用来对输入信号进行判断的电路，称其为“一致判断电路”。

例 4－2　试分析图 4－3 所示电路的逻辑功能。

如图 4－3 所示，电路有两输出端 S、C，故是多输出组合逻辑电路，它由五个与非门构成，其分析过程如下：

（1）根据图 4－3 所示电路图，由逐级递推法写出输出 S、C 的逻辑表达式。

$$Z_1=\overline{AB}$$

$$Z_2=\overline{AZ_1}=\overline{A\overline{AB}}=\overline{A(\overline{A}+\overline{B})}=\overline{A\overline{B}}$$

$$Z_3=\overline{BZ_1}=\overline{B\overline{AB}}=\overline{B(\overline{A}+\overline{B})}=\overline{\overline{A}B}$$

$$S=\overline{Z_2\cdot Z_3}=\overline{\overline{A\overline{B}}\cdot\overline{\overline{A}B}}=A\overline{B}+\overline{A}B=A\oplus B$$

$$C=\overline{Z_1}=\overline{\overline{AB}}=AB$$

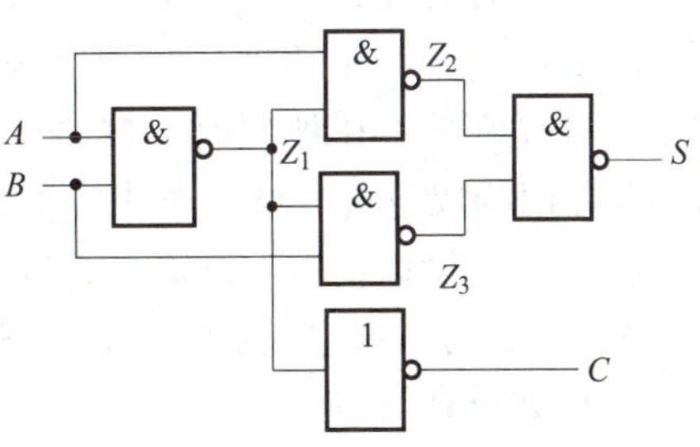

图 4－3　例 4－2 逻辑电路图

（2）列出真值表。

将 A、B 各种输入组合代入 S、C 表达式，可得对应的逻辑值，列出真值表，如表 4－2 所示。

表 4－2　例 4－2 真值表

输　入		输　出	
A	B	S	C
0	0	0	0
0	1	1	0
1	0	1	0
1	1	0	1

（3）电路逻辑功能分析。

由表 4－2 真值表可以看出，如果将 A、B 看成两个一位的二进制数，则电路可实现两个二进制数相加的功能。S 是两个一位二进制数相加的和，C 是向高位的进位。由于这一加法器电路没有考虑低位的进位，所以该电路为半加器，可作为运算器的基本单元电路。

4.1.2　组合逻辑电路的设计

组合逻辑电路的分析

组合逻辑电路的设计是组合逻辑电路分析的逆过程，根据给出的实际问题的功能，将实际问题转换成逻辑，然后用最少的逻辑门实现给定的功能，并画出逻辑电路图。

组合逻辑电路的设计步骤如图 4－4 所示，具体步骤如下：

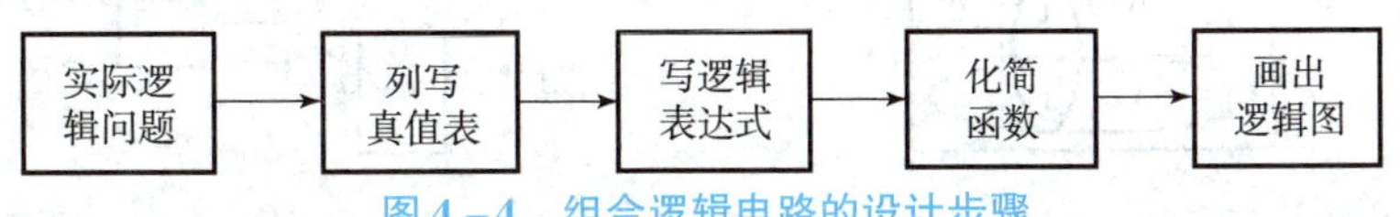

图 4－4　组合逻辑电路的设计步骤

（1）仔细分析设计要求，做出输入、输出变量的逻辑规定，根据给出的条件，列出满足逻辑要求的真值表。

（2）根据真值表，写出相应的逻辑函数表达式。

（3）将逻辑函数表达式用代数法或卡诺图法化为最简与或表达式。

（4）根据化简的逻辑函数表达式画出逻辑电路图。

下面举例说明组合逻辑电路的设计方法。

例4－3 某汽车驾驶员培训班进行结业考试。有三名评判员，其中 A 为主评判员，B 和 C 为副评判员，在评判时，按照少数服从多数原则，但若主评判员认为合格也可通过，试用与非门构成逻辑电路实现其功能。

（1）根据设计要求，设输入变量 A、B、C，认为合格为“1”，不合格为“0”。设输出变量 Y，认为考试通过结业为“1”，不结业为“0”。

（2）列出真值表。

根据给出的逻辑条件，可写出如表4－3所示的真值表。

表4－3 例4－3真值表

输入			输出
A	B	C	Y
0	0	0	0
0	0	1	0
0	1	0	0
0	1	1	1
1	0	0	1
1	0	1	1
1	1	0	1
1	1	1	1

（3）根据真值表写逻辑函数表达式。

$$Y=\overline{A}BC+A\overline{B}\,\overline{C}+A\overline{B}C+AB\overline{C}+ABC$$

（4）根据函数表达式用卡诺图化简逻辑函数。

如图4－5所示，可得最简与或表达式：$Y=A+BC$。

（5）画出逻辑电路图。

根据题意要求用与非门实现，将函数表达式变化为与非－与非式：

$$Y=A+BC=\overline{\overline{A+BC}}=\overline{\overline{A}\cdot\overline{BC}}$$

逻辑电路图如图4－6所示。

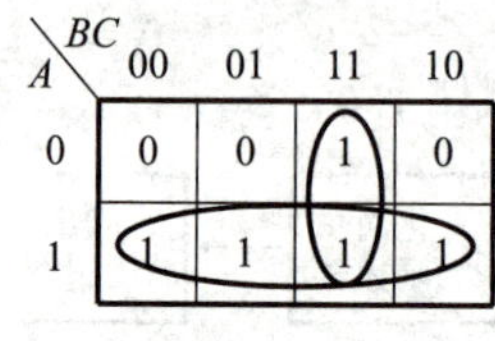

图4－5 例4－3卡诺图

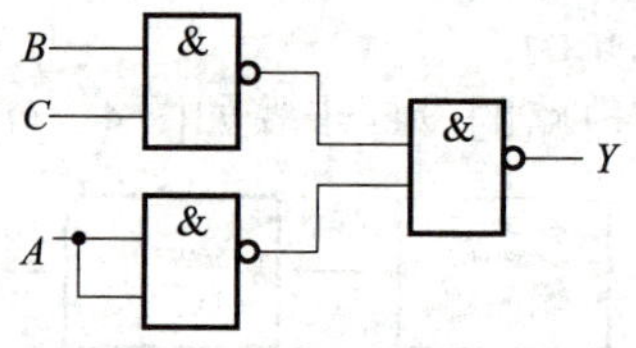

图4－6 例4－3逻辑电路图

例 4 -4 交通信号灯有红、绿、黄三种，三种灯分别单独亮或黄、绿灯同时亮时属正常情况，其他情况均属故障，要求出现故障时输出报警信号。试用与非门设计一个交通信号灯报警控制电路。

(1) 根据设计要求，设输入变量为 A、B、C，分别代表红、绿、黄三种灯，灯亮时为 1，灯灭时为 0；输出报警信号用 Y 表示，灯正常工作时为 0，灯出现故障时为 1。

(2) 列出真值表。

根据给出的逻辑条件，可写出如表 4 -4 所示的真值表。

表 4 -4 例 4 -4 真值表

输入			输出
A	B	C	Y
0	0	0	1
0	0	1	0
0	1	0	0
0	1	1	0
1	0	0	0
1	0	1	1
1	1	0	1
1	1	1	1

(3) 根据真值表写出逻辑函数表达式。

$$Y=\overline{A}\,\overline{B}\,\overline{C}+A\overline{B}C+AB\overline{C}+ABC$$

(4) 根据函数表达式用卡诺图化简逻辑函数。

如图 4 -7 所示，可得最简与或表达式：

$$Y=\overline{A}\,\overline{B}\,\overline{C}+AB+AC$$

A \ BC	00	01	11	10
0	1	0	0	0
1	0	1	1	1

图 4 -7 例 4 -4 卡诺图

(5) 画出逻辑电路图。

根据题意要求用与非门实现，将函数表达式变化为与非 - 与非式：

$$Y=\overline{\overline{\overline{A}\,\overline{B}\,\overline{C}+AB+AC}}=\overline{\overline{\overline{A}\,\overline{B}\,\overline{C}}\cdot\overline{AB}\cdot\overline{AC}}$$

逻辑电路图如图 4 -8 所示。

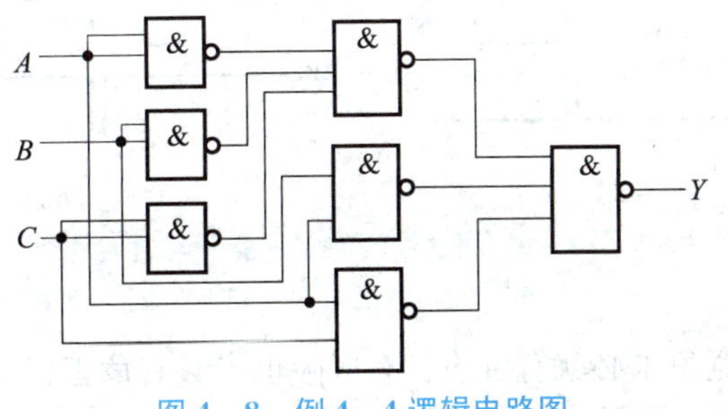

图 4 -8 例 4 -4 逻辑电路图

组合逻辑电路的设计

特别提示

通过例题讲解，可以发现组合逻辑电路的设计过程中最关键的并不是从真值表到逻辑电路图的工具转换过程，而是如何将现实的逻辑功能加以数学化，得到真值表的过程，即逻辑抽象与分析的过程。只要能正确地得到逻辑功能的真值表，再经过并不困难的转换过程，就能将逻辑电路图设计出来。

4.2 组合逻辑电路中的竞争冒险现象

前面所述的组合逻辑电路的分析与设计，是在理想条件下进行的，忽略了门电路对信号传输带来的时间延迟的影响。数字逻辑门的平均传输延迟时间通常用 t_{pd} 表示，即当输入信号发生变化时，门电路输出经 t_{pd} 时间后，才能发生变化。这个过渡过程将导致信号波形变化，因而可能在输出端产生干扰脉冲（又称毛刺），影响电路的正常工作，这种现象被称为竞争冒险。

4.2.1 产生竞争冒险现象的原因

实际的组合电路因门电路存在延迟及传输波形畸变，会产生非正常的干扰脉冲，它们有时会影响电路的正常工作。

如图 4－9（a）所示，在理想情况下，$Y_1 = A \cdot \overline{A} = 0$，但考虑门电路的延迟时间，在 Y_1 的波形产生了两个正脉冲，因此 $Y = A \cdot \overline{A}$时，产生“1”冒险。同样在图 4－9（b）中，在理想情况下，$Y_2 = A + \overline{A} = 1$，由于门电路的延迟时间，$Y_2$ 的波形产生了两个负脉冲，因此当 $Y = A + \overline{A}$时，产生“0”冒险。电路产生了“冒险”，也就是说电路产生了“干扰脉冲”。综上所述，竞争冒险的产生主要由门电路的延迟时间和 $A + \overline{A}$、$A \cdot \overline{A}$引起的。

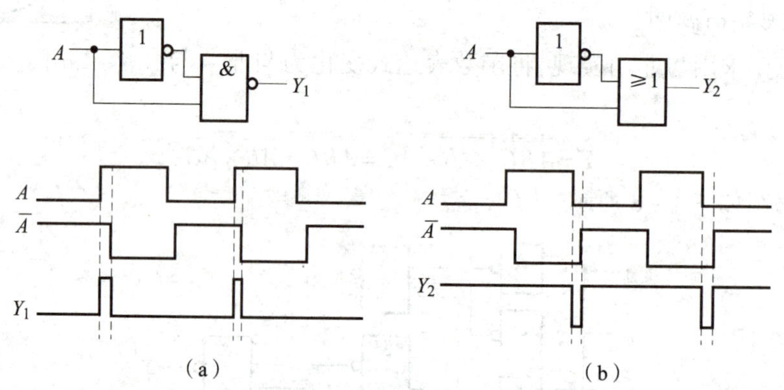

图 4－9　组合逻辑电路的竞争与冒险

（a）出现正向干扰脉冲的情况；（b）出现负向干扰脉冲的情况

需要指出的是：有竞争未必就有冒险，有冒险也未必有危害，这主要取决于负载对于干扰脉冲的响应速度，负载对窄脉冲的响应越灵敏，危险性也就越大。

4.2.2　竞争冒险现象的判断和消除竞争冒险的方法

1. 竞争冒险现象的判断方法

判断一个电路是否可能产生冒险的方法有代数法和卡诺图法，最有效的方法是测试。

测试法：利用示波器仔细观察在输入信号各种变化情况下的输出信号，发现毛刺则分析原因并加以消除。

2. 消除竞争冒险的方法

产生竞争冒险的原因不同，排除方法也各有差异，其消除竞争冒险的方法一般有以下几种：

（1）引入封锁脉冲。

在系统输出门的一个输入端引入封锁脉冲。在信号变化过程中，封锁脉冲使输出门封锁，输出端不会出现干扰脉冲；待信号稳定后，封锁脉冲消失，输出门有正常信号输出。

（2）引入选通脉冲。

在可能产生干扰脉冲的门电路中，加一个选通脉冲输入端，只有在输入信号转换完成、电路达到新的稳定状态后，才引入选通脉冲（通常是正脉冲），此时的输出才有效。而在转换过程中，无选通脉冲，输出端就不会有干扰信号。

（3）采用可靠性编码。

如采用可靠性编码中的格雷码，它的输入变量不会有两个或两个以上同时发生变化，因此就杜绝了干扰脉冲的产生。

（4）接滤波电容。

无论是正向毛刺电压还是负向毛刺电压，脉宽一般都很窄，可通过在输出端并联适当小电容进行滤波，来消除干扰脉冲。在TTL电路中滤波电容常取几百皮法。

（5）增加冗余项，修改逻辑设计。

在产生冒险现象的逻辑表达式上，加上多余项或乘上多余因子，使之不会出现$A+\overline{A}$或$A\cdot\overline{A}$的形式，即可消除冒险。

例如：逻辑函数$Y=AB+\overline{A}C$，在$B=C=1$时，$Y=A+\overline{A}$产生竞争冒险现象。

因为$AB+\overline{A}C=AB+\overline{A}C+BC$，由于式中加入了多余项$BC$，就可消除竞争冒险现象。

当$B=0$，$C=0$时，$Y=0$

$B=0$，$C=1$时，$Y=\overline{A}$

$B=1$，$C=0$时，$Y=A$

$B=1$，$C=1$时，$Y=1$

可见不存在$A+\overline{A}$形式，是由于加入了BC项，消除了竞争冒险。

例如：逻辑函数$Y=(A+C)(\overline{A}+B)$，在$B=C=0$时，$Y=A\cdot\overline{A}$产生冒险。若乘上多余因子$(B+C)$，则$(A+C)(\overline{A}+B)(B+C)=(A+C)(\overline{A}+B)$，就不会有$A\cdot\overline{A}$形式出现，消除了冒险现象。

4.3 编　码　器

数字电路（包括计算机）所处理的数据是二进制代码，电路处理时需将特定意义的信息（数字或字符）编成相应代码送入电路，这一过程叫编码。例如，计算机键盘，上面每一个键都对应着一个编码，按下某个键，计算机内部编码电路就将该键的高、低电平信号转换成相应的编码。再例如，十进制数 6 在数字电路中可编码成二进制码 0110。实现编码操作的电路叫作编码器。

4.3.1　普通编码器

根据编码器编出代码的不同，有二进制编码器、二－十进制编码器。

1. 二进制编码器

二进制编码器将特定信息（数字或字符）编码成二进制代码。用 n 位二进制代码对 2^n 个特定信息进行编码，n 位二进制码有 2^n 个代码组合对应各个特定信息。显然 8 线－3 线编码器输入为 8 个特定信息，输出为 3 位二进制代码，其电路图和示意框图如图 4－10、图 4－11所示。

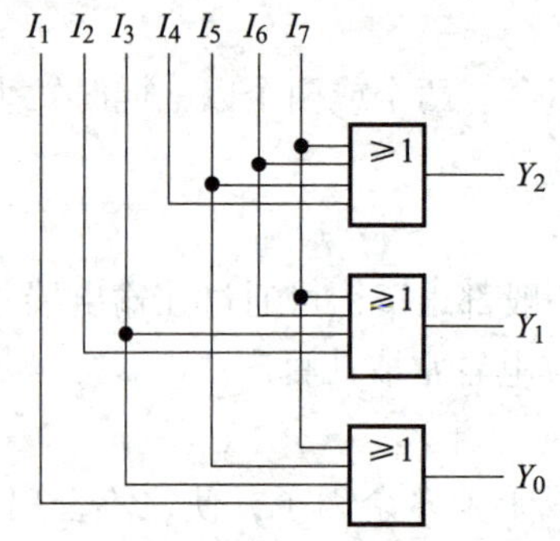

图 4－10　3 位二进制编码器逻辑电路图

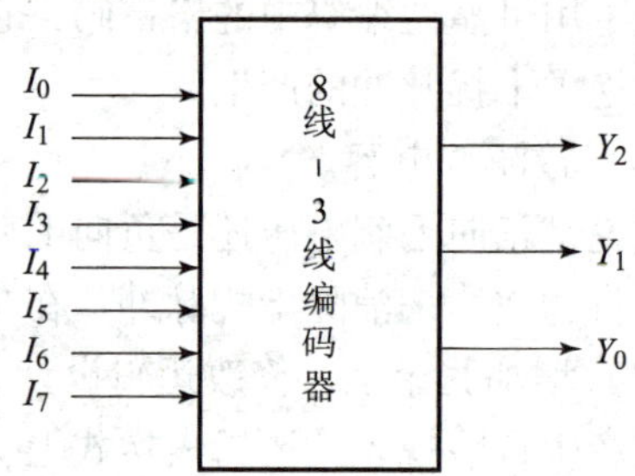

图 4－11　8 线－3 线编码器框图

由图 4－10 可以看出，输入与输出之间的逻辑关系为

$$\begin{cases} Y_2 = I_4 + I_5 + I_6 + I_7 \\ Y_1 = I_2 + I_3 + I_6 + I_7 \\ Y_0 = I_1 + I_3 + I_5 + I_7 \end{cases}$$

根据逻辑关系可以列出其功能真值表，如表 4－5 所示。

表 4－5　3 位二进制编码器功能真值表

输入								输出		
I_0	I_1	I_2	I_3	I_4	I_5	I_6	I_7	Y_2	Y_1	Y_0
1	0	0	0	0	0	0	0	0	0	0
0	1	0	0	0	0	0	0	0	0	1

续表

输入								输出		
I_0	I_1	I_2	I_3	I_4	I_5	I_6	I_7	Y_2	Y_1	Y_0
0	0	1	0	0	0	0	0	0	1	0
0	0	0	1	0	0	0	0	0	1	1
0	0	0	0	1	0	0	0	1	0	0
0	0	0	0	0	1	0	0	1	0	1
0	0	0	0	0	0	1	0	1	1	0
0	0	0	0	0	0	0	1	1	1	1

由真值表可以看出，输入为8个待编码的信号 $I_0 \sim I_7$，高电平有效，即输入信号为高电平时对它编码。各个输入信号是互斥的，也就是每次只有一个有效信号。编码输出结果是对应的二进制代码，输出编码反映输入信号是一一对应的。例如，输入有效信号 I_0（I_0为高电平，其余均为低电平），对 I_0进行编码，编码输出结果为000；输入有效信号 I_1，则编码输出结果为001，以此类推。

2. 二－十进制编码器

二－十进制编码器将十进制数0～9编码为二－十进制代码（BCD码）。它兼顾考虑了人们对十进制计数的习惯和数字逻辑部件易于处理二进制数的特点，其框图如图4－12所示，图4－13所示为二－十进制编码器电路图。

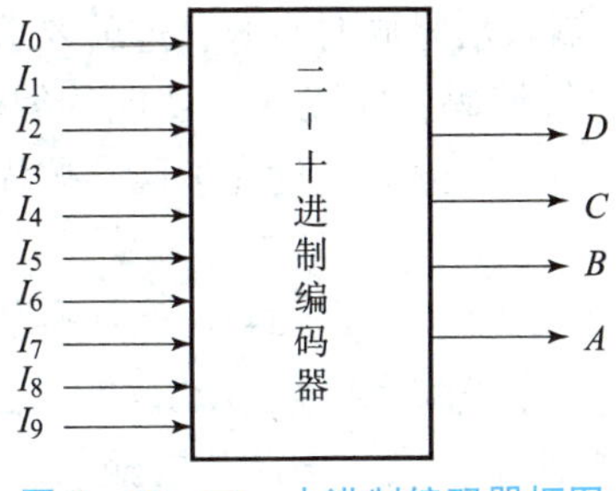

图4－12　二－十进制编码器框图

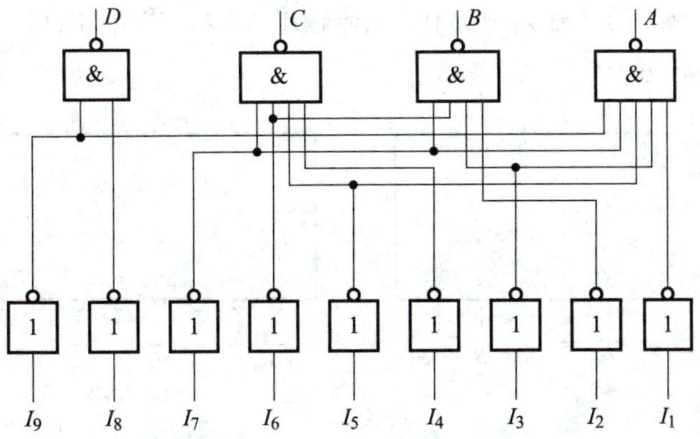

图4－13　二－十进制编码器电路图

表 4－6 所示为二－十进制编码器的功能真值表。

表 4－6　二－十进制编码器的功能真值表

输入										输出			
I_0	I_1	I_2	I_3	I_4	I_5	I_6	I_7	I_8	I_9	D	C	B	A
1	0	0	0	0	0	0	0	0	0	0	0	0	0
0	1	0	0	0	0	0	0	0	0	0	0	0	1
0	0	1	0	0	0	0	0	0	0	0	0	1	0
0	0	0	1	0	0	0	0	0	0	0	0	1	1
0	0	0	0	1	0	0	0	0	0	0	1	0	0
0	0	0	0	0	1	0	0	0	0	0	1	0	1
0	0	0	0	0	0	1	0	0	0	0	1	1	0
0	0	0	0	0	0	0	1	0	0	0	1	1	1
0	0	0	0	0	0	0	0	1	0	1	0	0	0
0	0	0	0	0	0	0	0	0	1	1	0	0	1

由真值表可以看出，此电路输入为 $I_0 \sim I_9$ 十个十进制数，输出为所对应的 8421 BCD 码，实现从十进制到二进制数的转换。此电路输出端会出现 1010～1111 六种非 8421 BCD 码。

4.3.2　优先编码器

上述讨论的普通编码器，在任一时刻只允许一个信号输入有效，否则输出编码混乱。但是，在数字系统中，往往有几个输入信号同时有效，这就要求编码器能识别输入信号的优先级别，对其中高优先级的信号进行编码，完成这一功能的编码器称为优先编码器。也就是说，在同时两个或两个以上输入信号有效时，优先编码器按优先级高的输入信号编码，优先级低的信号则不起作用。

如图 4－14 所示，74LS147 是 10 线－4 线 8421 BCD 码优先编码器。V_{CC} 为电源输入端（5 V），GND 为接地端。$\bar{I}_1 \sim \bar{I}_9$ 为编码器输入端，$DCBA$ 为编码器输出端，另外 15 号引脚为空脚。表 4－7 所示为 74LS147 功能真值表，该芯片的输入、输出信号均以反码表示。其中 $\bar{I}_9$ 为最高优先级，其余输入的优先级依次为 $\bar{I}_8$，$\bar{I}_7$，$\bar{I}_6$，$\bar{I}_5$，$\bar{I}_4$，$\bar{I}_3$，$\bar{I}_2$，$\bar{I}_1$，若 $\bar{I}_1 \sim \bar{I}_9$ 输入均无效（111111111），则表示 $\bar{I}_0$ 输入数为 0，编码输出 $\overline{D}\overline{C}\overline{B}\overline{A}$ 也就为 1111。

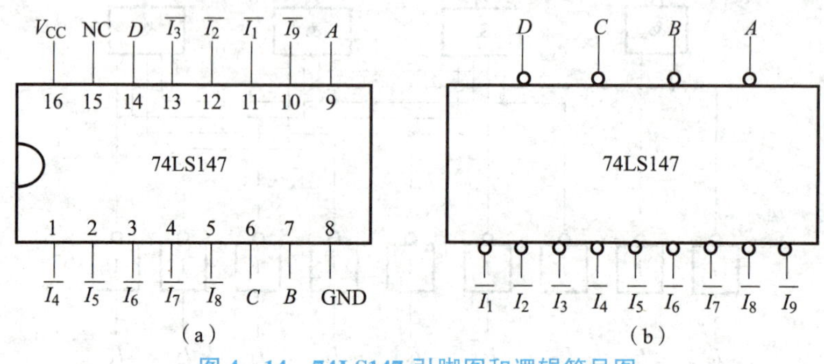

图 4－14　74LS147 引脚图和逻辑符号图

（a）74LS147 引脚图；（b）74LS147 逻辑符号

表 4－7　74LS147 功能真值表

输入									输出			
$\overline{I_1}$	$\overline{I_2}$	$\overline{I_3}$	$\overline{I_4}$	$\overline{I_5}$	$\overline{I_6}$	$\overline{I_7}$	$\overline{I_8}$	$\overline{I_9}$	D	C	B	A
×	×	×	×	×	×	×	×	0	0	1	1	0
×	×	×	×	×	×	×	0	1	0	1	1	1
×	×	×	×	×	×	0	1	1	1	0	0	0
×	×	×	×	×	0	1	1	1	1	0	0	1
×	×	×	×	0	1	1	1	1	1	0	1	0
×	×	×	0	1	1	1	1	1	1	0	1	1
×	×	0	1	1	1	1	1	1	1	1	0	0
×	0	1	1	1	1	1	1	1	1	1	0	1
0	1	1	1	1	1	1	1	1	1	1	1	0
1	1	1	1	1	1	1	1	1	1	1	1	1

74LS147 的逻辑功能测试

特别提示

阅读功能真值表时，要清晰地理解和判断这些功能。真值表上详细提供了芯片的所有功能，主要包括两个部分：首先是芯片的逻辑功能，其次是芯片的控制方式和扩展方式。

习题 4. 3

4.4 译 码 器

译码与编码是逆过程。译码即翻译代码，译码时，将编好的代码信号翻译成对应输出的高、低电平信号，以表示代码原来含义。例如，8421 代码译码，输入为 8421 代码，输出就是对应的 0，1，2，…，9 十进制的数字信号。实现译码操作的电路叫作译码器。译码器是典型的组合逻辑电路。

常用的译码器有二进制译码器、二－十进制译码器和显示译码器。

4.4.1　二进制译码器

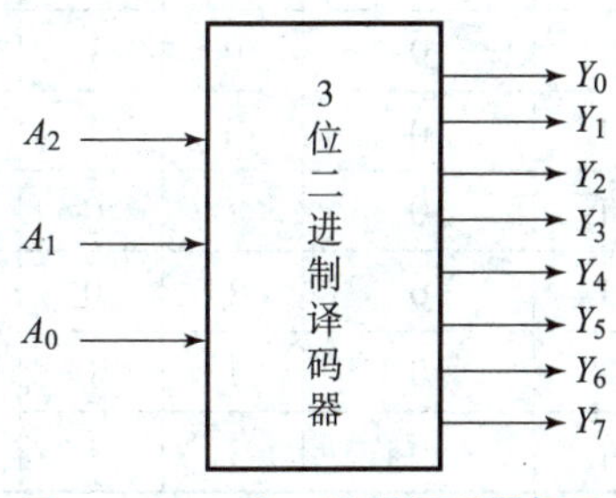

图 4－15　3 位二进制译码器框图

二进制译码器的输入为二进制代码，输出是一组与输入代码相对应的高、低电平信号。若输入为 n 位二进制代码，代码组合就有 2^n 种，可译出对应的 2^n 个输出信号。图 4－15 所示为 3 位二进制译码器框图，它的输入是 3 位二进制代码，有 8 种状态，8 个输出端分别对应其中一种输入状态。因此，又将 3 位二进制译码器称为 3

线-8线译码器。

1. 74LS138 的逻辑功能

现以集成芯片 74LS138 为例分析二进制译码器的特点及应用。图 4-16（a）所示为 3 线-8 线译码器 74LS138 的逻辑电路图，图 4-16（b）所示为 74LS138 的引脚图，图 4-16（c）所示为 74LS138 的逻辑符号，表 4-8 所示为 74LS138 功能真值表。

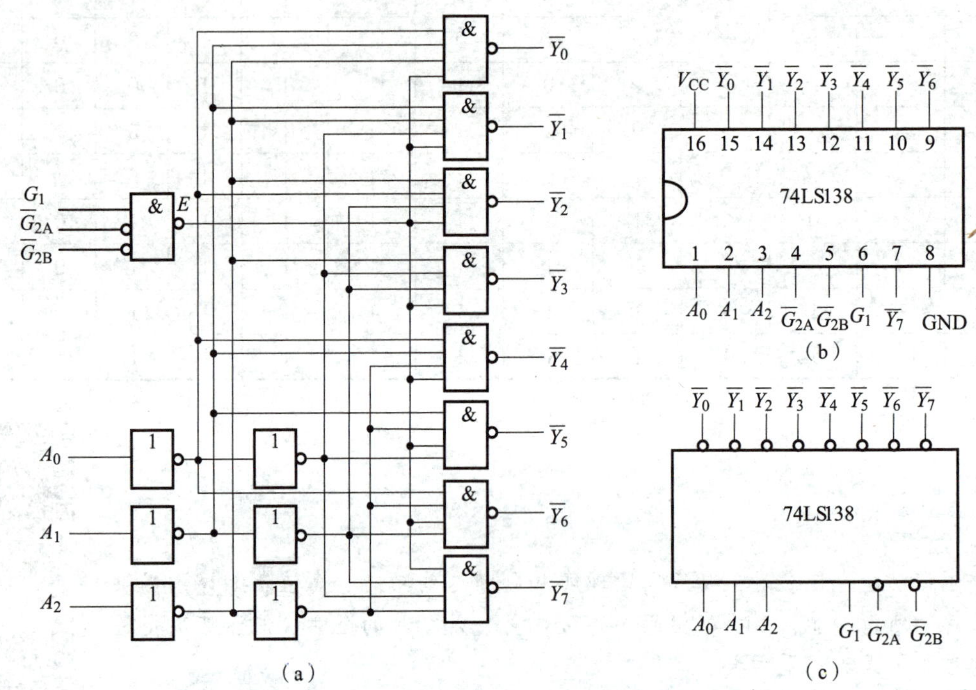

图 4-16　74LS138 3 线-8 线译码器

（a）逻辑电路图；（b）引脚图；（c）逻辑符号

表 4-8　74LS138 功能真值表

输入					输出							
G_1	$\overline{G}_{2A}+\overline{G}_{2B}$	A_2	A_1	A_0	$\overline{Y}_0$	$\overline{Y}_1$	$\overline{Y}_2$	$\overline{Y}_3$	$\overline{Y}_4$	$\overline{Y}_5$	$\overline{Y}_6$	$\overline{Y}_7$
×	1	×	×	×	1	1	1	1	1	1	1	1
0	×	×	×	×	1	1	1	1	1	1	1	1
1	0	0	0	0	0	1	1	1	1	1	1	1
1	0	0	0	1	1	0	1	1	1	1	1	1
1	0	0	1	0	1	1	0	1	1	1	1	1
1	0	0	1	1	1	1	1	0	1	1	1	1
1	0	1	0	0	1	1	1	1	0	1	1	1
1	0	1	0	1	1	1	1	1	1	0	1	1
1	0	1	1	0	1	1	1	1	1	1	0	1
1	0	1	1	1	1	1	1	1	1	1	1	0

由图 4－16（a）逻辑电路图可知，74LS138 有三个译码输入端（又称地址输入端）A_2，A_1，A_0，8 个译码输出端$\overline{Y}_0 \sim \overline{Y}_7$，以及三个控制端（又称使能端）$G_1$，$\overline{G}_{2A}$，$\overline{G}_{2B}$。当 $E=0$ 时，$\overline{Y}_0 \sim \overline{Y}_7$均为 1，即封锁了译码器的输出，译码器处于禁止工作状态；当 $E=1$ 时，译码器被选通，处于工作状态，由输入变量 A_2，A_1，A_0来决定$\overline{Y}_0 \sim \overline{Y}_7$的状态。由图 4－16 可知，$E = G_1 \cdot \overline{\overline{G}_{2A}} \cdot \overline{\overline{G}_{2B}} = G_1 \cdot \overline{\overline{G}_{2A} + \overline{G}_{2B}}$，当$G_1=1$，$\overline{G}_{2A}+\overline{G}_{2B}=0$（$\overline{G}_{2A}$和$\overline{G}_{2B}$均为 0）时，电路才处于工作状态。否则，译码器被禁止，所有的输出端被封锁在高电平。G_1，$\overline{G}_{2A}$，$\overline{G}_{2B}$这三个控制端又叫作“片选”输入端，利用片选的作用可以将多片电路连接起来，以扩展译码器的功能。

特别提示

使能端经常出现在中规模集成电路中，用来扩展电路功能。74LS138 由于使能端G_1，$\overline{G}_{2A}$、$\overline{G}_{2B}$的加入，功能发生了变化。当 $G_1\overline{G}_{2A}\overline{G}_{2B}=100$ 时译码器正常译码，否则译码器不工作。将逻辑值为“1”时芯片正常工作的使能端叫作高电平有效使能端，为“0”时的叫作低电平有效，则G_1为高电平有效的使能端，$\overline{G}_{2A}\overline{G}_{2B}$为低电平有效。

从表 4－8 功能真值表中可以看出，当译码器处于工作状态时，每输入一个二进制代码将对应一个输出端为低电平，而其他输出端均为高电平，也可以说对应的输出端被“译中”。例如，当$A_2A_1A_0$输入为 000 时，输出端$\overline{Y}_0$被“译中”，$\overline{Y}_0$输出 0；当$A_2A_1A_0$输入为 100 时，输出端$\overline{Y}_4$被“译中”，$\overline{Y}_4$输出 0。

2. 74LS138 的应用

74LS138 的逻辑功能测试

1）构成函数发生器

用 3 线－8 线译码器 74LS138 可以构成函数发生器。如果将地址输入端作为逻辑函数的输入变量，那么译码器的每个输出端都与某一个最小项相对应，只要加上适当的门电路，就可以实现预定的逻辑函数。

根据芯片 74LS138 的逻辑电路图得出，当 $G_1\overline{G}_{2A}\overline{G}_{2B}=100$ 时，各个译码输出变量的逻辑函数为

$$\overline{Y}_0 = \overline{\overline{A}_2\overline{A}_1\overline{A}_0} = \overline{m}_0 \qquad \overline{Y}_1 = \overline{\overline{A}_2\overline{A}_1A_0} = \overline{m}_1$$

$$\overline{Y}_2 = \overline{\overline{A}_2A_1\overline{A}_0} = \overline{m}_2 \qquad \overline{Y}_3 = \overline{\overline{A}_2A_1A_0} = \overline{m}_3$$

$$\overline{Y}_4 = \overline{A_2\overline{A}_1\overline{A}_0} = \overline{m}_4 \qquad \overline{Y}_5 = \overline{A_2\overline{A}_1A_0} = \overline{m}_5$$

$$\overline{Y}_6 = \overline{A_2A_1\overline{A}_0} = \overline{m}_6 \qquad \overline{Y}_7 = \overline{A_2A_1A_0} = \overline{m}_7$$

由以上函数式可以看出，若将译码输入变量A_2、A_1、A_0作为逻辑函数三个输入逻辑变量，则译码输出变量$\overline{Y}_0 \sim \overline{Y}_7$是这三个输入逻辑变量的全部最小项的反函数，即$\overline{m}_0 \sim \overline{m}_7$。利用附加门电路将这些最小项的反函数适当地组合起来，便可产生任何形式的组合逻辑函数。

例如：试利用译码器 74LS138 和与非门设计一个多输出的组合逻辑电路。

$$Y_1 = \overline{A}\,\overline{B}C + \overline{A}B\overline{C} + A\overline{B}\,\overline{C} + ABC$$

$$Y_2 = \overline{A}BC + A\overline{B}C + AB\overline{C} + ABC$$

解：(1) 将函数 Y_1、Y_2 写成最小项表达式并做相应变换。

$$Y_1 = m_1 + m_2 + m_4 + m_7 = \overline{\overline{m_1 + m_2 + m_4 + m_7}} = \overline{\overline{m_1}\,\overline{m_2}\,\overline{m_4}\,\overline{m_7}}$$

$$Y_2 = m_3 + m_5 + m_6 + m_7 = \overline{\overline{m_3 + m_5 + m_6 + m_7}} = \overline{\overline{m_3}\,\overline{m_5}\,\overline{m_6}\,\overline{m_7}}$$

(2) 将函数输入变量 A、B、C 对应接到译码器 74LS138 的三个输入端，即 $A = A_2$，$B = A_1$，$C = A_0$，在输出端附加两个四输入与非门，即可得到 Y_1、Y_2 的逻辑电路，如图 4－17 所示。

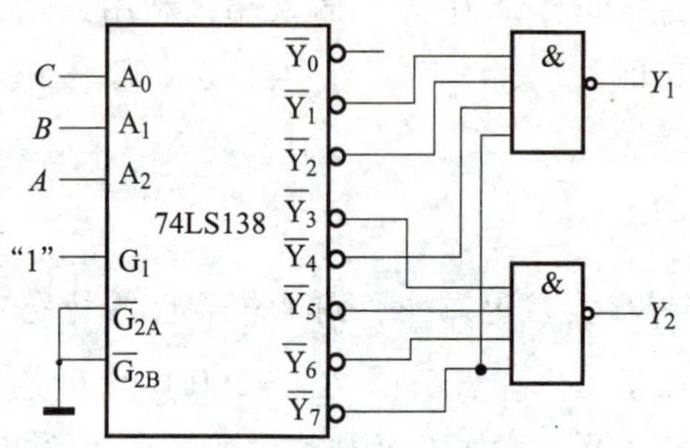

图 4－17　译码器 74LS138 实现三变量逻辑函数连线图

特别提示

若要用 74LS138 实现四变量逻辑函数，就必须先用两片 74LS138 扩展成四变量译码器，才能按上述方法构成所需函数。

2) 构成数据分配器

数据分配器相当于多路分配器，它的逻辑功能是在选择控制信号控制下将一个输入数据分配到多个数据输出端的其中一个输出。通常数据分配器有 1 个数据输入端，2^n个数据输出端，n 位选择控制端。n 位选择控制变量可以组成 2^n个代码，每次根据选择变量的不同代码组合将输入数据分配输出到其中一个输出端，图 4－18 所示为数据分配器框图。

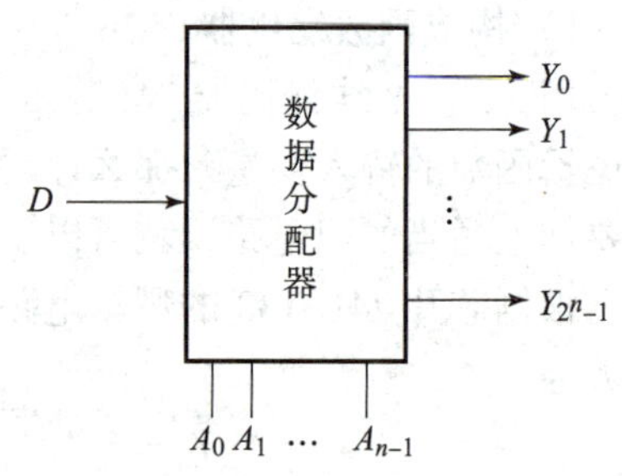

图 4－18　数据分配器框图

若数据分配器有 n 个选择控制端，则数据输出端应为 2^n个，称此分配器为 2^n路数据分配器。用 74LS138 实现数据分配器功能时，须将其译码输入端$A_2A_1A_0$作为数据分配器的选择控制端，使能端$\overline{G}_{2A}$ $\overline{G}_{2B}$或G_1作为数据输入端 D，译码输出端作为数据输出端。

由表 4－9 可以看出，使能控制端$\overline{G}_{2B}$作为数据分配器的数据输入端 D 使用，当 $D=1$ 时，所有数据输出值$\overline{Y}_0 \sim \overline{Y}_7$全部为 1，与选择控制信号$A_2A_1A_0$无关。当 $D=0$ 时，就由选择控制信号$A_2A_1A_0$选出 8 个输出端的一个，将 $D=0$ 的信息分配输出。数据选择器 74LS138 的数据分配功能测试线路连接图如图 4－19 所示。

表4-9 74LS138构成数据分配器

输入						输出
使能		数据输入	选择控制			
G_1	$\overline{G}_{2A}$	$\overline{G}_{2B}$ (D)	A_2	A_1	A_0	$\overline{Y}_0 \sim \overline{Y}_7$
1	0	0	0	0	0	$\overline{Y}_0=0$，其余为1
1	0	0	0	0	1	$\overline{Y}_1=0$，其余为1
1	0	0	0	1	0	$\overline{Y}_2=0$，其余为1
1	0	0	0	1	1	$\overline{Y}_3=0$，其余为1
1	0	0	1	0	0	$\overline{Y}_4=0$，其余为1
1	0	0	1	0	1	$\overline{Y}_5=0$，其余为1
1	0	0	1	1	0	$\overline{Y}_6=0$，其余为1
1	0	0	1	1	1	$\overline{Y}_7=0$，其余为1
1	0	1	×	×	×	$\overline{Y}_0 \sim \overline{Y}_7$全为1

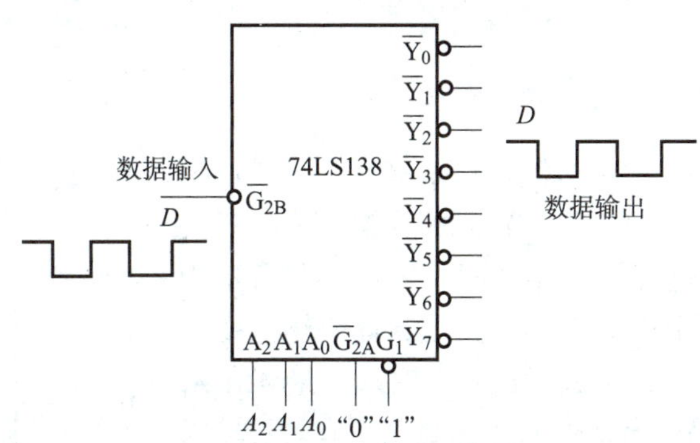

图4-19 数据选择器74LS138的数据分配功能测试线路连接图

3）级联扩展

若将使能端作为变量输入端，进行适当的组合，可以扩大译码器输入变量数。

图4-20所示为由两片74LS138译码器构成的四线-十六线译码器的连接图。从图4-20中不难看出，片Ⅰ的8个输出端作为低位的输出，片Ⅱ的8个输出端作为高位的输出。当$E=1$时，片Ⅰ和片Ⅱ均处于禁止态，$\overline{Y}_0 \sim \overline{Y}_{15}$均输出1。当$E=0$时，若$A_3=0$，则片Ⅰ的$\overline{G}_{2A}=0$，片Ⅱ的$G_1=0$，因此片Ⅰ处于工作态，片Ⅱ处于禁止工作态，由$A_2A_1A_0$决定$\overline{Y}_0 \sim \overline{Y}_7$的状态；若$A_3=1$，则片Ⅰ的$\overline{G}_{2A}=1$，片Ⅱ的$G_1=1$，因此，片Ⅰ不工作，片Ⅱ工作，由$A_2A_1A_0$决定$\overline{Y}_8 \sim \overline{Y}_{15}$的状态。

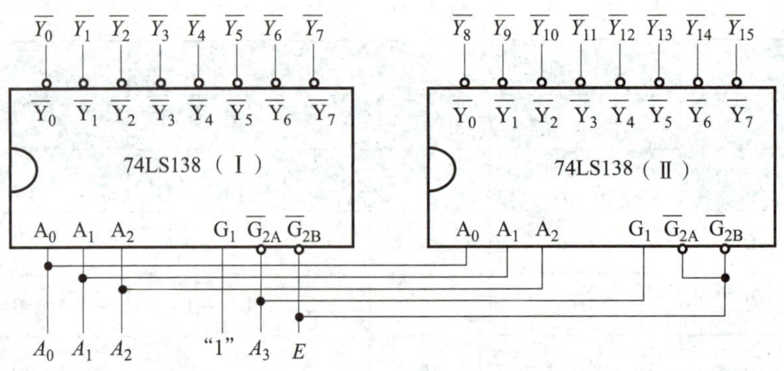

图 4-20　由两片 74LS138 译码器构成的四线-十六线译码器的连接图

特别提示

译码器级联扩展的基本思路和工作过程总结如下：

(1) 根据设计要求和所用芯片类型，确定需要芯片个数，以保证输出信号端子够用。

(2) 设计过程主要工作有两步：输入的片内低位代码共用；用控制端生成最高位代码，也就是形成芯片的片选信号，以区分芯片的工作区。

(3) 根据芯片工作区，确定输出信号标号的排布即可。

对于译码器的级联扩展，不论设计要求和所用芯片的单片规模之间有多大差异，级联扩展时的基本过程都是一样的，按如上思路即可。

4.4.2　二-十进制译码器

二-十进制译码器的功能是将输入的 BCD 码的 10 个代码译成对应的 10 个高、低电平信号。8421 BCD 二-十进制译码器是最常用的一种，图 4-21 所示为二-十进制译码器框图。表 4-10 所示为 8421 BCD 二-十进制译码器的功能真值表，译码输入变量为 $A_3A_2A_1A_0$，译码输出变量为 $Y_0 \sim Y_9$。当输入变量 $A_3A_2A_1A_0$为代码 0000 时，译码输出结果为 Y_0，高电平有效；输入代码为 0001 时，译码输出结果 Y_1 为高电平，以此类推。而对于 8421 BCD 码以外的伪码（1010 ~ 1111），译码器输出 $Y_0 \sim Y_9$无高电平输出，即不译码。

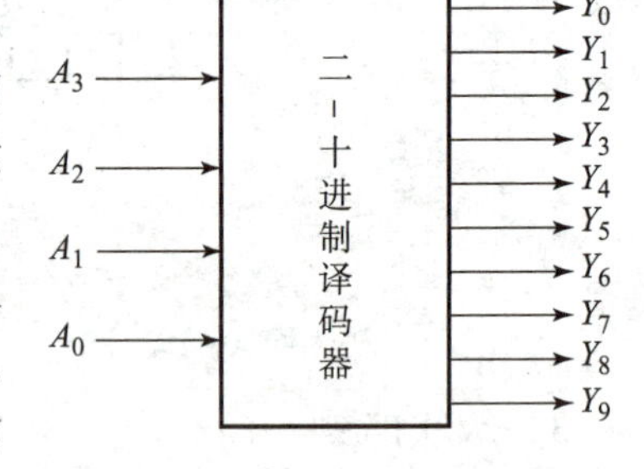

图 4-21　二-十进制译码器框图

表 4-10　二-十进制译码器的功能真值表

输入				输出									
A_3	A_2	A_1	A_0	Y_0	Y_1	Y_2	Y_3	Y_4	Y_5	Y_6	Y_7	Y_8	Y_9
0	0	0	0	1	0	0	0	0	0	0	0	0	0
0	0	0	1	0	1	0	0	0	0	0	0	0	0
0	0	1	0	0	0	1	0	0	0	0	0	0	0
0	0	1	1	0	0	0	1	0	0	0	0	0	0

续表

输　入				输　出									
A_3	A_2	A_1	A_0	Y_0	Y_1	Y_2	Y_3	Y_4	Y_5	Y_6	Y_7	Y_8	Y_9
0	1	0	0	0	0	0	0	1	0	0	0	0	0
0	1	0	1	0	0	0	0	0	1	0	0	0	0
0	1	1	0	0	0	0	0	0	0	1	0	0	0
0	1	1	1	0	0	0	0	0	0	0	1	0	0
1	0	0	0	0	0	0	0	0	0	0	0	1	0
1	0	0	1	0	0	0	0	0	0	0	0	0	1
1	0	1	0	0	0	0	0	0	0	0	0	0	0
1	0	1	1	0	0	0	0	0	0	0	0	0	0
1	1	0	0	0	0	0	0	0	0	0	0	0	0
1	1	0	1	0	0	0	0	0	0	0	0	0	0
1	1	1	0	0	0	0	0	0	0	0	0	0	0
1	1	1	1	0	0	0	0	0	0	0	0	0	0

4.4.3　显示译码器

在数字测量仪表和各种数字系统中，经常需要用显示器将处理和运算结果直观地显示出来，一方面供人们直接读取测量和运算结果，另一方面用于监视数字系统的工作情况。例如，用 LED 显示器显示数据，此时需要用显示译码器驱动。显示译码器能将二进制数“翻译”成人们习惯的十进制数形式，再驱动 LED 显示器显示出来。因此，数字显示电路通常由译码器、驱动器和显示器组成。

1. 数字显示器

能够用来直观显示数字、文字和符号的器件称为显示器。数字显示器件种类很多，按发光材料的不同可分为阴极射线显示器（CRT）、半导体发光二极管显示器（LED）和液晶显示器（LCD）等。按显示方式不同，可分为字形重叠式、分段式和点阵式。

目前使用较普遍的是分段式发光二极管显示器。发光二极管是一种特殊的二极管，加正电压（或负电压）时导通并发光，它有一定的工作电压和电流，所以在实际使用中应注意按电流的额定值，串接适当限流电阻来实现。

图 4－22（a）所示为七段半导体发光二极管显示器（LED 数码管）示意图，它由七个半导体发光二极管分段排列而成，若显示某字符，只要相应的段组合发光即可。LED 数码管通常分共阳、共阴两种。共阴接法是指各段发光二极管阴极相连接地，即所谓“共阴极”，如图 4－22（b）所示，当某段阳极加上逻辑“1”高电平时，相应段发光。共阳接法相反，如图 4－22（c）所示。

共阴极 LED 数码管要显示字符，七个输入端应送入相应逻辑电平，如显示数字 1 时，b、c 应送入逻辑“1”高电平。就是说，显示器所显示的字符与其七段输入 a，b，c，d，e，

f，g 之间存在一定的对应关系。图 4 – 22（d）所示为七段笔画形状与数字的关系。

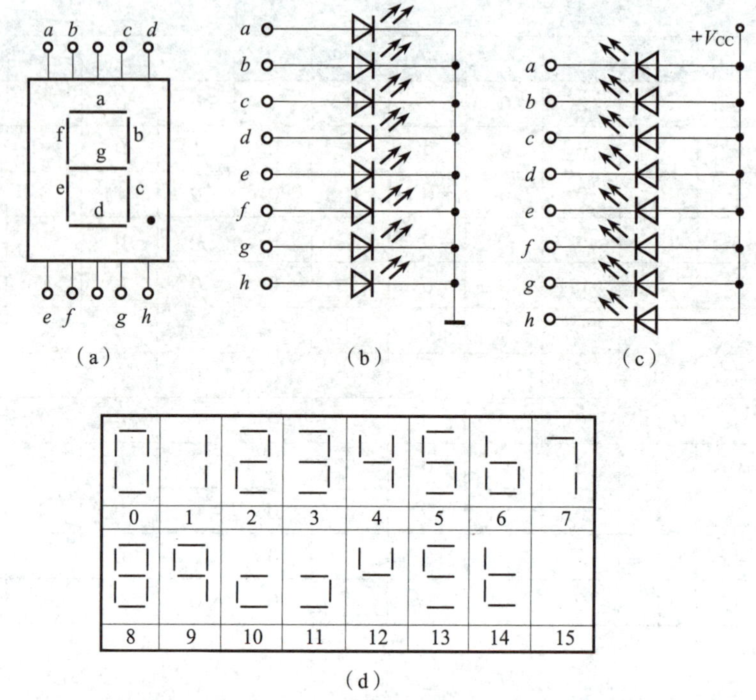

图 4 – 22　七段半导体发光二极管显示器示意图

（a）引脚图；（b）共阴极接法式；（c）共阳极接法；（d）七段笔画形状与数字的关系

2. 显示译码器

一般数字系统中处理和运算结果是用二进制码、BCD 码或其他码表示，要将最终结果通过七段半导体发光二极管显示器（LED）用十进制数显示出来，就需要先用显示译码器将运算结果转换成七段码。当然，要使发光二极管发光，还需要提供一定的驱动电流，所以这种显示器也需要有相应的驱动电路，图 4 – 23 所示为数字显示电路的组成。

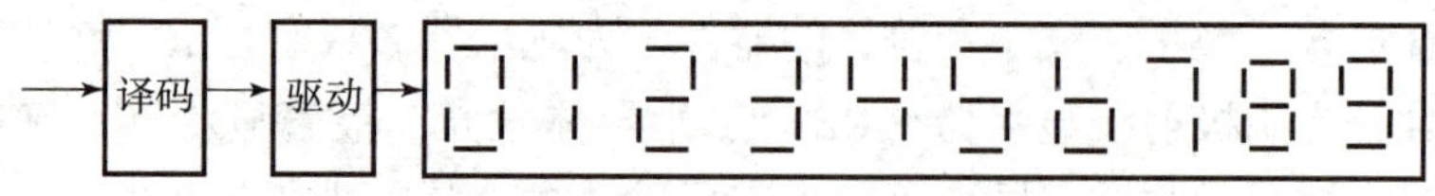

图 4 – 23　数字显示电路的组成

如图 4 – 24 所示，显示译码器输入是 8421 BCD 码，输出 a，b，c，d，e，f，g 去驱动七段显示器，使显示器显示与 8421 BCD 码相对应的十进制数。

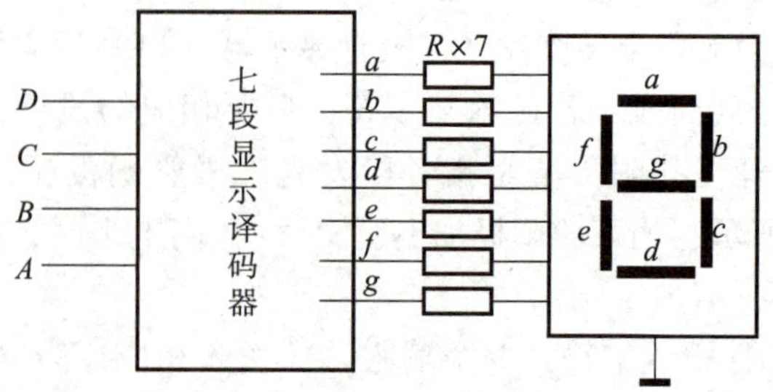

图 4 – 24　七段半导体发光二极管显示器（LED）译码/驱动示意图

现以集成显示译码/驱动器 CD4511 为例加以介绍，CD4511 是一个用于驱动七段共阴发光二极管显示器的译码/驱动器。

CD4511 引脚图如图 4－25（a）所示，引脚图中 V_{DD} 为电源输入端，V_{SS} 为接地端。图 4－25（b）所示为 CD4511 逻辑符号。*DCBA* 为译码输入端，*a*，*b*，*c*，*d*，*e*，*f*，*g* 为译码输出端，用于连接七段显示器输入端，另外，LE、$\overline{\mathrm{BI}}$、$\overline{\mathrm{LT}}$为使能输入端。

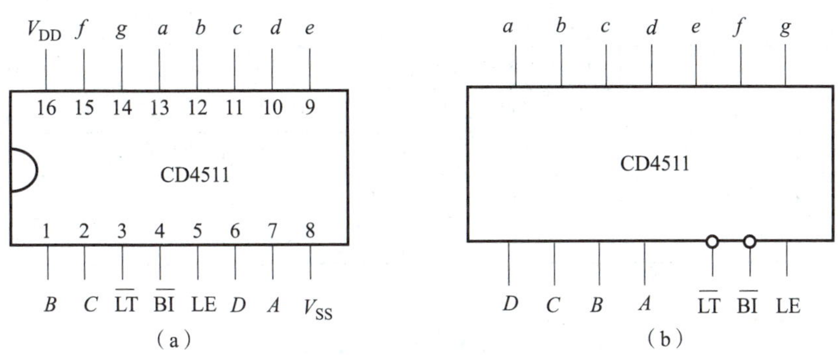

图 4－25　CD4511 引脚图和逻辑符号

（a）CD4511 引脚图；（b）CD4511 逻辑符号

CD4511 功能真值表如表 4－11 所示。其中，$\overline{\mathrm{LT}}$为试灯输入端，当$\overline{\mathrm{LT}}=0$ 时，数码管的七段应全亮，与输入的译码信号无关，该输入端可用于测试数码管的好坏。$\overline{\mathrm{BI}}$为灭灯输入端，当$\overline{\mathrm{LT}}=1$、$\overline{\mathrm{BI}}=0$ 时，不论其他输入状态如何，*a*～*g* 均为 0，数码管熄灭。因此，灭灯输入$\overline{\mathrm{BI}}$可用作显示与否的控制，如闪字、与同步信号联动显示等。LE 端为数据锁存输入端，当$\overline{\mathrm{LT}}=1$、$\overline{\mathrm{BI}}=1$ 时，如果 LE＝1，则输入数据被锁存，不能传至译码器，输出将保持锁存前的状态；如果 LE＝0，数据可以传至译码器，进行正常译码显示，LE 的优先权仅次于$\overline{\mathrm{LT}}$和$\overline{\mathrm{BI}}$。

表 4－11　CD4511 功能真值表

输入							输出							
LE	$\overline{\mathrm{BI}}$	$\overline{\mathrm{LT}}$	*D*	*C*	*B*	*A*	*a*	*b*	*c*	*d*	*e*	*f*	*g*	显示
×	×	0	×	×	×	×	1	1	1	1	1	1	1	8
×	0	1	×	×	×	×	0	0	0	0	0	0	0	消隐
0	1	1	0	0	0	0	1	1	1	1	1	1	0	0
0	1	1	0	0	0	1	0	1	1	0	0	0	0	1
0	1	1	0	0	1	0	1	1	0	1	1	0	1	2
0	1	1	0	0	1	1	1	1	1	1	0	0	1	3
0	1	1	0	1	0	0	0	1	1	0	0	1	1	4
0	1	1	0	1	0	1	1	0	1	1	0	1	1	5
0	1	1	0	1	1	0	0	0	1	1	1	1	1	6
0	1	1	0	1	1	1	1	1	1	0	0	0	0	7
0	1	1	1	0	0	0	1	1	1	1	1	1	1	8

续表

输入							输出							
LE	$\overline{BI}$	$\overline{LT}$	D	C	B	A	a	b	c	d	e	f	g	显示
0	1	1	1	0	0	1	1	1	1	0	0	1	1	9
0	1	1	1	0	1	0	0	0	0	0	0	0	0	消隐
0	1	1	1	0	1	1	0	0	0	0	0	0	0	消隐
0	1	1	1	1	0	0	0	0	0	0	0	0	0	消隐
0	1	1	1	1	0	1	0	0	0	0	0	0	0	消隐
0	1	1	1	1	1	0	0	0	0	0	0	0	0	消隐
0	1	1	1	1	1	1	0	0	0	0	0	0	0	消隐
1	1	1	×	×	×	×	锁存							锁存

习题 4.4

4.5 数据选择器

数据选择器又称多路开关、选择器，常以缩写 MUX 来表示。其功能是在多个数据输入通道中选择某一通道的数据传输至输出端。

4.5.1 数据选择器工作原理

数据选择器与数据分配器的功能恰好相反，在译码器中我们曾介绍过译码器 74LS138 可将输入数据在地址输入的控制作用下，分配到相应输出通道上，如图 4－26（a）所示。而数据选择器的功能则是将多路数据输入信号，在控制输入的作用下选择到数据输出端，如图 4－26（b）所示，两者功能比较可由图 4－26 清楚看出。

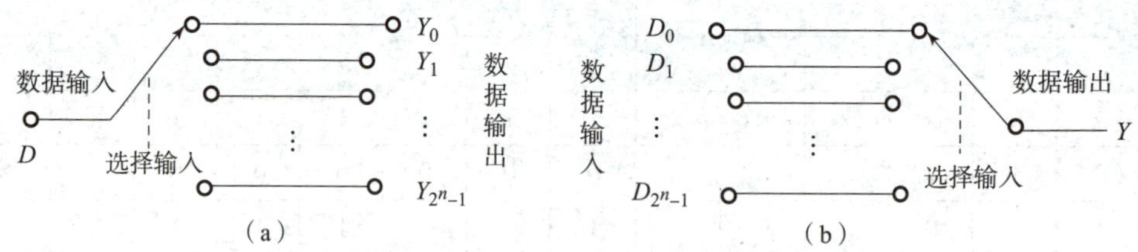

图 4－26　多路分配器和多路选择器

（a）多路分配器；（b）多路选择器

数据选择器相当于无触点的单刀多掷开关。逻辑功能是在选择控制信号控制下从多个输入数据中选出一个，将它传送给输出端。具有 2^n 个数据输入端 D 和 1 个数据输出端 Y 的数据选择器，通常有 n 个选择控制端 A（也称控制地址端），用来进行信号的选择控制，如图 4－27 所示。n 位选择控制变量可以组成 2^n 个代码，每次根据选择变量的不同代码组合来选择不同的输入进行输出。那么，8 个数

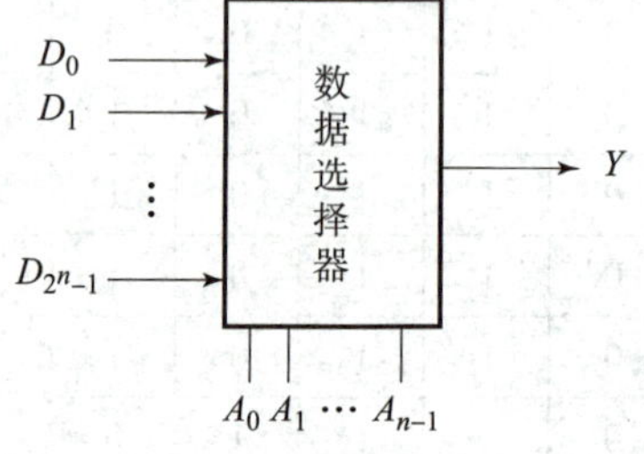

图 4－27　数据选择器框图

据输入端则有 3 个选择控制端和 1 个输出端，具有这样特点的数据选择器称为 8 选 1 数据选择器。

中规模集成电路 74LS151 就是 8 选 1 数据选择器，现以 74LS151 为例分析数据选择器的特点及应用。

1. 逻辑电路图

8 选 1 数据选择器内部逻辑电路如图 4－28 所示。

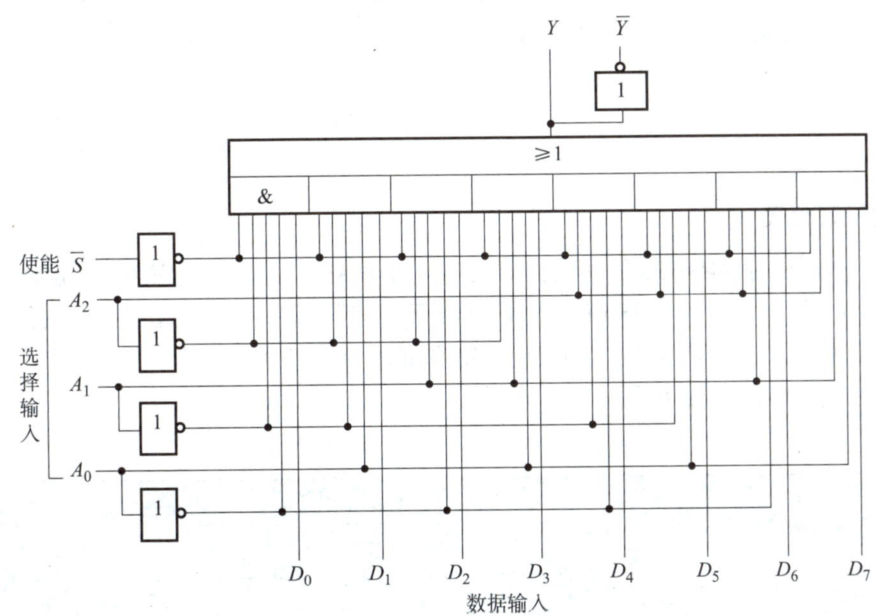

图 4－28　8 选 1 数据选择器内部逻辑电路

根据芯片 74LS151 的逻辑电路图得出，当 $\overline{S}=0$ 时输出变量 Y 的逻辑函数为

$$Y = D_0\overline{A}_2\overline{A}_1\overline{A}_0 + D_1\overline{A}_2\overline{A}_1A_0 + D_2\overline{A}_2A_1\overline{A}_0 + D_3\overline{A}_2A_1A_0 +$$

$$D_4A_2\overline{A}_1\overline{A}_0 + D_5A_2\overline{A}_1A_0 + D_6A_2A_1\overline{A}_0 + D_7A_2A_1A_0 = \sum_{i=0}^{7}m_iD_i$$

若将选择控制变量 A_2、A_1、A_0 作为三个输入变量，上式可以看作是这三变量的各个最小项与各数据输入变量与项的和。根据逻辑函数最小项的性质，对于任意一组变量的取值，只有一个最小项的值为 1，因此式中这三变量最小项一次只能一个为 1，那么输出变量 Y 的逻辑值就是从 8 个输入变量 $D_0 \sim D_7$ 中选择 1 个作为输出。

从芯片 74LS151 的逻辑函数方程式可以看出，若将 A_2、A_1、A_0 作为三个输入变量，同时令 $D_0 \sim D_7$ 为第四个输入变量的适当变量值，就可以在数据选择器的输出端产生任何形式的四变量逻辑函数。

2. 引脚图和逻辑符号

8 选 1 数据选择器 74LS151 的引脚图和逻辑符号如图 4－29 所示，$D_0 \sim D_7$ 为数据输入端，$A_2A_1A_0$ 为选择控制端，Y 为输出端，$\overline{Y}$ 为 Y 的反变量，另外，$\overline{S}$ 为使能端，低电平有效。V_{CC} 为电源输入端（5 V），GND 为接地端。

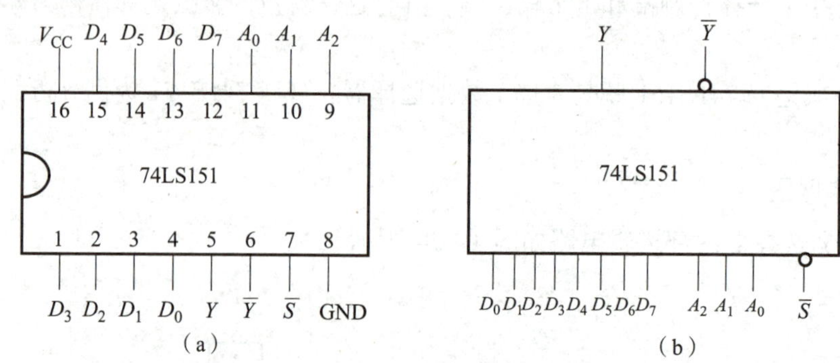

图 4－29　74LS151 的引脚图和逻辑符号

(a) 74LS151 引脚图；(b) 74LS151 逻辑符号

3. 功能真值表

表 4－12 所示为 74LS151 的功能真值表。从真值表中可知，当使能输入端$\overline{S}=1$ 时，芯片被禁止，不能正常工作；当$\overline{S}=0$ 时，芯片处于工作状态，实现 8 选 1 数据选择功能，同时，不论芯片的工作状态如何，两个输出端的取值始终保持反向关系，因此，常称输出端 Y 为原码输出端，$\overline{Y}$为反码输出端。

表 4－12　74LS151 的功能真值表

输入					输出	
使能	地址输入			数据	Y	$\overline{Y}$
$\overline{S}$	A_2	A_1	A_0	D		
1	×	×	×	×	0	1
0	0	0	0	$D_0 \sim D_7$	D_0	$\overline{D_0}$
0	0	0	1	$D_0 \sim D_7$	D_1	$\overline{D_1}$
0	0	1	0	$D_0 \sim D_7$	D_2	$\overline{D_2}$
0	0	1	1	$D_0 \sim D_7$	D_3	$\overline{D_3}$
0	1	0	0	$D_0 \sim D_7$	D_4	$\overline{D_4}$
0	1	0	1	$D_0 \sim D_7$	D_5	$\overline{D_5}$
0	1	1	0	$D_0 \sim D_7$	D_6	$\overline{D_6}$
0	1	1	1	$D_0 \sim D_7$	D_7	$\overline{D_7}$

4.5.2　数据选择器的应用

74LS151 逻辑功能测试

1. 构成函数发生器

利用数据选择器可以构成函数发生器，实现各种逻辑函数。只需将数据选择器的地址输入作为输入变量，并按要求将数据输入端接成所需状态，便可实现各种功能的组合逻辑函数。下面结合 74LS151 的实例应用，说明数据选择器构成函数发生器的方法。

例如：用数据选择器 74LS151 实现逻辑函数 $L = C + \overline{A}\overline{B} + AB$。

（1）由函数式输入变量个数确定数据选择器的规模。因 L 为三变量函数，故可选用 8 选 1 数据选择器 74LS151，其选择输入变量 $A_2A_1A_0$ 与函数 A、B、C 正好对应。

（2）写出函数式的最小项与或表达式，并与数据选择器的输出式相比较。

$$\begin{aligned} L &= C(A+\overline{A})(B+\overline{B}) + \overline{A}\overline{B}(C+\overline{C}) + AB(C+\overline{C}) \\ &= \overline{A}\overline{B}\overline{C} + \overline{A}\overline{B}C + \overline{A}BC + A\overline{B}C + AB\overline{C} + ABC = \sum m(0,1,3,5,6,7) \end{aligned}$$

74LS151 输出函数表达式：

$$Y = m_0D_0 + m_1D_1 + m_2D_2 + m_3D_3 + m_4D_4 + m_5D_5 + m_6D_6 + m_7D_7$$

（3）由比较结果确定数据选择器输出端 Y 及各输入端 $A_2A_1A_0$、$D_0 \sim D_7$ 与 L 逻辑函数式中各变量（A、B、C）的关系，并画出逻辑图。

若令　$Y = L$，$A_2 = A$，$A_1 = B$，$A_0 = C$

则　　$D_2 = D_4 = 0$，　$D_0 = D_1 = D_3 = D_5 = D_6 = D_7 = 1$

便可画出图 4－30 所示电路图。

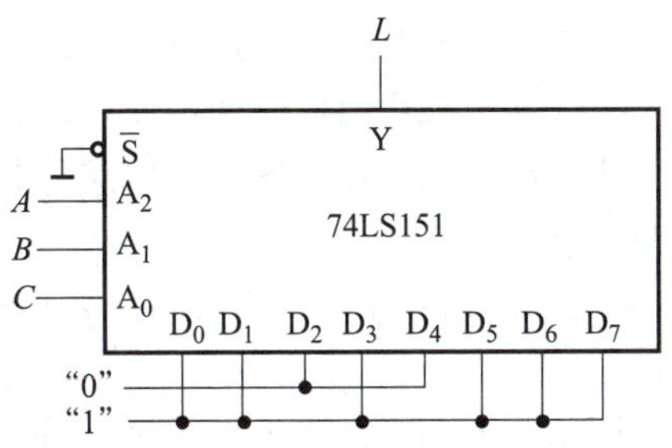

图 4－30　74LS151 实现逻辑函数电路图

特别提示

采用中规模逻辑器件设计构成函数发生器，一般可以采用二进制译码器或数据选择器，本章完整地介绍了两种器件的应用方法。采用数据选择器，不能实现多输出函数，而采用二进制译码器，则可以实现多输出函数。

2. 数据选择器实现并－串转换

数据选择器可以实现信号的并－串转换。并行是指，多位数据同时传送，具有并行特点的输入（输出）端叫作并行输入（输出）端，此时输入（输出）的数据叫作并行输入（输出）数据。串行是指，数据排成一行，一位一位经过一个端口先后依次传送，具有串行特点的输入（输出）端叫作串行输入（输出）端，此时输入（输出）的数据叫作串行输入（输出）数据。

如图 4－31 所示，若数据选择器的数据输入端 $D_0 \sim D_7$ 并行输入 8 个数据，选择控制端 $A_2A_1A_0$ 按照某一频率依次输入"000"～"111"8 个控制数据，那么输出端就按照此频率依

次先后输出 D_0，D_1，D_2，…，D_7这 8 个数据，由此并行输入数据 $D_0 \sim D_7$在控制数据作用下依次串行输出，实现数据的并－串转换。

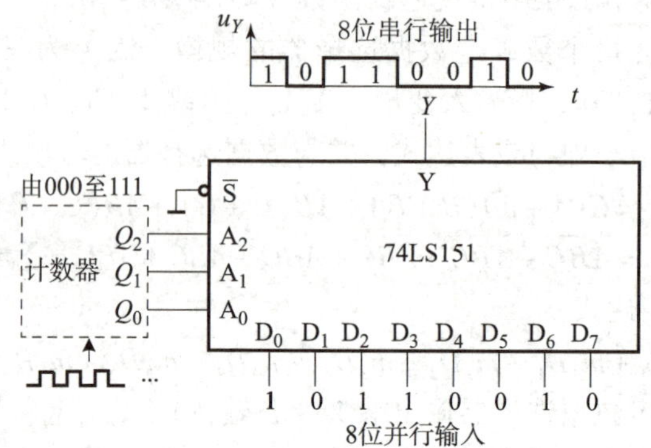

图 4－31　并行输入数据转换成串行输出

3. 级联扩展

数据选择器的级联扩展主要工作是扩展输入地址位数，采用的思路是芯片的低位地址共用，用芯片的控制端生成最高地址，作为系统的片选信号，区别每个芯片的工作区。首先最高地址先起作用，进行片选，然后再根据片内低位地址作片内选，从片内数据段选择其中的一路输出。任何时候，系统中只会有一个芯片工作，其他芯片禁止。禁止的数据选择器的输出为 0，两个输出端采用或门连接即可。

例如：用两个 8 选 1 数据选择器 74LS151，可构成 16 选 1 数据选择器。

具体电路如图 4－32 所示。

当 $A_3=0$ 时，片Ⅰ工作，片Ⅱ禁止，在 $A_2A_1A_0$控制端作用下可实现 $D_0 \sim D_7$ 数据的选择输出；$A_3=1$ 时，片Ⅱ工作，片Ⅰ禁止，在 $A_2A_1A_0$控制端作用下可实现 $D_8 \sim D_{15}$数据的选择输出。

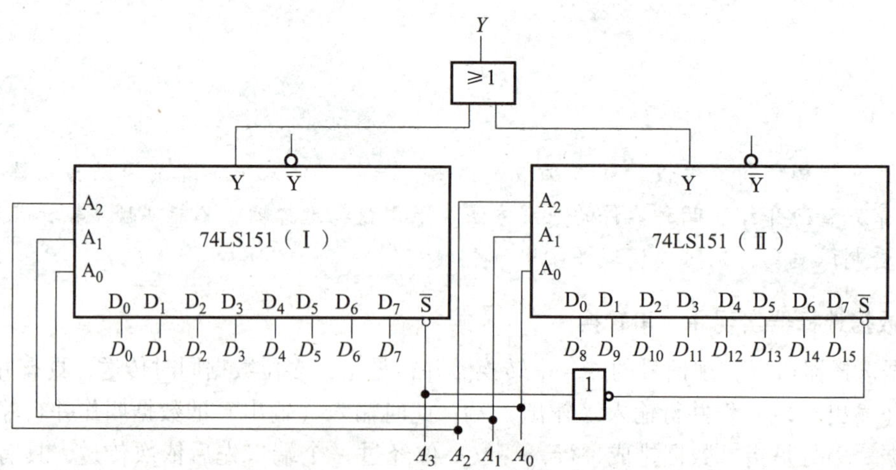

图 4－32　用 74LS151 构成 16 选 1 数据选择器

习题 4. 5

4.6 加 法 器

数字系统中，任何信息和信号都是以二进制代码的形式出现的，电路要实现对输入系统的数字信息的相应运算，就要能够实现对二进制代码的各种运算。

二进制数的四则运算都是以加法为基础的，因此，加法器是实现各种算数运算功能的基本单元，无论是对于计算机系统，还是可以处理数字数据信息的其他数字系统，都非常重要。

加法器包括两种类型：半加器和全加器，以下逐一介绍。

4.6.1 半加器

所谓“半加”，即指不考虑低位向本位来的进位的加法，但是要考虑本位相加后向高位的进位，实现半加运算的逻辑电路称为半加器。

以两个1位二进制数相加为例，假设输入信号 A、B 表示本位两个加数，输出信号 S 表示本位的和，CO 表示向高位的进位输出，对应的真值表如表4－13所示。

表4－13 1位二进制数半加器真值表

输入		输出	
A	B	S	CO
0	0	0	0
0	1	1	0
1	0	1	0
1	1	0	1

由此得到1位二进制数半加器的函数表达式为

$$S = A \oplus B$$

$$\mathrm{CO} = AB$$

因此可知，半加器可由一个异或门和一个与门构成，其电路图和逻辑符号如图4－33所示。

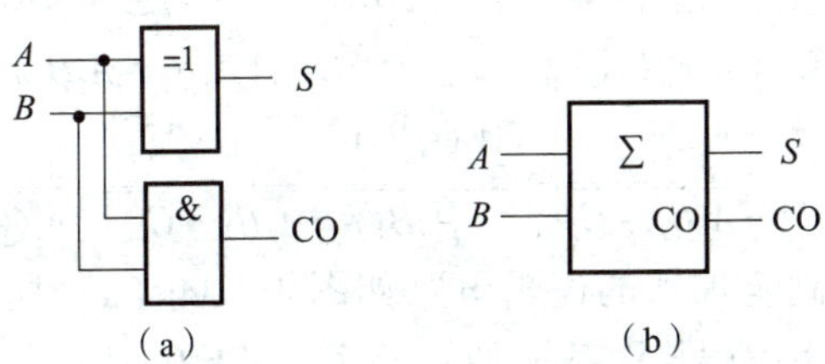

图4－33 1位二进制数半加器

(a) 半加器逻辑电路图；(b) 半加器的逻辑符号

4.6.2 全加器

所谓“全加”，即指不但考虑低位向本位来的进位的加法，而且考虑本位相加后向高位的进位。实现全加运算的逻辑电路称为全加器。

不难理解，实现 n 位二进制数加法的时候，最低位加法是半加，或者说是进位输入为0的全加，除了最低位加法以外的其他各位相加就是全加了。

以1位二进制全加器为例，假设输入信号分别为两个加数 A_i、B_i 和低位来的进位 C_{i-1}，输出信号 S_i 表示本位的和，C_i 表示向高位的进位输出，对应的真值表如表4-14所示。

表4-14 1位全加器真值表

输入			输出	
A_i	B_i	C_{i-1}	S_i	C_i
0	0	0	0	0
0	0	1	1	0
0	1	0	1	0
0	1	1	0	1
1	0	0	1	0
1	0	1	0	1
1	1	0	0	1
1	1	1	1	1

由真值表可得 S_i 和 C_i 的逻辑表达式为

$$S_i = \overline{A}_i\overline{B}_iC_{i-1} + \overline{A}_iB_i\overline{C}_{i-1} + A_i\overline{B}_i\overline{C}_{i-1} + A_iB_iC_{i-1}$$

$$C_i = \overline{A}_iB_iC_{i-1} + A_i\overline{B}_iC_{i-1} + A_iB_i\overline{C}_{i-1} + A_iB_iC_{i-1}$$

对逻辑函数式进行化简与变换：

$$\begin{aligned} S_i &= C_{i-1}(\overline{A}_i \cdot \overline{B}_i + A_iB_i) + \overline{C}_{i-1}(\overline{A}_iB_i + A_i\overline{B}_i) \\ &= C_{i-1}\overline{A_i \oplus B_i} + \overline{C}_{i-1}(A_i \oplus B_i) = A_i \oplus B_i \oplus C_{i-1} \end{aligned}$$

$$\begin{aligned} C_i &= A_iB_i(C_{i-1} + \overline{C}_{i-1}) + C_{i-1}(\overline{A}_iB_i + A_i\overline{B}_i) \\ &= A_iB_i + C_{i-1}(A_i \oplus B_i) \\ &= \overline{\overline{A_iB_i + C_{i-1}(A_i \oplus B_i)}} = \overline{\overline{A_iB_i} \cdot \overline{C_{i-1}(A_i \oplus B_i)}} \end{aligned}$$

由此可知，1位二进制全加器的逻辑电路如图4-34（a）所示，其逻辑符号如图4-34（b）所示，图中的文字符号Σ表示加法运算，CI和CO分别表示进位输入与进位输出。

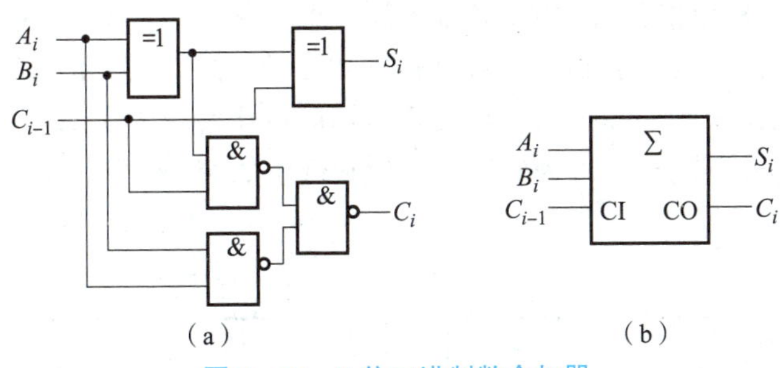

图 4-34 1 位二进制数全加器

(a) 全加器逻辑电路；(b) 全加器的逻辑符号

4.6.3 多位加法器

两个 n 位数相加，不论是二进制数还是十进制数，加法一定是从最低位开始的。两个 n 位二进制相加，每一位数对位相加，参与相加的两个数由几位构成，整个电路系统就需要几个 1 位二进制数全加器，由低位到高位级联形成系统。

级联时，低位相加得到本位结果，同时确定是否向高位进位，即低位的输出进位就是更高位的输入进位，这就是 n 位全加器的串行进位原理。根据这样的进位原理形成的加法器就称为串行进位加法器。图 4-35 所示为根据串行进位原理形成的两个 4 位二进制数串行进位加法器。

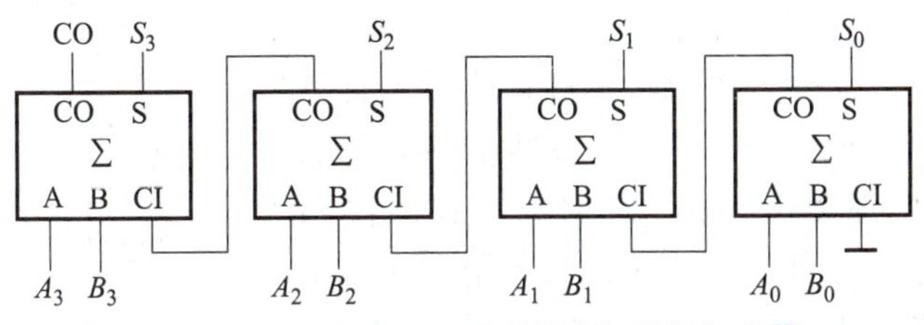

图 4-35 两个 4 位二进制数串行进位加法器

中规模集成电路 74LS283 是 4 位二进制数全加器，其引脚图和逻辑符号如图 4-36 所示。$A_3A_2A_1A_0$ 为 4 位被加数 A 的输入端，$B_3B_2B_1B_0$ 为 4 位加数 B 的输入端，$S_3S_2S_1S_0$ 为 A 与 B 的和值输出端。另外，C_{-1}、C_3 为扩展端，C_{-1} 为最低位的进位输入端，C_3 为最高位的进位输出端。V_{CC} 为电源输入端（5 V），GND 为接地端。

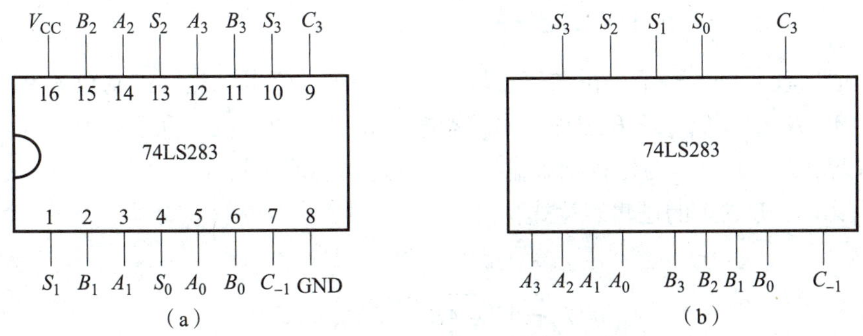

图 4-36 74LS283 引脚图和逻辑符号

(a) 74LS283 引脚图；(b) 74LS283 逻辑符号

如果要实现两个 8 位二进制数的相加运算，可以用两个 74LS283 进行扩展连接，如图 4－37 所示，高位片（片Ⅱ）的 C_{-1} 接低位的 C_3，低位片（片Ⅰ）的 C_{-1} 接地，高位片的输出进位端为加法结果的最高位。参与加法运算的两个输入数据 A、B 都分高 4 位和低 4 位，分别接入相应芯片，输出端即为对应的高位和低位的相加结果。

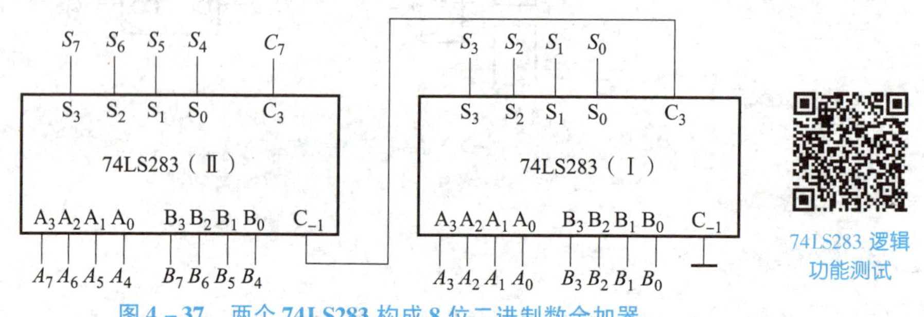

图 4－37　两个 74LS283 构成 8 位二进制数全加器

4.7　数值比较器

在一些数字系统（如计算机）当中经常要求对两个数码进行比较，以判断它们的相对大小及是否相等，实现比较功能的逻辑电路称为数值比较器，图 4－38 所示为多位数值比较器框图。

数值比较器对两个二进制数 A、B 进行比较，有三种可能结果：$A>B$，$A=B$，$A<B$。在比较两个多位数的大小时，必须自高到低地逐位比较，而且只有在高位相等时，才需要比较低位。例如，两个 4 位二进制数 $A_3A_2A_1A_0$ 与 $B_3B_2B_1B_0$ 进行比较，应首先比较 A_3 和 B_3，如果 $A_3>B_3$，那么不管其他几位数码为何值，肯定 $A>B$。如果 $A_3<B_3$，则不管其他几位数码各为何值，肯定 $A<B$。如果 $A_3=B_3$，就必须通过比较下一位 A_2、B_2 来判断 A、B 的大小。以此类推，定能比出结果。

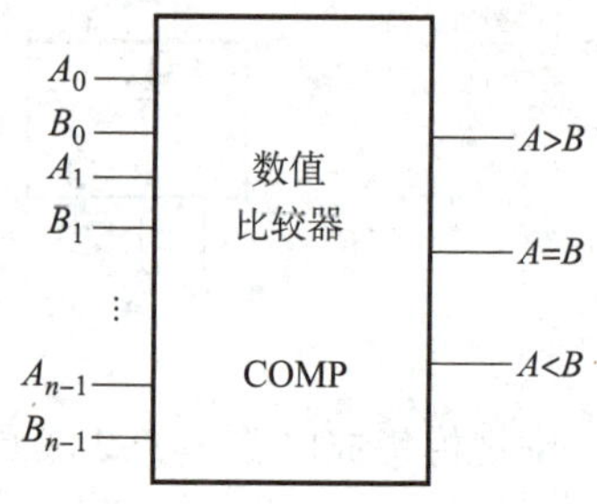

图 4－38　多位数值比较器框图

4.7.1　1 位二进制数比较器

多位数值比较器可由多个 1 位数值比较器级联构成。两个 1 位二进制数 A 和 B 做比较，结果可能为 $A>B$，$A=B$，$A<B$ 三种。比较器电路如图 4－39（a）所示，其中 A、B 为待比较数码输入端，L_1、L_2、L_3 为比较结果输出端，其逻辑功能分析如下：

（1）写出 L_1、L_2、L_3 的逻辑表达式：

$$L_1=A\overline{B}$$

$$L_2=\overline{A\overline{B}+\overline{A}B}=\overline{A\oplus B}=A\odot B$$

$$L_3=\overline{A}B$$

（2）由逻辑表达式得真值表如表 4－15 所示。

表 4-15　1 位二进制数比较器真值表

输入		输出		
A	B	L_1	L_2	L_3
0	0	0	1	0
0	1	0	0	1
1	0	1	0	0
1	1	0	1	0

（3）由L_1、L_2、L_3的逻辑表达式、功能、逻辑电路图可以得到其逻辑功能。

L_1为 $A>B$ 输出端，L_2为 $A=B$ 输出端，L_3为 $A<B$ 输出端，即当 $A>B$ 时$L_1L_2L_3=100$，当$A=B$时$L_1L_2L_3=010$，当 $A<B$ 时$L_1L_2L_3=001$。1 位二进制数比较器的逻辑符号如图 4-39（b）所示。

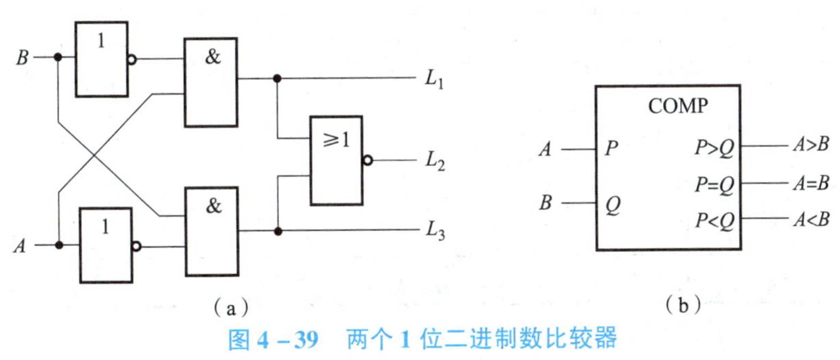

图 4-39　两个 1 位二进制数比较器

（a）电路；（b）逻辑符号

4.7.2　4 位二进制数比较器

4 位二进制数比较器，也称 4 位数值比较器。比较两个 n 位数的大小时，应该从高向低逐位比较，某位出现大小区别时，更低位就不用再比较，而直接得到两个数的大小关系。只有在高位相等时，才需要比较低位，如果两个数的各数位均相等，则给出两个数相等的比较结果。

目前，常用的集成数值比较器有 4 位数值比较器 74LS85。其芯片引脚图和逻辑符号如图 4-40 所示。$A_3A_2A_1A_0$、$B_3B_2B_1B_0$为两个待比较的 4 位二进制数输入端，$L_{A>B}$、$L_{A=B}$、$L_{A<B}$是总的比较结果输出端。另外，为了芯片间连接以实现比较器位数的扩展，还设置了 3 个扩展端 $I_{A>B}$、$I_{A=B}$、$I_{A<B}$。

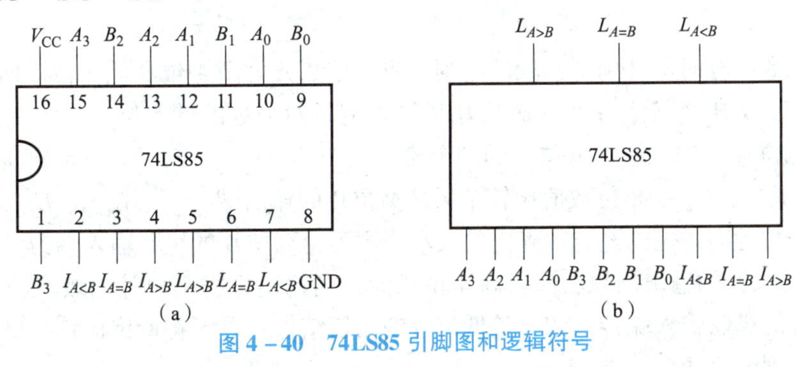

图 4-40　74LS85 引脚图和逻辑符号

（a）74LS85 引脚图；（b）74LS85 逻辑符号

观察表 4－16 数值比较器 74LS85 功能表，不难发现，当 $A_3=B_3$、$A_2=B_2$、$A_1=B_1$、$A_0=B_0$时，输出结果由级联输入端输入信号决定，有三种可能。而在其他情况下，则高四位就可决定 $A>B$ 还是 $A<B$，其最后输出与扩展输入端无关。

表 4－16　数值比较器 74LS85 功能表

输　入							输　出		
A_3　B_3	A_2　B_2	A_1　B_1	A_0　B_0	$I_{A>B}$	$I_{A=B}$	$I_{A<B}$	$L_{A>B}$	$L_{A=B}$	$L_{A<B}$
$A_3>B_3$	×	×	×	×	×	×	1	0	0
$A_3<B_3$	×	×	×	×	×	×	0	1	0
$A_3=B_3$	$A_2>B_2$	×	×	×	×	×	1	0	0
$A_3=B_3$	$A_2<B_2$	×	×	×	×	×	0	1	0
$A_3=B_3$	$A_2=B_2$	$A_1>B_1$	×	×	×	×	1	0	0
$A_3=B_3$	$A_2=B_2$	$A_1<B_1$	×	×	×	×	0	1	0
$A_3=B_3$	$A_2=B_2$	$A_1=B_1$	$A_0>B_0$	×	×	×	1	0	0
$A_3=B_3$	$A_2=B_2$	$A_1=B_1$	$A_0<B_0$	×	×	×	0	1	0
$A_3=B_3$	$A_2=B_2$	$A_1=B_1$	$A_0=B_0$	0	0	1	0	0	1
$A_3=B_3$	$A_2=B_2$	$A_1=B_1$	$A_0=B_0$	0	1	0	0	1	0
$A_3=B_3$	$A_2=B_2$	$A_1=B_1$	$A_0=B_0$	1	0	0	1	0	0

注：表中“×”表示任意逻辑值。

加扩展输入端的作用是为了芯片的扩展应用，图 4－41 所示为两片 74LS85 连接构成的 8 位二进制数值比较器的电路图。

74LS85 逻辑功能测试

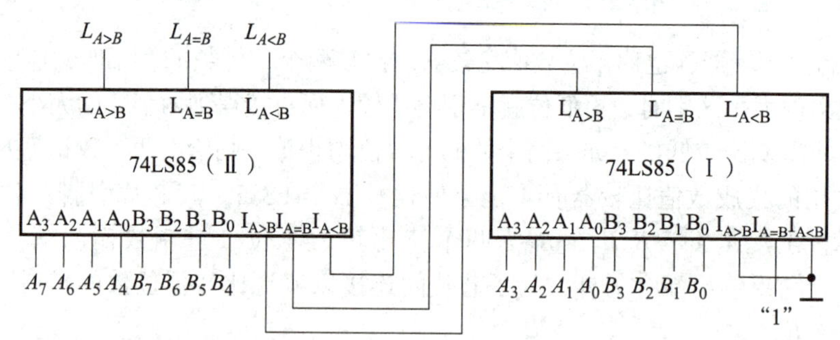

图 4－41　8 位二进制数值比较器的电路图

根据多位数比较时从高到低比较的原则，将 8 位数分为高 4 位和低 4 位。两个数的高 4 位 $A_7A_6A_5A_4$、$B_7B_6B_5B_4$ 接入片Ⅱ（高位片）输入端。两个数的低 4 位 $A_3A_2A_1A_0$、$B_3B_2B_1B_0$ 接入片Ⅰ（低位片）输入端。低位片的三个输出端 $L_{A>B}$、$L_{A=B}$、$L_{A<B}$ 对位接到高位片的级联输入端 $I_{A>B}$、$I_{A=B}$、$I_{A<B}$，8 位数值比较结果从高位片的输出端 $L_{A>B}$、$L_{A=B}$、$L_{A<B}$ 输出。

如果两个数的高 4 位已经有了确定的大小，则不论高位片的级联输入端为多少，直接给出 $A>B$ 或者 $A<B$ 的输出结果；如果高 4 位相同，则输出根据高位片的级联输入端取值决定。而高位片的级联输入端接入的正是低位片的比较结果，等于将低位比较结果通过这样的级联输入传送到电路的输出端。

注意：

低位片的级联输入端 $I_{A>B}$、$I_{A=B}$、$I_{A<B}$ 应该分别接0、1、0，这样如果两个数完全相等，输出端也就可以正确给出 $A=B$ 的比较结果。

先导案例解决

在数字系统中处理和运算的数据都是二进制，而人们日常生活中使用的都是十进制数，编－译－显电路可以实现这种转换，所以在数字电路中被广泛地应用。电路首先通过编码器将十进制数进行编码，然后将生成的编码信号通过译码驱动器进行译码，输出 a，b，c，d，e，f，g 七段码去驱动 LED 数码管，并在数码管上显示编码对应的十进制数字。具体电路可以选用本章中介绍的优先编码器 74LS147、译码驱动器 CD4511 和数码管来实现，需要注意的是 74LS147 的输出端 *DCBA* 是反码输出，所以 *DCBA* 需要经过四个非门再送入 CD4511 的输入端，同时 CD4511 的三个使能端 LE、$\overline{\text{BI}}$、$\overline{\text{LT}}$设为 0、1、1。

任务训练

一、译码器的应用

1. 实验目的

（1）熟悉 3 线－8 线译码器 74LS138 的基本功能。

（2）掌握 3 线－8 线译码器 74LS138 的应用。

2. 实验器材

（1）74LS138：3 线－8 线译码器。

（2）74LS20：二－4 输入与非门。

（3）万用表、数字电路实验箱、导线（若干）。

3. 实验内容及步骤

1）74LS138 逻辑功能测试

（1）测试电路线路连接。按图 4－42 所示完成连线。连接芯片 74LS138 电源线（5 V）、地线。连接输入输出信号线：芯片的输入端（译码输入端：$A_2A_1A_0$，使能端：$G_1\overline{G}_{2A}\overline{G}_{2B}$）分别接实验箱 6 个电平开关，输出端（译码输出端$\overline{Y}_0 \sim \overline{Y}_7$）分别接 8 个电平指示灯。74LS138 芯片引脚图如图 4－16（b）所示。

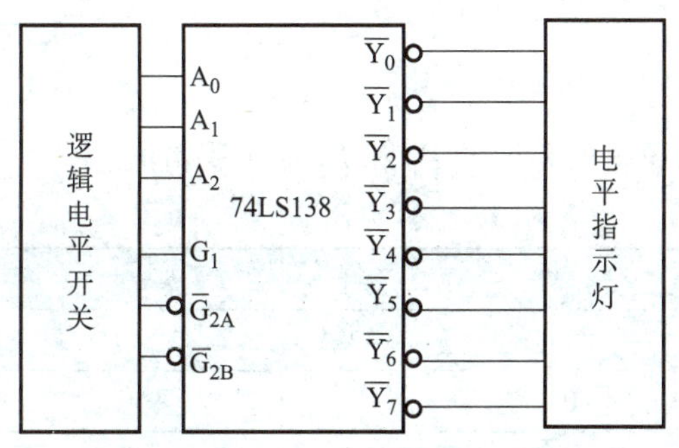

图 4－42　74LS138 逻辑功能测试连线图

（2）测试。使能输入端$G_1\overline{G}_{2A}\overline{G}_{2B}$、译码输入端$A_2A_1A_0$按表 4－17 所示依次分别送入 11 组逻辑值，观察输出端$\overline{Y}_0 \sim \overline{Y}_7$的输出逻辑值并记录在表 4－17 输出栏中。

表 4－17　74LS138 功能真值表

输入						输出							
G_1	$\overline{G}_{2A}$	$\overline{G}_{2B}$	A_2	A_1	A_0	$\overline{Y}_0$	$\overline{Y}_1$	$\overline{Y}_2$	$\overline{Y}_3$	$\overline{Y}_4$	$\overline{Y}_5$	$\overline{Y}_6$	$\overline{Y}_7$
0	×	×	×	×	×								
×	×	1	×	×	×								
×	1	×	×	×	×								
1	0	0	0	0	0								
1	0	0	0	0	1								
1	0	0	0	1	0								
1	0	0	0	1	1								
1	0	0	1	0	0								
1	0	0	1	0	1								
1	0	0	1	1	0								
1	0	0	1	1	1								

2）构成函数发生器

用 74LS138 及与非门 74LS20 构成 1 位全加器，按图 4－43 接线。74LS20 芯片引脚图如图 4－44 所示。

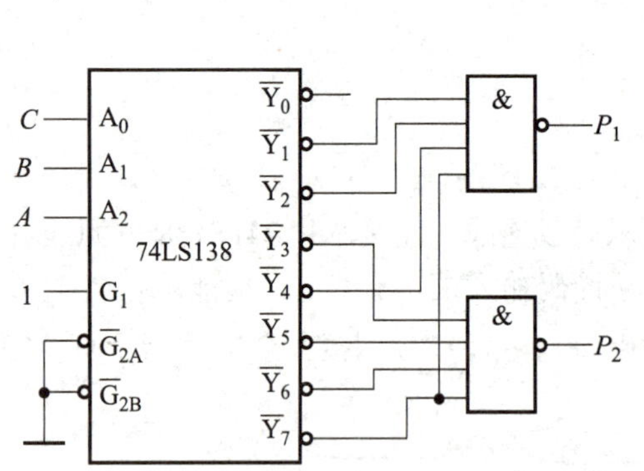

图 4－43　74LS138 实现全加器电路

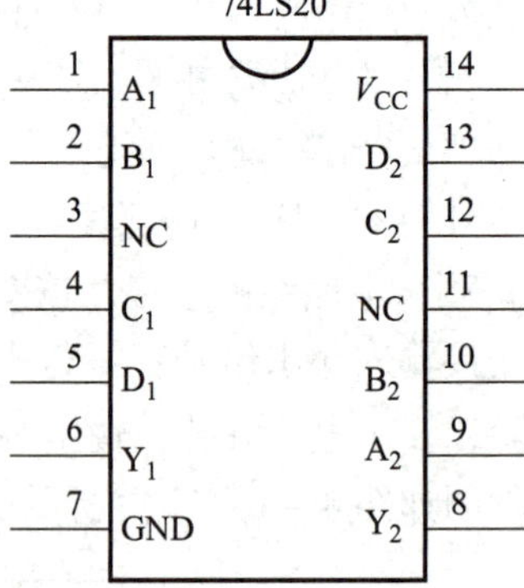

图 4－44　74LS20 芯片引脚图

按表 4－18 分别输入逻辑值并记录 P_1 和 P_2 输出逻辑值。

表 4－18　74LS138 实现全加器电路

输入			输出	
A	B	C	P_1	P_2
0	0	0		
0	0	1		

续表

输入			输出	
A	B	C	P_1	P_2
0	1	0		
0	1	1		
1	0	0		
1	0	1		
1	1	0		
1	1	1		

4. 任务完成结论

（1）当 $G_1\overline{G}_{2A}\overline{G}_{2B}=100$ 时，译码输入$A_2A_1A_0=000$，译码输出$\overline{Y}_0\sim\overline{Y}_7=$____________，即译码输出结果为________，输出________（高/低）电平有效。$A_2A_1A_0$分别为：001，010，100，101，110，111 时译码输出结果分别为_________，_________，_________，_________，_________，_________。

（2）当使能端输入不满足 $G_1\overline{G}_{2A}\overline{G}_{2B}=100$ 时，译码输出$\overline{Y}_0\sim\overline{Y}_7$_________（0/1），即译码器 74LS138 __________（不译码/正常译码）。

（3）根据表 4－18，写出 P_1 = __________，P_2 = __________。其中 P_1 为__________（和/进位），P_2 为__________（和/进位）。

二、数据选择器的应用

1. 实验目的

（1）熟悉 8 选 1 数据选择器 74LS151 的基本功能。

（2）掌握 8 选 1 数据选择器 74LS151 的应用。

2. 实验器材

（1）74LS151：8 选 1 数据选择器。

（2）万用表、数字电路实验箱、导线（若干）。

3. 实验内容及步骤

1）数据选择器 74LS151 的数据选择功能测试

（1）测试电路线路连接。按图 4－45 所示完成连线。连接芯片 74LS151 电源线（5 V）、地线。连接输入输出信号线；芯片输入端（数据输入端 $D_0\sim D_7$），选择控制端 $A_2A_1A_0$，使能端$\overline{S}$分别接实验箱 12 个电平开关，数据输出端 Y、$\overline{Y}$分别接 2 个电平指示灯。74LS151 芯片引脚图如图4－29（a）所示。

（2）测试。使能端$\overline{S}$、数据输入端 $D_0\sim D_7$按表 4－19 依次输入逻辑值，观察输出端逻辑值并记录在表 4－19 输出栏中。

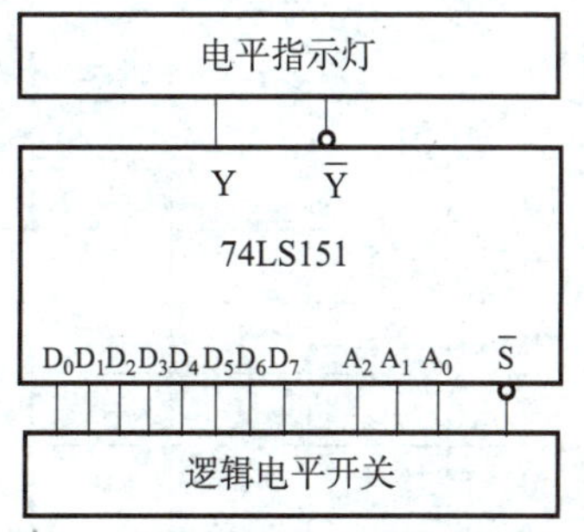

图 4－45　74LS151 逻辑功能测试连线图

表 4-19　74LS151 功能真值表

输入												输出	
使能	选择控制			数据输入									
$\overline{S}$	A_2	A_1	A_0	D_0	D_1	D_2	D_3	D_4	D_5	D_6	D_7	Y	$\overline{Y}$
1	×	×	×	×	×	×	×	×	×	×	×		
0	0	0	0	0	×	×	×	×	×	×	×		
0	0	0	0	1	×	×	×	×	×	×	×		
0	0	0	1	×	0	×	×	×	×	×	×		
0	0	0	1	×	1	×	×	×	×	×	×		
0	0	1	0	×	×	0	×	×	×	×	×		
0	0	1	0	×	×	1	×	×	×	×	×		
0	0	1	1	×	×	×	0	×	×	×	×		
0	0	1	1	×	×	×	1	×	×	×	×		
0	1	0	0	×	×	×	×	0	×	×	×		
0	1	0	0	×	×	×	×	1	×	×	×		
0	1	0	1	×	×	×	×	×	0	×	×		
0	1	0	1	×	×	×	×	×	1	×	×		
0	1	1	0	×	×	×	×	×	×	0	×		
0	1	1	0	×	×	×	×	×	×	1	×		
0	1	1	1	×	×	×	×	×	×	×	0		
0	1	1	1	×	×	×	×	×	×	×	1		

2）数据选择器 74LS151 的并-串转换功能测试

使能端 $\overline{S}$ 送入逻辑值 0，数据输入端 $D_0 \sim D_7$ 按表 4-20 并行送入数据“01100001”，选择控制端 $A_2A_1A_0$ 依次送入 000，001，…，111 等数据，观察输出端逻辑值并记录在表 4-20 输出栏中。

表 4-20　74LS151 并-串转换功能测试

输入					输出	
使能	选择控制			数据输入		
$\overline{S}$	A_2	A_1	A_0	D_0 D_1 D_2 D_3 D_4 D_5 D_6 D_7	Y	$\overline{Y}$
0	0	0	0	0 1 1 0 0 0 0 1		
0	0	0	1	0 1 1 0 0 0 0 1		
0	0	1	0	0 1 1 0 0 0 0 1		
0	0	1	1	0 1 1 0 0 0 0 1		
0	1	0	0	0 1 1 0 0 0 0 1		
0	1	0	1	0 1 1 0 0 0 0 1		
0	1	1	0	0 1 1 0 0 0 0 1		
0	1	1	1	0 1 1 0 0 0 0 1		

4. 任务完成结论

（1）当数据选择器74LS151使能端 $\overline{S}=0$ 时，选择控制端 $A_2A_1A_0=000$，当 $D_0=0$ 时，$Y=$________，$\overline{Y}=$________；当 $D_0=1$ 时，$Y=$__________，$\overline{Y}=$__________，即 $Y=$__________，$\overline{Y}=$________，此时 $D_1\sim D_7$________（影响/不影响）输出逻辑值。当 $A_2A_1A_0$ 分别为：001，010，011，100，101，110，111时译码输出逻辑值分别为________，_____，______，______，______，______，______，即输出信号为在选择控制信号作用下从多个输入数据中选出一个输出。

（2）当数据选择器74LS151使能端 $\overline{S}=1$ 时，输出端 $Y=$______，$\overline{Y}=$______，即数据选择器________（工作/不工作），因此使能端 $\overline{S}$ 为____（高/低）电平有效。

（3）当数据选择器74LS151正常工作时，要实现数据的并－串转换，数据输入端要并行送入数据 $D_0\sim D_7$，选择控制端要依次先后送入数据000～111，则输出端 Y 依次串行输出为______、______、______、______、______、______、______、______，即 $D_0\sim D_7$ 串行输出。

三、全加器和数值比较器的应用

1. 实验目的

（1）熟悉74LS283、74LS85的基本功能。

（2）用全加器和数值比较器构成定值报警器。

2. 实验器材

（1）74LS283：四位二进制数全加器。

（2）74LS85：四位二进制数值比较器。

（3）万用表、数字电路实验箱、导线（若干）。

3. 实验内容及步骤

1）电路线路连接

按图4－46完成连线。连接芯片74LS283、74LS85电源线（5 V）、地线。74LS283数据输入端 $A_3A_2A_1A_0$、$B_3B_2B_1B_0$ 分别接8个电平开关，数值比较器的输出端 $L_{(A=B)}$ 接1个电平指示灯。74LS283的和值输出端 $S_3S_2S_1S_0$ 分别接74LS85的数据 A 输入端 $A_3A_2A_1A_0$。74LS85的 B 数据输入端 $B_3B_2B_1B_0$ 送入“1011”，74LS283的 C_{-1} 端送入“0”，74LS85的扩展输入端 $I_{(A>B)}I_{(A=B)}I_{(A<B)}$ 送入“010”。

74LS283和74LS85芯片引脚图分别如图4－36（a）和图4－40（a）所示。

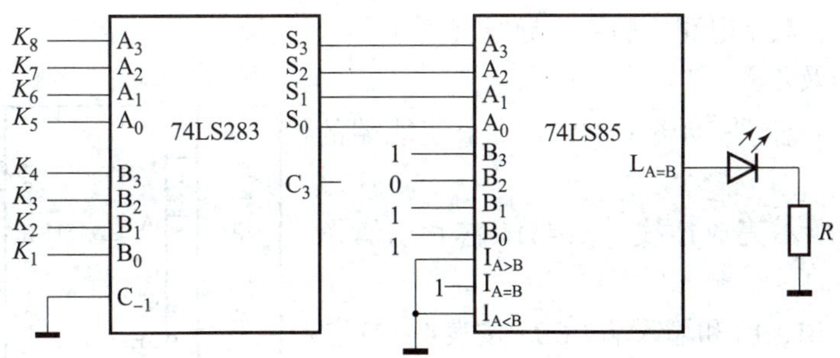

图4－46 全加器和数值比较器构成定值报警器

2）调试

按表4－21所给74LS283数据输入端$A_3A_2A_1A_0$、$B_3B_2B_1B_0$分别输入相应数据，调试并记录输出逻辑值。

表4－21　定值报警器测试结果

输　入		输　出
A_3　A_2　A_1　A_0	B_3　B_2　B_1　B_0	$L_{(A=B)}$
0　0　0　0	1　1　1　1	
0　1　1　0	0　1　0　1	
1　1　0　0	0　0　1　1	
0　0　1　0	1　0　0　1	
1　0　0　1	1　0　0　1	
0　1　1　1	0　1　0　0	

4. 任务完成结论

（1）当$A_3A_2A_1A_0+B_3B_2B_1B_0=$________时，$L_{(A=B)}$指示灯点亮报警。

（2）电路的工作原理是74LS85的扩展输入端$I_{A>B}$、$I_{A=B}$、$I_{A<B}=$________，即实现对两个4位二进制数比较，输出$L_{A=B}$接电平指示灯，当74LS85输入数据A'和B'为______时，指示灯点亮报警。74LS85的数据B'为“1011”，数据A'端口接74LS283的和值输出端S，即74LS85的A'数据为74LS283输入加数A与B的和值。即当被加数A与加数B的和值为定值________时，指示灯点亮报警。

四、编码器、译码器、显示器综合电路

1. 实验目的

（1）熟悉编码器、译码器、显示器的功能及使用方法。

（2）搭试一个数字显示电路，使它所显示的数字与开关的编号相一致。

2. 实验器材

（1）74LS147：10线－4线的高位优先编码器。

（2）CD4069：六反相器。

（3）CD4511：七段显示译码/驱动器。

（4）LC5011：共阴极数码管。

（5）万用表、数字电路实验箱、导线（若干）。

3. 实验内容及步骤

（1）七段译码器/驱动器CD4511三个使能端的测试。

按图4－47所示完成连线。CD4511芯片引脚图如图4－25（a）所示。

使能端LE、$\overline{BI}$、$\overline{LT}$和输入端$DCBA$按表4－22依次输入逻辑值，观察输出端逻辑值并记录在表格4－22输出栏中。

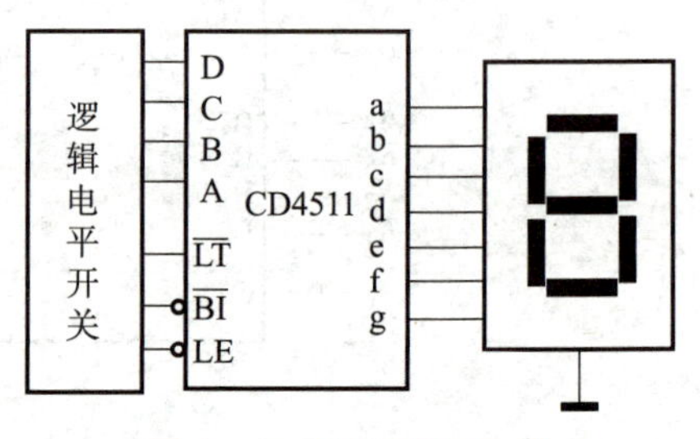

图4－47　译码显示电路

表 4－22　CD4511 功能测试

输入							输出							
LE	$\overline{BI}$	$\overline{LT}$	*D*	*C*	*B*	*A*	*a*	*b*	*c*	*d*	*e*	*f*	*g*	显示情况
×	×	0	×	×	×	×								
×	0	1	×	×	×	×								
1	1	1	×	×	×	×								
0	1	1	0	0	0	0								
0	1	1	0	0	0	1								
0	1	1	0	0	1	0								
0	1	1	0	0	1	1								
0	1	1	0	1	0	0								
0	1	1	0	1	0	1								
0	1	1	0	1	1	0								
0	1	1	0	1	1	1								
0	1	1	1	0	0	0								
0	1	1	1	0	0	1								
0	1	1	1	0	1	0								
0	1	1	1	0	1	1								
0	1	1	1	1	0	0								
0	1	1	1	1	0	1								
0	1	1	1	1	1	0								
0	1	1	1	1	1	1								

（2）按图 4－48 所示完成连线，CD4069 芯片引脚如图 4－49 所示，按表 4－23 进行实验并将实验结果填入表中。74LS147 芯片引脚和数码管引脚图如图 4－14（a）和图 4－22（a）所示。

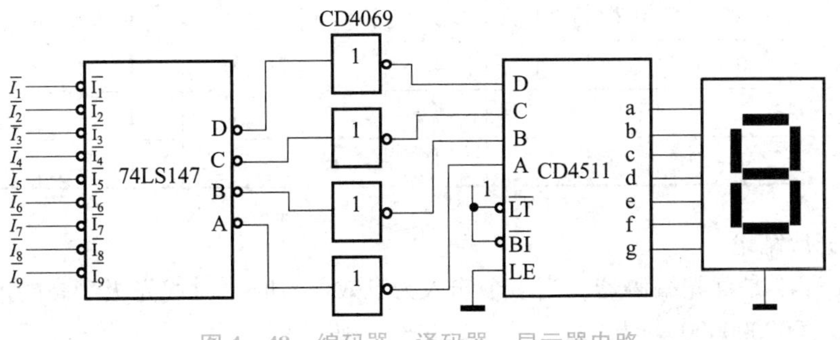

图 4－48　编码器－译码器－显示器电路

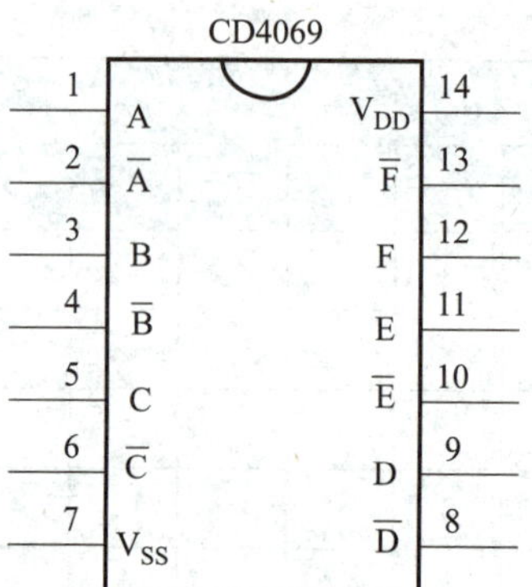

图 4－49　CD4069 芯片引脚图

表 4－23　编码器－译码器－显示器电路测试结果

输入									输出 显示数码
$\overline{I}_1$	$\overline{I}_2$	$\overline{I}_3$	$\overline{I}_4$	$\overline{I}_5$	$\overline{I}_6$	$\overline{I}_7$	$\overline{I}_8$	$\overline{I}_9$	
0	1	1	1	1	1	1	1	1	
1	0	1	1	1	1	1	1	1	
1	1	0	1	1	1	1	1	1	
1	1	1	0	1	1	1	1	1	
1	1	1	1	0	1	1	1	1	
1	1	1	1	1	0	1	1	1	
1	1	1	1	1	1	0	1	1	
1	1	1	1	1	1	1	0	1	
1	1	1	1	1	1	1	1	0	
1	1	1	1	1	1	1	1	1	
×	×	×	×	×	×	×	×	0	
×	×	×	×	×	×	×	0	1	
×	×	×	×	×	×	0	1	1	
×	×	×	×	×	0	1	1	1	
×	×	×	×	0	1	1	1	1	
×	×	×	0	1	1	1	1	1	
×	×	0	1	1	1	1	1	1	
×	0	1	1	1	1	1	1	1	
0	1	1	1	1	1	1	1	1	

4. 任务完成结论

（1）74LS147 是优先编码器，当多个输入为有效信号时，对优先级最高的进行编码。当 $\overline{I}_9 \sim \overline{I}_1$ 均有效（000000000）时，对________进行编码，即________（$\overline{I}_9 \sim \overline{I}_1$）优先级最高。当 $\overline{I}_9$ 无效（$\overline{I}_9=1$），$\overline{I}_8 \sim \overline{I}_1$ 均有效（00000000）时，对____进行编码，即________（$\overline{I}_8 \sim \overline{I}_1$）

优先级次高，等等。由此可知，输入端 ________ （$\overline{I}_9 \sim \overline{I}_1$）优先级最高，________优先级最低。图4－48中，当输入$\overline{I}_9 \sim \overline{I}_1$均无效（111111111）时，编码输出结果 $DCBA$ 为________，CD4511 的 $DCBA$ 为____________，数码管显示________。

（2）请分析图4－49中CD4069的作用是什么？如果不使用会出现什么实验结果？

习题4.7

（3）如果数码管显示只出现“0、2、4、6、8”而不出现“1、3、5、7、9”，试分析电路可能出现的故障是什么？

【本章小结】

组合逻辑电路是一种应用广泛的逻辑电路，本章介绍了组合逻辑电路分析和设计的方法，还介绍了编码器、译码器、数据选择器、加法器和数值比较器等几种常用的中规模 MSI 组合逻辑器件的功能原理与应用。

组合逻辑电路分析的一般步骤是：由逻辑图写出逻辑表达式→列真值表→分析电路逻辑功能；组合逻辑电路设计的一般步骤是：由实际逻辑问题列出真值表→写出逻辑表达式→逻辑表达式化简和变换→画出逻辑电路图。为了降低成本，提高电路可靠性，实际设计时，应在满足逻辑要求的前提下，尽量减少所用芯片的数量和种类。

74LS147、74LS138、74LS151、74LS283、74LS85、CD4511 等几种常用的典型中规模集成电路芯片的应用是本章的重点知识，同时应注重培养阅读器件资料图和真值表的能力。

为增加使用灵活性且便于功能扩展，这类中规模集成电路大多数都设置了附加的使能端（或称片选端、选通输入端等）。这些使能端既可控制电路的状态（工作或禁止），又可作为输出信号的选通输入端，还能用作输入信号的一个输入端以扩展电路功能。

【习 题】

1. 填空题

（1）一个16选1的数据选择器，应具有________个地址输入端、__________个数据输入端。

（2）74LS138是3线－8线译码器，译码输出为________电平有效，若输入 $A_2A_1A_0$ = 110，则输出 $\overline{Y}_0 \sim \overline{Y}_7$ 应为________________。

（3）3线－8线译码器74LS138的3个使能端 $G_1\overline{G}_{2A}\overline{G}_{2B}$ 为________时，芯片实现译码功能。

（4）74LS147是一个二－十进制高位优先编码器，其输入为低电平有效，输出为反码有效，若输入$\overline{I}_9 \sim \overline{I}_1$为101010110，则对数字________进行编码，输出 $DCBA$ = ________。

2. 一火灾报警系统，设有烟感、温感和红外线光感三种类型的火灾探测器。为了防止误报警，只有当其中有两种或两种以上类型的探测器发出火灾检测信号时，报警系统才产生报警控制信号。试用与非门设计一个产生报警控制信号的电路。

3. 现有一间保密档案室，只有三人能进入，其条件为：A、B、C 三人都在场；或有二人在场，但其中 A 必须在场，否则报警系统就发出报警信号，试用与非门设计逻辑电路实现此功能。

4. 设 $ABCD$ 是一个四位 8421 BCD 码，若此码表示的数字 X 符合下列条件，输出 L 为 1，否则输出 L 为 0，请用与非门实现此逻辑电路。（$ABCD$ 的原反变量均提供。）

① $4 \leqslant X_1 \leqslant 9$；② $X_2 < 3$ 或者 $X_2 > 6$。

5. 请用异或门和与非门设计一位二进制全减器。

6. 王磊参加四门课程考试，规定如下。

（1）化学及格得 1 分；不及格得 0 分。

（2）生物及格得 2 分；不及格得 0 分。

（3）几何及格得 4 分；不及格得 0 分。

（4）代数及格得 5 分；不及格得 0 分。

若总得分为 8 分以上（含 8 分）就可结业。试用与非门设计判断王磊是否能结业的逻辑电路。

7. 请用一个 74LS138 译码器和与非门构成函数发生器，实现以下逻辑函数：

$$F_1(A,B,C) = \overline{A}\overline{B}C + A\overline{B}\overline{C} + BC$$

$$F_2(A,B,C) = \sum m(1,2,4,5)$$

8. 用 8 选 1 数据选择器 74LS151 实现逻辑函数 $F(A,B,C) = AB + BC + AC$。

9. 如图 4－50 所示，74LS283 为四位全加器，74LS85 为四位数值比较器。拨动逻辑开关 $K_1 \sim K_8$，试分析在下列三种情况下，分别为哪支发光管亮？

（1）当 $K_8K_7K_6K_5 = 0010$，$K_4K_3K_2K_1 = 1101$；____________

（2）当 $K_8K_7K_6K_5 = 0110$，$K_4K_3K_2K_1 = 0010$；____________

（3）当 $K_8K_7K_6K_5 = 0111$，$K_4K_3K_2K_1 = 0100$；____________

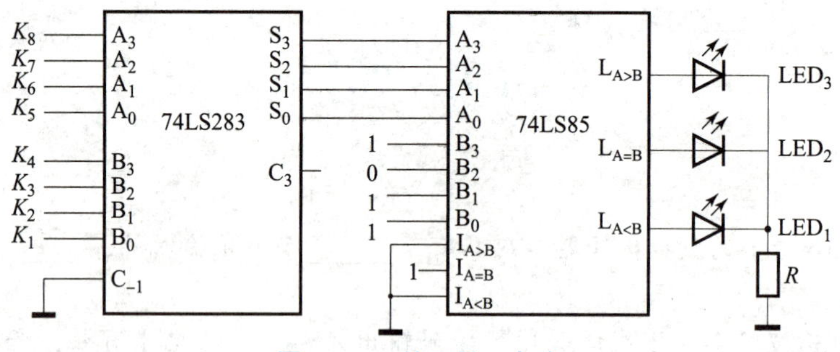

图 4－50 练习题 8 电路

第5章 触发器

学习目标

理解触发器的基本性质、功能及分类；掌握基本触发器的结构、工作原理以及特点；了解 *RS*、*D*、*JK*、*T* 四种触发器的电路结构，掌握这四种触发器逻辑功能的多种描述方法；掌握时钟触发器的触发方式；掌握典型集成触发器的主要应用方法。

先导案例

在日常生活中，点缀城市夜晚的各色霓虹彩灯，可以通过不同速率的亮灭闪烁变幻出各种或简单或复杂的造型，那么这些彩灯不同的亮灭闪烁频率可以通过什么方式来实现呢？

5.1 基本触发器

在数字系统中不但需要对“0”“1”信息进行算术运算和逻辑运算，还需要将这些信息和运算结果保存起来。为此，需要使用具有记忆功能的单元电路。触发器就是实现存储二进制信息功能的基本逻辑单元电路。

5.1.1 触发器的基本性质

触发器是一种具有记忆功能，能储存1位二进制信息的逻辑电路。每个触发器都有两个互非的输出端 Q 和 $\overline{Q}$，并具有以下两个基本性质。

(1) 在一定的条件下，触发器具有两个稳定的工作状态（“1”态或“0”态）。用触发器输出端 Q 的状态作为触发器的状态。即当输出 $Q=1$、$\overline{Q}=0$ 时，表示触发器“1”状态，

当输出 $Q=0$、$\overline{Q}=1$ 时，表示触发器“0”状态。

（2）在一定的外界信号作用下，触发器可以从一个稳定的工作状态翻转为另一个稳定状态。

这里所指的“稳定”状态，是指没有外界信号在作用时，触发器电路中的电流和电压均维持恒定的数值。由于触发器具有上述两个基本性质，使触发器能够记忆二进制信号“1”和“0”，被用作二进制的存储单元。

5.1.2 触发器的分类

触发器的种类很多，主要有以下三种分类方式。

（1）根据有无时钟信号来分，有基本触发器和时钟触发器。

没有时钟脉冲输入端 CP 的触发器叫基本触发器。CP 是时钟脉冲（Clock Pulse）的缩写。

时钟触发器具有脉冲输入端，其状态的改变不仅取决于数据输入信号，还取决于时钟脉冲信号 CP。

（2）根据触发器逻辑功能不同，有 *RS* 触发器、*JK* 触发器、*T* 触发器、*D* 触发器等。

（3）根据电路结构和触发方式的不同，有同步触发器、维持阻塞触发器、边沿触发器、主从触发器等。

5.1.3 基本 *RS* 触发器

基本 *RS* 触发器是一种最简单的触发器，是组成各种触发器的基础。

1. 由“与非门”组成的基本触发器

图 5－1 所示为一个由两个“与非门”交叉耦合组成的基本触发器，它有两个互非输出端 Q 和 $\overline{Q}$，有两个输入端 $\overline{S}$（称为置位输入端或置“1”端）和 $\overline{R}$（称为复位输入端或置“0”端）。

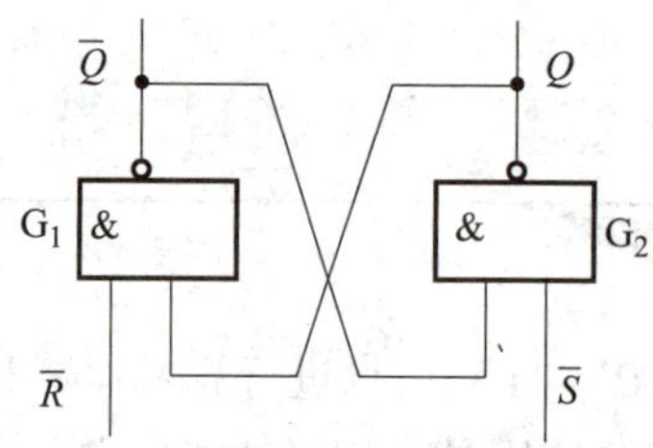

图 5－1　由“与非门”组成的基本触发器

当 $\overline{S}=1$、$\overline{R}=1$ 时，不管此时触发器的状态是“1”还是“0”，触发器都能维持原来的状态不变。

当 $\overline{S}=0$、$\overline{R}=1$ 时，不管触发器原来为什么状态，触发器状态均保持“1”状态。

当 $\overline{S}=1$、$\overline{R}=0$ 时，不管触发器原来为什么状态，触发器状态均保持“0”状态。

当 $\overline{S}=0$、$\overline{R}=0$ 时，G_1、G_2 输出“1”，但在 $\overline{S}$、$\overline{R}$ 同时回到“1”以后，基本触发器的新状态要看 G_1、G_2 门翻转的速度谁快谁慢，从逻辑关系来说是不能确定的，因此在正常工作时输入信号应遵守$\overline{S}+\overline{R}=1$的约束条件，即不允许输入$\overline{S}=\overline{R}=0$的信号。

将上述逻辑关系可列出如表5-1所示的基本RS触发器真值表。其中，触发器新的状态Q^{n+1}（也叫作次态），不仅与输入状态有关，而且还与触发器原来的状态Q^n（也叫初态）有关，所以将Q^n也作为一个输入变量列入了真值表，并称作状态变量，将这种含有状态变量的真值表叫作触发器的功能真值表（或称为特性表）。表5-1中的$\overline{S}$、$\overline{R}$上加非号是因为输入信号在低电平起作用。

表5-1 “与非门”组成基本RS触发器真值表

$\overline{S}$	$\overline{R}$	Q^n	Q^{n+1}
1	1	0	0
1	1	1	1
0	1	0	1
0	1	1	1
1	0	0	0
1	0	1	0
0	0	0	1*不定
0	0	1	1*不定

知识拓展

基本触发器也可由两个或非门交叉耦合组成

如图5-2所示，由两个“或非门”交叉耦合组成的基本触发器。同样有两个互非输出端Q和$\overline{Q}$，两个输入端R和S。R是复位输入端，S是置位输入端。

当$S=0$、$R=0$时，触发器维持原来的状态不变。

当$S=0$、$R=1$时，不管触发器原来为什么状态，触发器状态均保持“0”状态。

当$S=1$、$R=0$时，不管触发器原来为什么状态，触发器状态均保持“1”状态。

当$S=1$、$R=1$时，Q和$\overline{Q}$都为低电平，当S和R同时恢复低电平时，基本触发器的新状态不定，故此种情况需要避免。

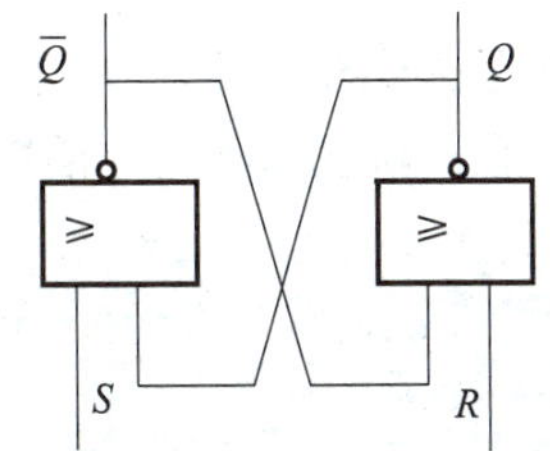

图5-2 由“或非门”组成基本触发器

表5-2所示为由“或非门”组成的基本RS触发器功能真值表。

表 5 - 2　由“或非门”组成的基本 *RS* 触发器功能真值表

S	R	Q	$\overline{Q}$
0	0	不变	不变
0	1	0	1
1	0	1	0
1	1	不定	不定

由“与非门”组成的基本触发器如图 5 - 1 所示，设触发器初始状态为“0”，已知输入 $\overline{S}$、$\overline{R}$的波形图如图 5 - 3 所示，请画出触发器 Q 和 $\overline{Q}$ 的输出波形图。

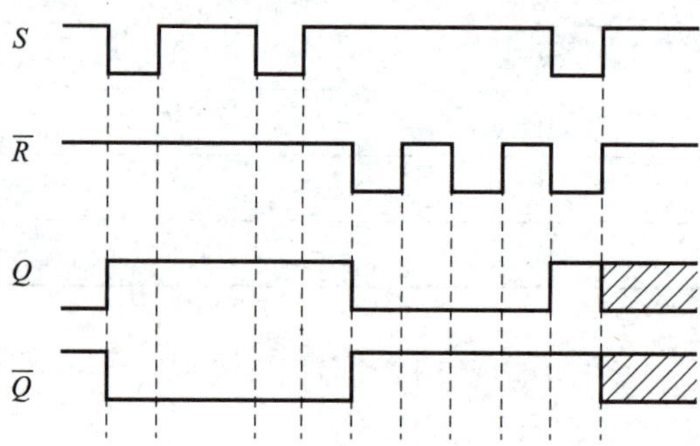

图 5 - 3　由“与非门”组成的基本触发器波形图

解：初态为 0 决定了 Q 初始为低电平，$\overline{Q}$ 为高电平，此后，当$\overline{S}$、$\overline{R}$同时为高电平时触发器状态不变，当$\overline{S}$、$\overline{R}$某一端变低时，按功能真值表 5 - 1 画出相应的波形图，当$\overline{S}$、$\overline{R}$同时变低，使触发器 $Q = \overline{Q} = 1$；而在$\overline{S}$、$\overline{R}$同时恢复“1”后，新状态不定（阴影部分），其波形图如图 5 - 3 所示。

习题 5. 1

特别提示

基本触发器有以下四个特点：

(1) 有两个互补的输出端 Q 和 $\overline{Q}$，有稳定的“0”状态和“1”状态。

(2) 有复位（Q =0）、置位（Q =1）、保持原状态三种功能。

(3) R 为复位输入端，S 为置位输入端，可以是低电平有效，也可以是高电平有效，取决于触发器的结构。

(4) 由于反馈线的存在，无论是复位还是置位，有效信号只需要作用很短的一段时间，即“一触即发”。

5.2 触发器的逻辑功能

根据逻辑功能的不同，触发器可分为 *RS* 触发器、*D* 触发器、*JK* 触发器、*T* 触发器等。

5.2.1 *RS* 触发器

1. 电路结构

RS 触发器

同步式 *RS* 触发器逻辑图如图 5－4 所示，CP 是时钟输入端，输入周期性连续脉冲，*S*、*R* 是数据输入端（又称控制输入端），该电路由两部分组成：由与非门 G_1、G_2 组成基本触发器和由与非门 G_3、G_4 组成输入控制电路。

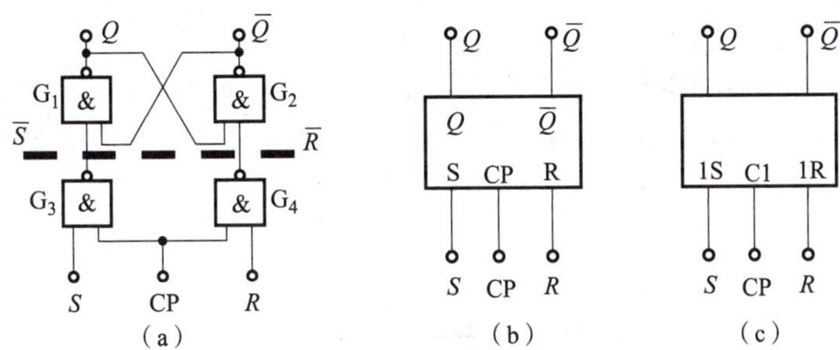

图 5－4 同步式 *RS* 触发器逻辑图

（a）电路结构；（b）曾用符号；（c）国标符号

2. 逻辑功能

当 CP＝0 时，不管控制输入信号 *R* 和 *S* 是低电平还是高电平，G_3 和 G_4 的输出恒为 1，此时 G_1、G_2 构成基本触发器，触发器的状态维持原状态。

当 CP＝1 时，*R*、*S* 信号通过门 G_3、G_4 反相加到由 G_1、G_2 组成的基本触发器上，使 *Q* 和 $\overline{Q}$ 的状态跟随输入信号 *R*、*S* 的变化而改变。*RS* 触发器功能真值表如表 5－3 所示。

表 5－3 *RS* 触发器功能真值表

S	*R*	Q^n	Q^{n+1}	说明	
0	0	0	0	$Q^{n+1}=Q^n$	维持原态
0	0	1	1		
0	1	0	0	$Q^{n+1}=0$	置“0”态
0	1	1	0		
1	0	0	1	$Q^{n+1}=1$	置“1”态
1	0	1	1		
1	1	0	不定	状态不定	
1	1	1			

表 5-3 表达的信息如下：

当 CP=1 时，若 $S=R=0$，G_3、G_4 输出为 1，由基本触发器原理分析可知，触发器的 $Q^{n+1}=Q^n$。

当 CP=1 时，若 $S=0$，$R=1$，G_3 输出 1，G_4 输出 0，因此不管触发器原态是 0 还是 1，$Q^{n+1}=0$。

当 CP=1 时，若 $S=1$，$R=0$，G_4 输出 0，G_3 输出 1，因此不管触发器原态是 0 还是 1，$Q^{n+1}=1$。

当 CP=1 时，若 $R=S=1$ 时，G_3、G_4 均输出 0，此时触发器状态因 G_1、G_2 输入端均为 0，使得触发器输出状态 $Q=\overline{Q}=1$，而在 CP 由高变低时，因 SR 同时由低变高，触发器的次态就不能确定，故同步 RS 触发器的约束条件 $SR=0$。

3. *RS* 触发器功能的表示方法

1）特性方程

将表 5-3 RS 触发器功能真值表，经过如图 5-5 所示次态卡诺图的化简，就可以得到该时钟触发器的逻辑表达式——特性方程，这个方程反映次态和数据输入、初态之间的关系。

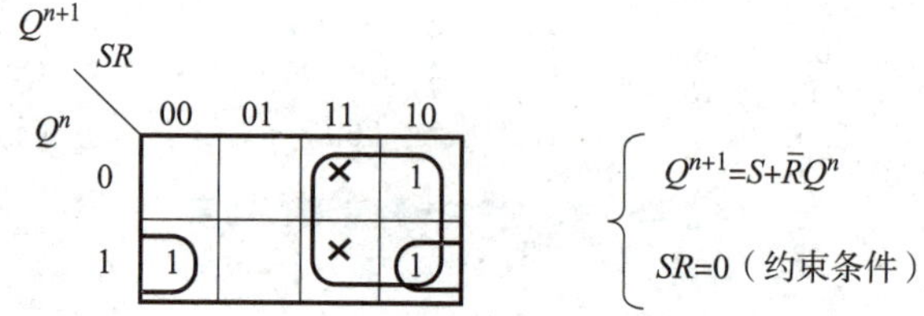

图 5-5　*RS* 触发器次态卡诺图

2）激励表

所谓激励表，是指用表格的形式表达在时钟脉冲作用下，实现初态转换为次态（$Q^n\to Q^{n+1}$）时应有怎样的控制输入条件。RS 触发器激励表如表 5-4 所示。

表 5-4　*RS* 触发器激励表

$Q^n\to Q^{n+1}$	S	R
0→0	0	×
0→1	1	0
1→0	0	1
1→1	×	0

第一行，为实现 $Q^n=0$ 到 $Q^{n+1}=0$ 的状态转换，在时钟脉冲作用下，它的控制输入端 SR 应为 $S=0$，$R=×$（随意）。这个关系从表 5-3 所示的功能真值表中可知，初态 Q^n "0" → 次态 Q^{n+1} "0" 的转换条件分别为 $S=0$，$R=0$ 及 $S=0$，$R=1$，两种输入情况均能实现。可见，控制输入端 $S=0$，而 R 为 0 或 1 均可以，可用随意的符号 "×" 来表示。

第二行，为实现 0→1 状态转换，时钟脉冲作用时的控制输入应为 $S=1$，$R=0$。

第三行，为实现 1→0 状态转换，时钟脉冲作用时的控制输入应为 $S=0$，$R=1$。

第四行，为实现 1→1 状态转换，时钟脉冲作用时的控制输入应为 $S=\times$，$R=0$。

可见激励表是从功能真值表转变来的，它适用于时序逻辑电路的设计。

3）状态图

所谓状态图，是以图形的形式表达在时钟脉冲作用下，状态变化与控制输入之间的关系，也称状态转换图。RS 触发器状态图如图 5-6 所示。

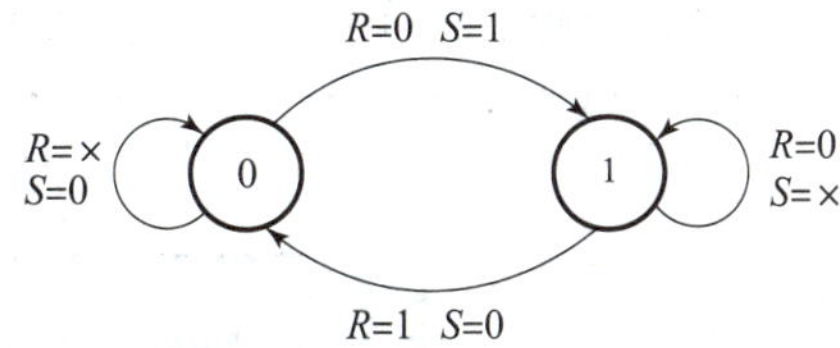

图 5-6　RS 触发器状态图

状态图中的一个圆圈代表触发器的一个状态，对一个 RS 触发器来说，它只有“0”“1”两个状态，因此状态图中只有两个圆圈。即“0”表示 $Q^{n+1}=0$ 状态，“1”表示 $Q^{n+1}=1$ 状态；状态图中的弧线表示状态变化的方向，箭头所指的状态为次态，没有箭头的一端状态为初态，弧线上标明了控制输入 S 和 R 应有的取值，实际上状态图以图形的形式表示了触发器的激励表。

特别提示

RS 触发器的功能真值表、激励表、状态图、卡诺图、特性方程都只是表达 RS 触发器逻辑功能的不同形式而已，它们的实质是一致的。因此，记住其中一种形式（如功能真值表），就可以推出其他的形式，下面 D、JK、T 触发器功能描述与 RS 触发器相似。

5.2.2　D 触发器

由于 RS 触发器存在 $R=S=1$ 时，次态有不定的情况，针对这一问题，将 S 换成 D，R 换成 $\overline{D}$，就得到只有一个输入信号控制端 D，称作 D 触发器，其逻辑图如图 5-7 所示。

D 触发器

图 5-8 所示为 D 触发器状态图，表 5-5 和表 5-6 分别所示为 D 触发器的功能真值表和激励表，而 D 触发器的特性方程显然为 $Q^{n+1}=D$。

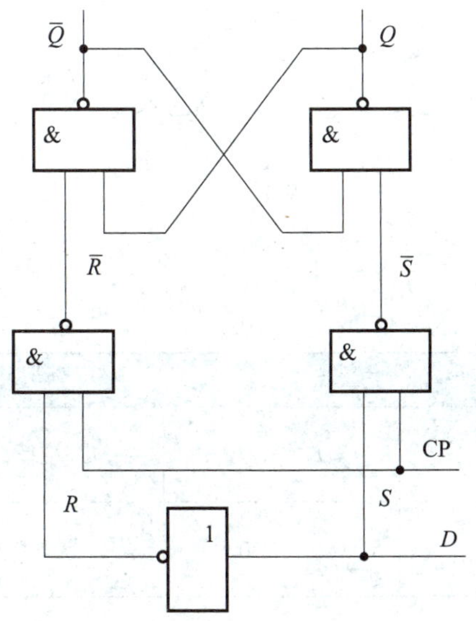

图 5-7　同步式 D 触发器逻辑图

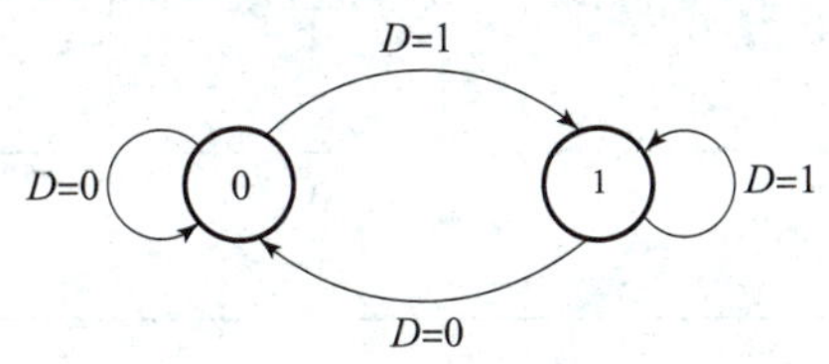

图 5-8　D 触发器状态图

表 5-5　D 触发器功能真值表

D	Q^n	Q^{n+1}	说明
0	0	0	$Q^{n+1}=0$
0	1	0	
1	0	1	$Q^{n+1}=1$
1	1	1	

表 5-6　D 触发器激励表

$Q^n \to Q^{n+1}$	D
0→0	0
0→1	1
1→0	0
1→1	1

5.2.3　JK 触发器

JK 触发器

JK 触发器的控制输入端为 J、K，图 5-9 所示为同步式 JK 触发器逻辑图，图 5-10 所示为 JK 触发器状态图，表 5-7 和表 5-8 分别所示为 JK 触发器功能真值表和激励表，JK 触发器的特性方程为 $Q^{n+1}=J\overline{Q^n}+\overline{K}Q^n$。

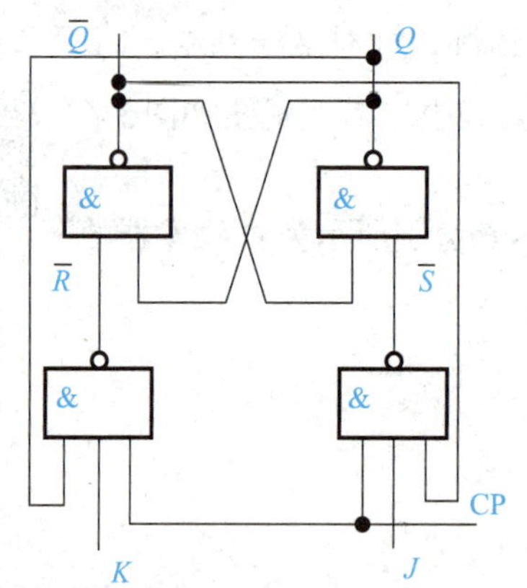

图 5-9　同步式 JK 触发器逻辑图

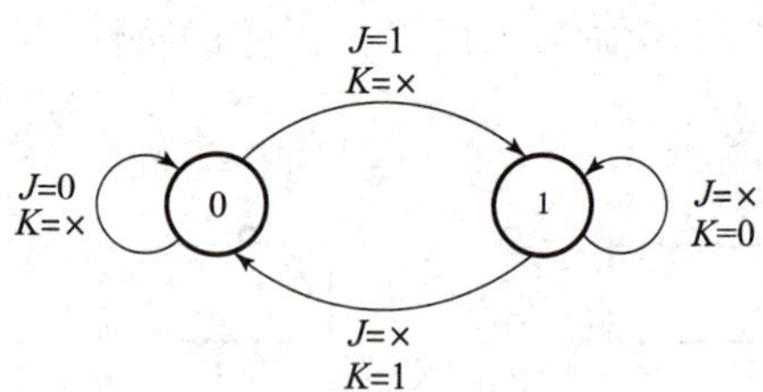

图 5-10　JK 触发器状态图

表 5-7　JK 触发器功能真值表

J　K	Q^n	Q^{n+1}	说明	
0　0	0	0	$Q^{n+1}=Q^n$	维持
0　0	1	1		
0　1	0	0	$Q^{n+1}=0$	置“0”
0　1	1	0		

续表

J	K	Q^n	Q^{n+1}	说明	
1	0	0	1	$Q^{n+1}=1$	置"1"
1	0	1	1		
1	1	0	1	$Q^{n+1}=\overline{Q^n}$	翻转
1	1	1	0		

表 5－8　*JK* 触发器激励表

$Q^n \to Q^{n+1}$	J	K
0→0	0	×
0→1	1	×
1→0	×	1
1→1	×	0

5.2.4　*T* 触发器

T 触发器可看成是 *JK* 触发器在 $J=K$ 条件下的特例，*T* 触发器只有一个控制输入端 *T*。图 5－11 所示为同步式 *T* 触发器逻辑图，图 5－12 所示为 *T* 触发器状态图，表 5－9 所示为 *T* 触发器功能真值表，表 5－10 所示为 *T* 触发器激励表，*T* 触发器的特性方程为 $Q^{n+1}=T\overline{Q^n}+\overline{T}Q^n$。

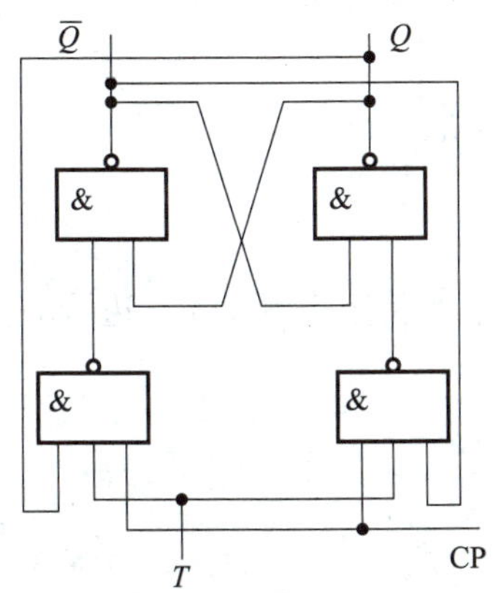

图 5－11　同步式 *T* 触发器逻辑图

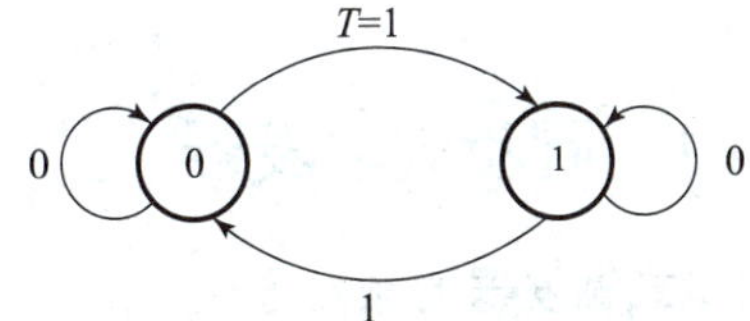

图 5－12　*T* 触发器状态图

表 5－9　*T* 触发器功能真值表

T	Q^n	Q^{n+1}	说明
0	0	0	$Q^{n+1}=Q^n$
0	1	1	
1	0	1	$Q^{n+1}=\overline{Q^n}$
1	1	0	

表 5-10　T 触发器激励表

$Q^n \to Q^{n+1}$	T
0→0	0
0→1	1
1→0	1
1→1	0

T 触发器的逻辑功能可概括为：当 $T=0$ 时，触发器保持原状态不变；当 $T=1$ 时，触发器状态与原状态相反，即 $Q^{n+1}=\overline{Q^n}$。

T'触发器

将 T 触发器或者 JK 触发器的输入端固定接“1”就构成 T' 触发器，故 T' 触发器只具有翻转功能，因此又称“翻转触发器”，它的特性方程即为 $Q^{n+1}=\overline{Q^n}$。

本节为了便于理解和叙述，讨论 RS、JK、D、T 四种功能时，仅以同步时钟触发器为例。实际上，上述讨论的结论完全适用于其他结构形式的时钟触发器（维持阻塞触发器、边沿触发器和主从触发器），它们的功能真值表、激励表、特性方程状态图均与同步式相应功能触发器完全一致。下面就讨论这些不同结构形式的时钟触发器及它们各自的触发方式。

习题 5.2

5.3　时钟触发器

按触发方式分，时钟触发器有四种：同步式触发器、维持阻塞触发器、边沿触发器和主从触发器。

5.3.1　同步式触发器

1. 同步式触发器的触发方式

时钟触发器的各种结构形式中最简单的是同步式触发器。所谓时钟触发器的触发方式是指时钟触发器在 CP 脉冲的什么时该接收控制输入信号，并且可改变状态。触发器的触发方式可以分电平触发和边沿触发，电平触发可分高电平触发或低电平触发，边沿触发可分上升沿触发或下降沿触发。

图 5-13 所示为同步式 D 触发器。在时钟脉冲 CP 为低电平时，门 3、门 4 被封锁，这时，不管控制输入信号 D 是 0 还是 1，它们的输出均为高电平，上面两个与非门 1 和 2 交叉耦合成基本触发器，在 $\overline{S}$、$\overline{R}$ 均为高电平的条件下，不可能改变原先状态。当时钟脉冲 CP 为高电平时，对门 3 和门 4 的封锁解除，它们的输出则由当时的输入数据 D 来决定，若 $D=$

1，则 $\overline{S}=0$，$\overline{R}=1$，基本触发器状态可变为“1”；若 $D=0$，则 $\overline{S}=1$、$\overline{R}=0$，基本触发器状态可变为“0”。可见，同步式 D 触发器属于高电平触发方式。

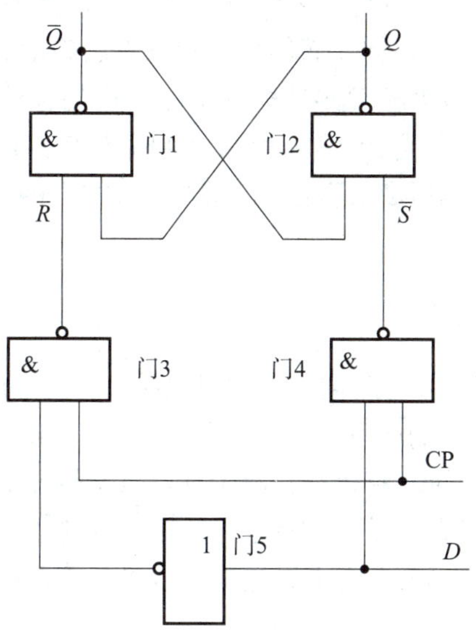

图 5－13　同步式 D 触发器

综上所述，同步式 D 触发器在 CP 高电平期间接收控制信号，并改变状态，这种触发方式称为 CP 高电平触发方式或简称电平触发。

2. 同步式时钟触发器的毛病——空翻

由于同步式时钟触发器的触发方式是 CP 高电平触发，分析可知：若在 CP 高电平期间，控制输入端状态改变，触发器的输出状态也会跟着改变。

如果在一个时钟脉冲作用下，触发器的状态发生了两次或两次以上的翻转，这种现象称为“空翻”。

对于触发器来说，“空翻”意味着失控，也就是说触发器的输出不能严格地按时钟节拍动作。下面就以同步式 D 触发器为例来说明空翻现象。在同步 D 触发器加输入信号 CP、D，并设触发器的初态为“0”，则触发器的输出 Q 端将有如图 5－14 所示的波形。从波形可以看出，在一个时钟脉冲内，触发器输出状态变化了四次，这就是触发器的空翻现象，同步式 D、JK、T 触发器也同样有这种“空翻”现象。

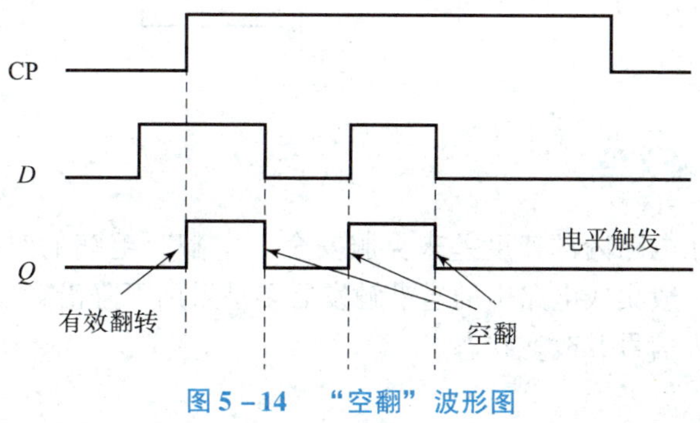

图 5－14　“空翻”波形图

特别是 T 功能触发器，在 $T=1$（或 JK 触发器在 $J=K=1$）时，在 CP 为高电平期间，触发器总是做相反状态变化，由于反馈线的作用，触发器一旦由 0 变成 1 后，就具备了由 1 变成 0 的翻转条件，直到 CP 由 1 变成 0 才停止，因此它们绝不会在一个脉冲期间只改变一次状态，总会在 CP = 1 期间多次翻转，而使最终状态无法确定。

因此，同步式 JK 触发器和 T 触发器是根本不能使用的，而同步式 D 触发器和 RS 触发器只有在 CP = 1 期间时，D 输入或 RS 输入状态不变时才能使用。

人们寻找种种途径解决“空翻”现象，也就是寻求比同步式触发器更完善的结构形式来克服“空翻”毛病。

5.3.2 维持阻塞触发器

维持阻塞触发器是一种利用电路内的维持阻塞线所产生的“维持阻塞”作用来克服“空翻”毛病的时钟触发器，它的触发方式是边沿触发（一般为上升沿触发），即仅在时钟脉冲上升沿按受控制输入信号并改变状态，由于维持阻塞触发器逻辑图及它内部工作情况较复杂，而这一切又与它的外部应用无关，除半导体制造专业人员要很好熟悉它外，在实际应用时，只要牢牢掌握其触发方式为上升沿触发就可以了，因此我们在教材中将这部分内容简略了。

应用案例

维持阻塞 D 触发器（具有 D 功能的维持阻塞触发器），其初始状态为“1”。已知 CP、D 的波形如图 5-15 所示，请画出 Q 和 $\overline{Q}$ 的波形。

解：维持阻塞 D 触发器为上升沿触发方式，却不会产生“空翻”现象，由 D 触发器功能真值表，画出图 5-15 所示 Q 和 $\overline{Q}$ 的波形。

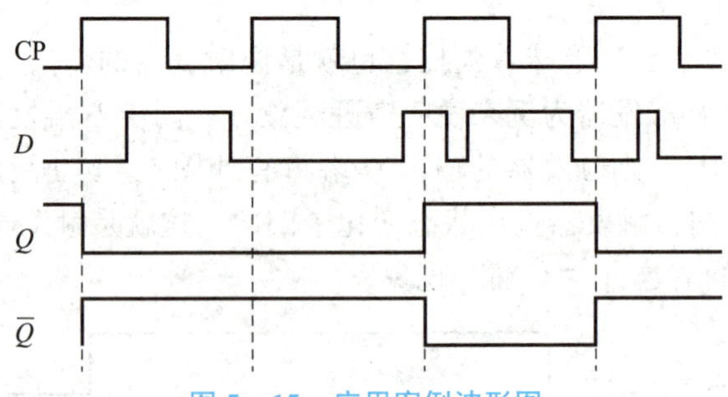

图 5-15　应用案例波形图

5.3.3 边沿触发器

边沿触发器是利用电路内部速度差来克服安全“空翻”毛病的时钟触发器。它的触发方式是边沿触发，在一般集成电路中的边沿触发器多是采用下降沿触发方式的，仅在 CP 下降沿时刻接收控制输入信号并改变状态。

应用案例

下降沿触发的 JK 功能边沿触发器，其初始状态为“0”，在已知的 CP、J、K 波形作用下，试画出其输出 Q 和 $\overline{Q}$ 的波形，如图 5－16 所示。

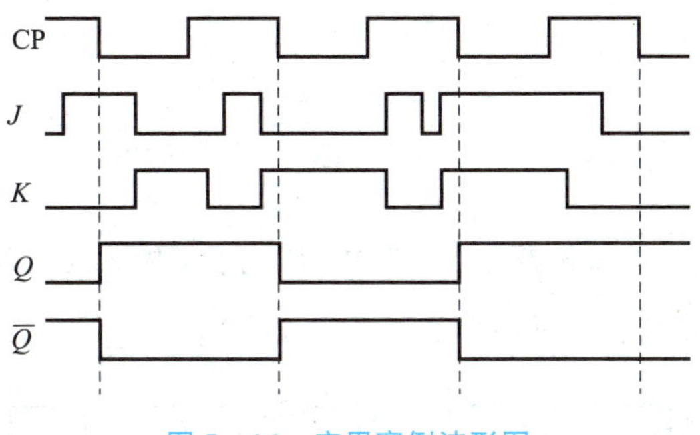

图 5－16　应用案例波形图

5.3.4　主从触发器

主从触发器具有主从结构，并以双拍工作方式工作。图 5－17 所示为主从 JK 触发器逻辑图。它由主触发器、从触发器和非门三个部分组成，$Q_{主}$和$\overline{Q}_{主}$为内部输出端，Q 和 $\overline{Q}$ 是触发器输出端。

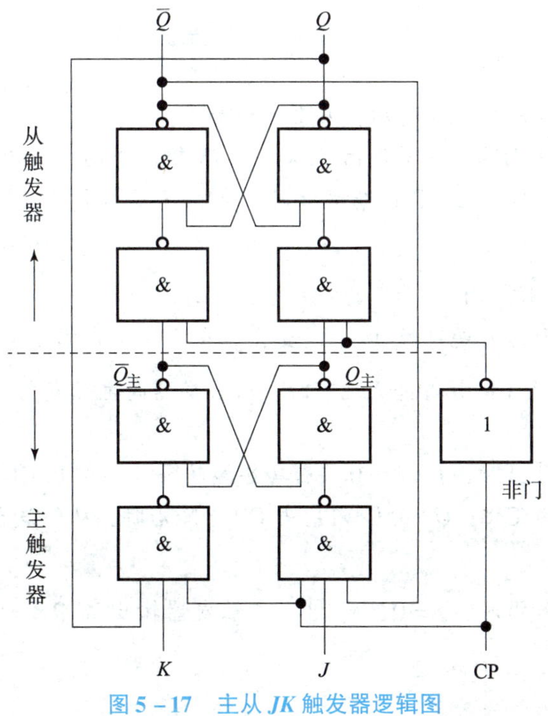

图 5－17　主从 JK 触发器逻辑图

主从触发器在一个时钟脉冲作用下工作过程分为两个阶段，即双拍工作方式。

(1) CP 高电平期间主触发器接收控制输入信号。主触发器和从触发器都是同步式触发器。当 CP = 1（高电平）时，主触发器接收控制输入信号并改变状态。与此同时，从触发器 CP = 0（低），从触发器被封锁，保持原状态不变。

(2) 在 CP 下降沿（负跳变时刻），主触发器开始被封锁，保持原状态不变。与此同时，从触发器 CP 从 0 变 1，从触发器的封锁被解除，取与主触发器一致的状态——向主触发器看齐。

应用案例

一个主从 *JK* 触发器，初始状态为 0，其中 CP、*J*、*K* 输入波形如图 5 – 18 所示，试画出 Q 和 $\overline{Q}$ 波形（为分析的方便，同时画出主触发器波形）。

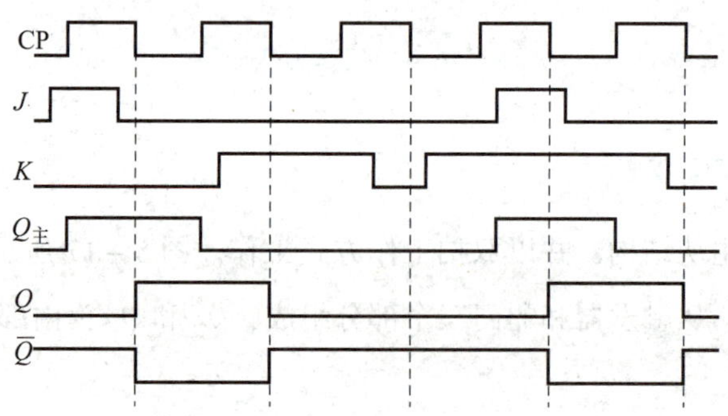

图 5 – 18　主从 *JK* 触发器波形图

解：Q、$\overline{Q}$ 的波形如图 5 – 18 所示，波形分析如下：

每个 CP 脉冲高电平期间，主触发器可以根据 *JK* 输入端的情况以及 *JK* 功能真值表，改变一次主触发器的状态 $Q_{主}$。当 CP 由高变低时，从触发器向主触发器看齐，即 Q 的状态由此时的 $Q_{主}$ 决定，$\overline{Q}$ 由 $\overline{Q}_{主}$ 决定。

图 5 – 18 中第一个脉冲 CP 上升沿时，$J = 1$，$K = 0$，具备 $Q_{主} = 1$，$\overline{Q}_{主} = 0$ 的条件，因此主触发器输出在 CP 上升沿时就可做 0→1 的变化。在 CP = 1 期间 J 虽然由 1→0，但 $Q_{主}$ 一旦翻转，状态就不变了，当 CP 由高变低跳变时，从触发器向主触发器看齐，Q 由 0→1，$\overline{Q}$ 由 1→0。

第二个脉冲 CP 上升沿时，$J = K = 0$，不具备翻转条件。但在 CP = 1 期间，因 K 由 0→1，此时 $Q_{主}$ 做由 1→0 的变化，$\overline{Q}_{主}$ 由 0→1；当 CP 下降沿时，从触发器向主触发器看齐，即 Q 由 1→0，$\overline{Q}$ 由 0→1。

第三个脉冲 CP 上升沿时，$J = 0$，$K = 1$，主触发器输出端 $Q_{主} = 0$，当 CP = 1 时，K 由 1→0。

特别提示

主从触发器因其主从触发方式，在 CP 高电平期间，主触发器可接收控制输入信号，并改变状态，在 CP 下降沿，从触发器向主触发器看齐，请注意这种触发方式与下降沿触发方式的区别。主从触发器在一个时钟脉冲作用下，从触发器的状态最多改变一次，因此克服了“空翻”的毛病。

5.4　集成触发器

习题 5.3

现代半导体制作工艺可以将一个或多个触发器集成在一块芯片上，构成集成触发器。集成触发器大多具有时钟控制端，并具备直接置位和复位功能。

5.4.1　时钟触发器的直接置位和直接复位

除了时钟脉冲输入端 CP、控制输入端及触发器输出端外，绝大多数实际的触发器电路有以下两个输入端：$\overline{S}_D$ 直接置位输入端（或称作“直接置 1 端”）和 $\overline{R}_D$ 直接复位输入端（或称“直接置 0 端”）。

直接置 1 端和直接置 0 端的工作原理如下：

当 $\overline{S}_D=1$、$\overline{R}_D=1$ 时，它们对触发器工作无影响，触发器的状态由 CP 和输入控制端决定。

当 $\overline{S}_D=0$、$\overline{R}_D=1$ 时，不管 CP 和控制输入端如何，触发器状态均被置 1。

当 $\overline{S}_D=1$、$\overline{R}_D=0$ 时，不管 CP 和控制输入端如何，触发器状态均被置 0。

当 $\overline{S}_D=0$、$\overline{R}_D=0$ 时，Q 和 $\overline{Q}$ 输出全为 1，当负脉冲同时消失后，触发器的状态不定，此种状态应避免出现。

由此可见，时钟触发器可以通过以下两种途径改变状态：

(1) 不管 CP 和控制输入信号如何，通过直接置位端 $\overline{S}_D$ 和直接复位端 $\overline{R}_D$ 改变状态。

(2) 在 $\overline{S}_D$，$\overline{R}_D$ 为 1 状态时，通过时钟脉冲 CP 和控制输入改变状态。

5.4.2　集成触发器

1. 双 *D* 触发器 74LS74

74LS74 集成芯片是一个带置位、复位输入端，上跳沿触发的双 *D* 触发器，它有 14 个引脚，其引脚逻辑图如图 5-19 所示，表 5-11 所示为 74LS74 *D* 触发器功能真值表。

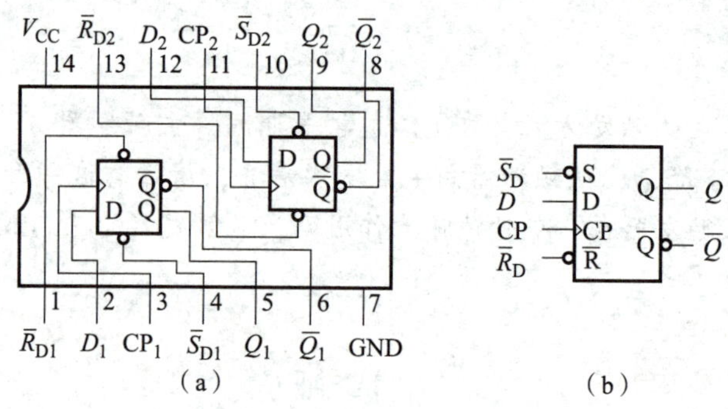

图 5-19 74LS74 双 *D* 触发器引脚逻辑图

(a) 74LS74 引脚图；(b) 74LS74 逻辑符号

表 5-11 74LS74 *D* 触发器功能真值表

输入				输出	
$\bar{S}_D$	$\bar{R}_D$	D	CP	Q	$\bar{Q}$
0	0	×	×	1	1
0	1	×	×	1	0
1	0	×	×	0	1
1	1	1	↑	1	0
1	1	0	↑	0	1

2. 双 *JK* 触发器 74LS112

74LS112 集成芯片是一个带置位、复位输入端，下跳沿触发的双 *JK* 触发器，它的引脚逻辑图如图 5-20 所示，表 5-12 所示为 74LS112 双 *JK* 触发器功能真值表。

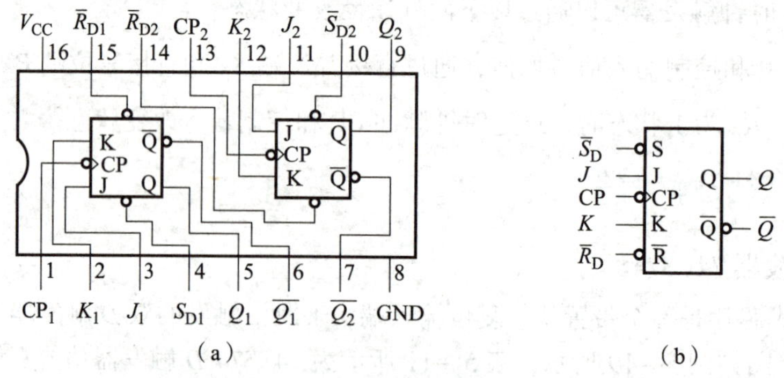

图 5-20 74LS112 双 *JK* 触发器引脚逻辑图

(a) 74LS112 引脚图；(b) 74LS112 逻辑符号

表 5-12 74LS112 双 *JK* 触发器功能真值表

输入					输出	
$\overline{S}_D$	$\overline{R}_D$	J	K	CP	Q	$\overline{Q}$
0	0	×	×	×	1	1
0	1	×	×	×	1	0
1	0	×	×	×	0	1
1	1	0	0	↓	Q^n	$\overline{Q^n}$
1	1	0	1	↓	0	1
1	1	1	0	↓	1	0
1	1	1	1	↓	$\overline{Q^n}$	Q^n

5.4.3 触发器的主要应用

触发器是构成时序逻辑电路的基本单元，通过各种触发器的相互连接，就可以实现具有一定功能的逻辑电路。

1. 触发器构成分频器

如图 5-21 所示，将触发器输出端 $\overline{Q}$ 与输入端 D 相连，在输入时钟脉冲 CP 的作用下，试分析触发器输出端 Q 的波形图。

由 D 触发器连接图可知，D 触发器为上升沿触发，D 触发器特性方程是 $Q^{n+1}=D$，而 $D=\overline{Q^n}$，则 $Q^{n+1}=\overline{Q^n}$。

根据 D 触发器功能，D 触发器在输入时钟脉冲 CP 的上升沿作用下，来一次 CP 就与 D 触发器原状态相反，波形图如图 5-22 所示，这样就实现了将时钟脉冲信号 CP 的二分频，又称“两分频电路”，即 Q 的波形周期是 CP 的 2 倍，同时 D 触发器的此种电路连接方式又构成 T' 触发器，即翻转触发器。

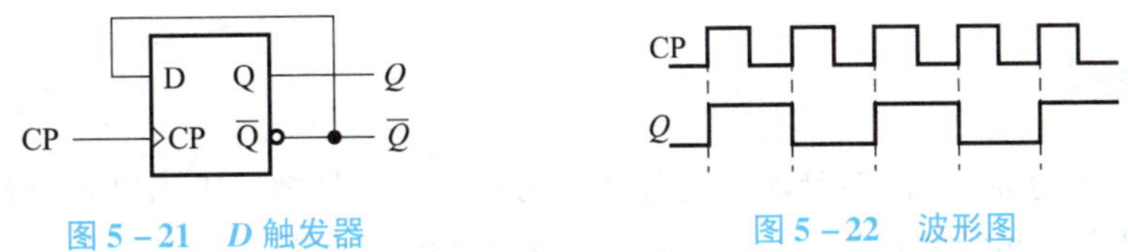

图 5-21 *D* 触发器　　图 5-22 波形图

2. 各种类型触发器之间的相互转换

触发器按功能可分为 RS、D、JK、T 触发器，分别对应有各自的特性方程，在实际应用中，有时可以将一种类型的触发器转换为另一种类型的触发器。下面介绍几种转换方式。

1）*JK* 触发器转换为 *D* 触发器

JK 触发器的特性方程：$Q^{n+1}=J\overline{Q^n}+\overline{K}Q^n$，待求的 D 触发器的特性方程：$Q^{n+1}=D$，转换时，可将 D 触发器的特性方程变换成与 JK 触发器特性方程相似的形式：

$$Q^{n+1}=D=D\left(Q^n+\overline{Q^n}\right)=DQ^n+D\overline{Q^n}=J\overline{Q^n}+\overline{K}Q^n$$

可见，若 $J=D$，$K=\overline{D}$，则可利用 JK 触发器完成 D 触发器的逻辑功能，转换逻辑图如

图 5－23 所示。

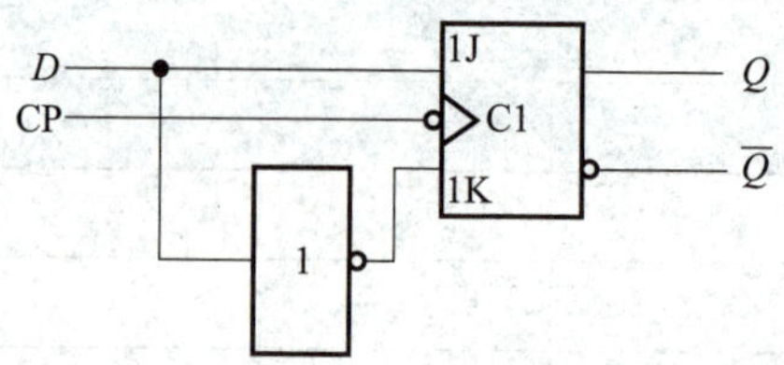

图 5－23　*JK* 触发器转换为 *D* 触发器的逻辑图

2）*D* 触发器转换 *JK* 触发器

已知 *D* 触发器特性方程为 $Q^{n+1}=D$，待求的 *JK* 触发器特性方程为 $Q^{n+1}=J\overline{Q^n}+\overline{K}Q^n$，整个触发器的输入应为 *J*，*K*，则 $D=J\overline{Q^n}+\overline{K}Q^n$，其转换的逻辑图如图 5－24 所示。

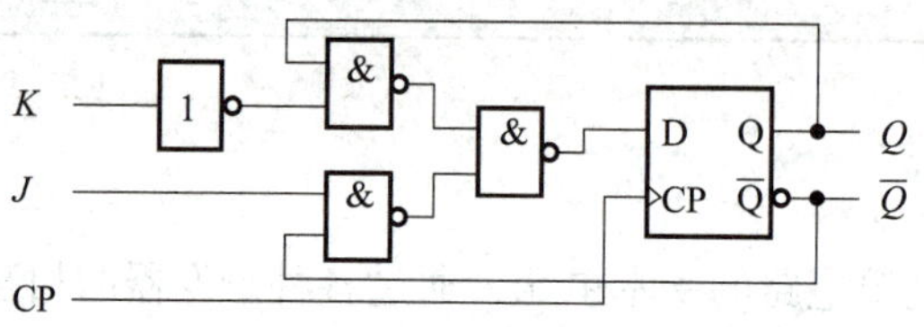

图 5－24　*D* 触发器转换为 *JK* 触发器逻辑图

3）*D* 触发器转换为 *T* 触发器

已知 *T* 触发器的特性方程为 $Q^{n+1}=T\overline{Q^n}+\overline{T}Q^n$，而 *D* 触发器的特性方程为 $Q^{n+1}=D$，将两个方程对比，可得到：$D=T\overline{Q^n}+\overline{T}Q^n$，由 *D* 触发器转换为 *T* 触发器的逻辑图如图 5－25 所示。

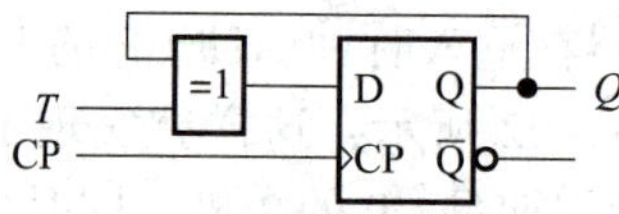

图 5－25　*D* 触发器转换为 *T* 触发器的逻辑图

知识拓展

双相时钟脉冲电路：用 *JK* 触发器及与非门构成双相时钟脉冲电路，此电路是用来将时钟脉冲 CP 转换成两相时钟脉冲 CP_A 及 CP_B，其频率相同、相位不同，如图 5－26 所示。

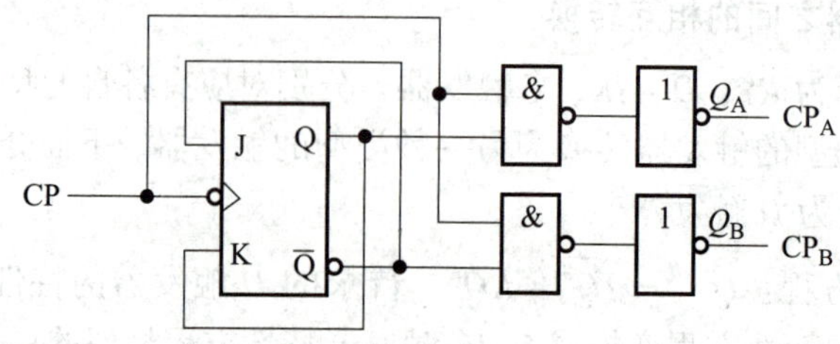

图 5－26　双相时钟脉冲电路图

先导案例解决

霓虹彩灯不同的亮灭闪烁频率可以通过触发器的分频来实现。例如，采用 D 触发器和 JK 触发器都可以构成两分频器；两个触发器级连就可构成四分频器；三个触发器级连就可构成八分频器；可以看出，将 N 个触发器级连就可构成 2^N 分频器。因此，只要选择合适的时钟脉冲源，通过触发器进行适当的分频，就可以控制各色霓虹彩灯的不同亮灭闪烁频率了。

任务训练

一、基本触发器功能测试

1. 实验目的

（1）理解由与非门构成的基本触发器的工作原理。

（2）掌握基本触发器的逻辑功能。

2. 实验器材

（1）多功能数字逻辑电路实验箱一台。

（2）74LS00 四 -2 输入与非门集成芯片一块。

（3）数字式万用表一块。

3. 实验内容及步骤

（1）选择 74LS00 的两个与非门组成基本 RS 触发器，其电路图如图 5－27 所示，将输入端接逻辑电平开关，输出端接逻辑电平指示灯。

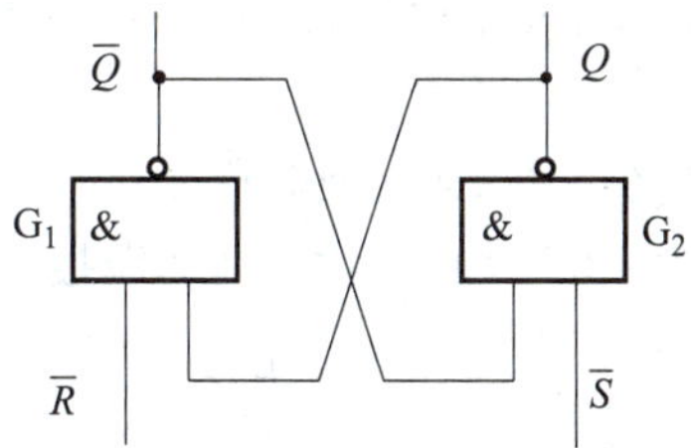

图 5－27　基本触发器电路图

（2）按表 5－13 要求进行测试，观察逻辑电平指示灯结果并记录。

表 5－13　基本触发器逻辑功能表

$\overline{S}$	$\overline{R}$	Q^n	Q^{n+1}
1	1	0	
1	1	1	
0	1	0	
0	1	1	
1	0	0	

续表

$\overline{S}$	$\overline{R}$	Q^n	Q^{n+1}
1	0	1	
0	0	0	
0	0	1	

（3）根据结果进行分析，当 $\overline{S}=0$，$\overline{R}=1$ 时，触发器被置______；当 $\overline{S}=1$，$\overline{R}=0$ 时，触发器被置______；当 $\overline{S}=\overline{R}=1$ 时，触发器状态为______；当 $\overline{S}=\overline{R}=1$ 时，触发器状态为______，所以基本 *RS* 触发器具有________、________和________三种功能。

二、双 *D* 触发器 74LS74 逻辑功能测试及应用

1. 实验目的

（1）理解并掌握 74LS74 直接置位端和直接复位端的用法。

（2）熟练掌握 74LS74 的功能及应用。

（3）掌握用 *D* 触发器构成翻转触发器的方法。

2. 实验器材

（1）多功能数字逻辑电路实验箱一台。

（2）74LS74 双 *D* 触发器集成芯片一块。

（3）数字式万用表一块。

3. 实验内容及步骤

（1）测试 $\overline{S_D}$、$\overline{R_D}$ 的复位功能：任取一个 *D* 触发器，使 $\overline{S_D}$、$\overline{R_D}$、*D* 端接逻辑电平开关，CP 端接单次脉冲源，*Q* 和 $\overline{Q}$ 端接逻辑电平指示灯。要求改变 $\overline{S_D}$、$\overline{R_D}$（*D* 处于任意状态），并在 $\overline{S_D}=1$，$\overline{R_D}=0$ 时或 $\overline{S_D}=0$，$\overline{R_D}=1$ 时的作用期间任意改变 *D* 及 CP 的状态，观察 *Q*、$\overline{Q}$ 状态。

（2）按图 5－28 所示进行接线，依表 5－14 通过 $\overline{S_D}$、$\overline{R_D}$ 分别将触发器异步置“0”和“1”态，改变 *D* 的激励值分别为“0”“1”，并在 CP 端接入单次脉冲。测试触发器的次状态，将实验结果填入表 5－14 中。

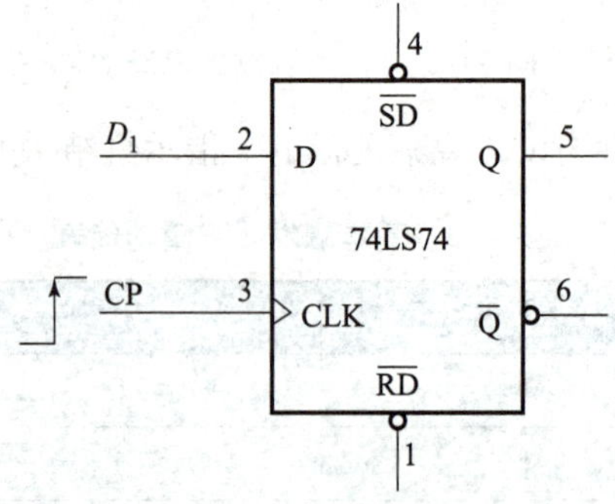

图 5－28　*D* 触发器功能测试图

表 5-14 *D* 触发器功能测试表

CP 单次	原状态 Q^n	激励值 D (D_1)	次状态 Q^{n+1}	次状态 $\overline{Q^{n+1}}$
↑	0	0		
	1	0		
	0	1		
	1	1		

（3）根据测试结果，填写完整表 5-15 *D* 触发器的真值表，并写出特性方程。

表 5-15 *D* 触发器真值表

输入 CP	激励 D	次态 Q^{n+1}
↑	0	
	1	

（4）如图 5-29 所示，将 *D* 触发器的 $\overline{Q}$ 与 *D* 相连构成翻转触发器（两分频电路），然后按动单次脉冲，观察每按动一次单次脉冲，*Q* 所连接的电平指示灯的变化情况。

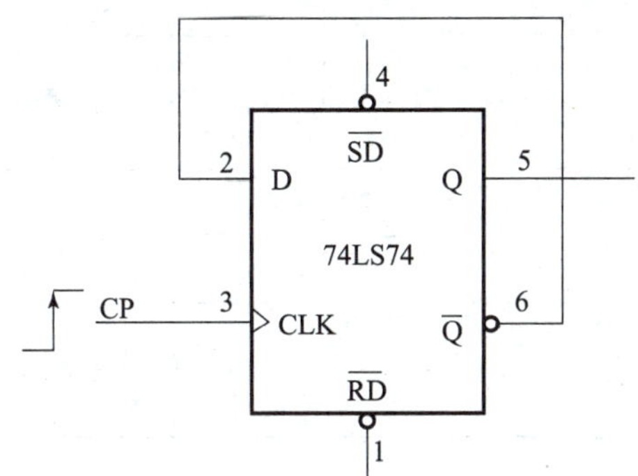

图 5-29 *D* 触发器构成翻转触发器

三、双 *JK* 触发器 74LS112 逻辑功能测试及应用

1. 实验目的

（1）理解并掌握 74LS112 直接置位端和直接复位端的用法。

（2）熟练掌握 74LS112 的功能及应用。

（3）掌握用 *JK* 触发器构成翻转触发器的方法，分频电路设计测试。

2. 实验器材

（1）多功能数字逻辑电路实验箱一台。

（2）74LS112 双 *JK* 触发器集成芯片一块。

（3）数字式万用表一块。

3. 实验内容及步骤

（1）测试 $\overline{S}_D$、$\overline{R}_D$ 的复位功能：测试方法同 74LS74。

（2）测试 JK 触发器逻辑功能：按图 5－30 所示进行接线，根据表 5－16，通过 $\overline{S}_D$、$\overline{R}_D$ 分别将触发器异步置“0”和“1”态。通过逻辑电平开关改变 J、K 的激励值。在 CP 端通入单次脉冲，测试触发器的状态，将实验结果填入表 5－16 中。

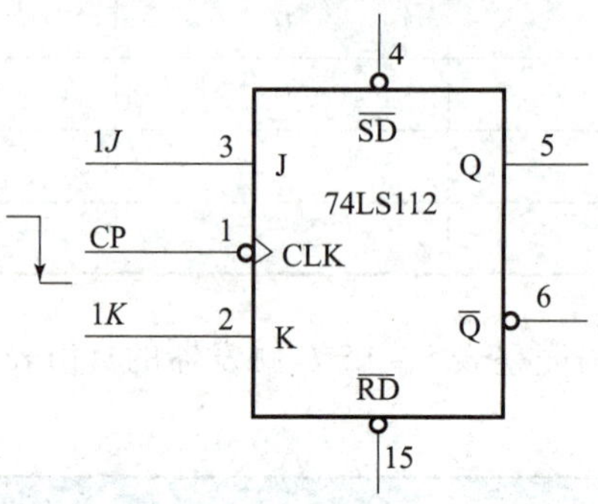

图 5－30　74LS112 功能测试图

表 5－16　双 JK 触发器功能测试表

CP“↓”	原状态 Q^n	激励值 J	激励值 K	次状态 Q^{n+1}	次状态 $\overline{Q^{n+1}}$
单次脉冲	0	0	0		
	1				
	0	0	1		
	1				
	0	1	0		
	1				
	0	1	1		
	1				

（3）写出 JK 触发器的特性方程，并将 JK 触发器的四种逻辑功能填入表 5－17。Q^{n+1} = ____________。

表 5－17　JK 触发器逻辑功能

CP	J	K	Q^{n+1}
单次脉冲	0	0	
	0	1	
	1	0	
	1	1	

（4）将 JK 触发器 J 和 K 端连在一起并接入高电平“1”，构成翻转触发器，然后按动单次脉冲，观察每按动一次单次脉冲，L_1 电平指示灯的变化情况。

习题 5.4

【本章小结】

1. 触发器是构成时序逻辑电路的基本组成单元，具有记忆功能。

2. 触发器有以下两个基本性质：

(1) 在一定条件下，触发器可维持在两种稳定状态（0或1状态）之一而保持不变。

(2) 在一定的外加信号作用下，触发器可从一个稳定状态转变到另一个稳定状态。

3. 描述触发器逻辑功能的方法主要有功能真值表、特性方程、激励表、状态转换图和波形图（又称时序图）等。

4. 按照结构不同，触发器可分为基本触发器（电平触发）、同步触发器（电平触发）、维持阻塞触发器（常用上升沿触发）、边沿触发器（常用下降沿触发）、主从触发器（主从触发）。

根据逻辑功能的不同，触发器可分为 *RS* 触发器、*D* 触发器、*JK* 触发器、*T* 触发器。

5. 各种触发器表达形式如表 5－18 所示。

表 5－18　各种触发器表达形式

功能	*RS* 触发器		*JK* 触发器		*D* 触发器		*T* 触发器	
功能真值表	*S R*	Q^{n+1}	*J K*	Q^{n+1}	*D*	Q^{n+1}	*T*	Q^{n+1}
	0 0	Q^n	0 0	Q^n	0	0	0	Q^n
	0 1	0	0 1	0	1	1	1	$\overline{Q}^n$
	1 0	1	1 0	1				
	1 1	×	1 1	$\overline{Q}^n$				

功能	Q^n	Q^{n+1}	*S R*	Q^n	Q^{n+1}	*J K*	Q^n	Q^{n+1}	*D*	Q^n	Q^{n+1}	*T*
激励表	0	0	0 ×	0	0	0 ×	0	0	0	0	0	0
	0	1	1 0	0	1	1 ×	0	1	1	0	1	1
	1	0	0 1	1	0	× 1	1	0	0	1	0	1
	1	1	× 0	1	1	× 0	1	1	1	1	1	0

功能	*RS* 触发器	*JK* 触发器	*D* 触发器	*T* 触发器
状态转换图	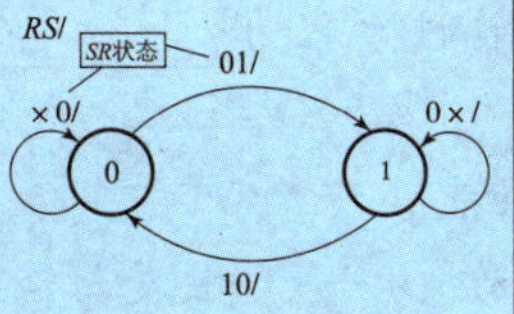 RS/ SR状态；0→1：01/；0→0：×0/；1→1：0×/；1→0：10/	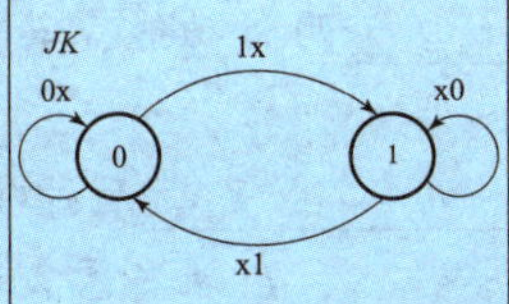 JK；0→1：1x；0→0：0x；1→1：x0；1→0：x1	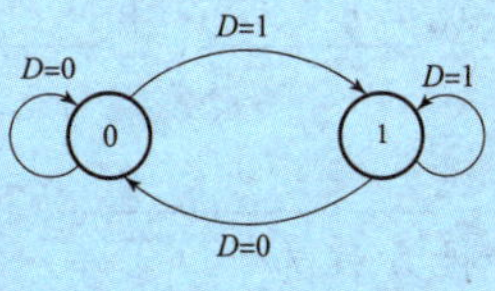 0→1：D=1；0→0：D=0；1→1：D=1；1→0：D=0	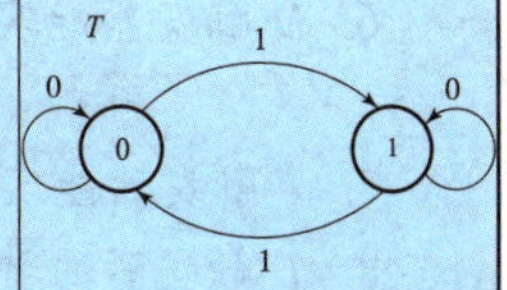 T；0→1：1；0→0：0；1→1：0；1→0：1
特性方程	$\begin{cases} Q^{n+1}=S+\overline{R}Q^n \\ SR=0 \text{（约束条件）} \end{cases}$	$Q^{n+1}=J\overline{Q^n}+\overline{K}Q^n$	$Q^{n+1}=D$	$Q^{n+1}=T\overline{Q^n}+\overline{T}Q^n$

6. 在使用集成触发器时，要注意其直接置位端$\overline{S_D}$、直接复位端$\overline{R_D}$的使用。

7. 关于各种功能触发器的逻辑符号如表5－19所示。

表5－19　触发器的逻辑符号

触发器类型	由与非门构成的基本 *RS* 触发器	由或非门构成的基本 *RS* 触发器	同步式时钟触发器（以 *RS* 功能触发器为例）	维持阻塞触发器和上升沿触发的边沿触发器（以 *D* 功能触发器为例）	边沿式触发器及下降沿触发的维持阻塞触发器（以 *JK* 功能触发器为例）	主从式触发器（以 *JK* 功能触发器为例）
惯用符号	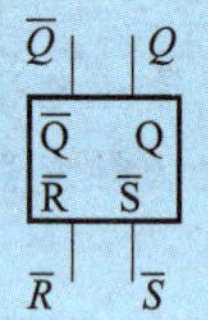 $\overline{Q}$ Q；$\overline{Q}$ Q $\overline{R}$ $\overline{S}$；$\overline{R}$ $\overline{S}$	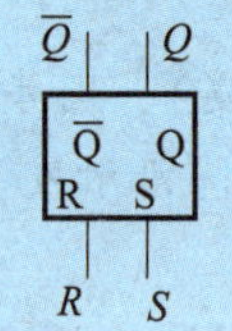 $\overline{Q}$ Q；$\overline{Q}$ Q R S；R S	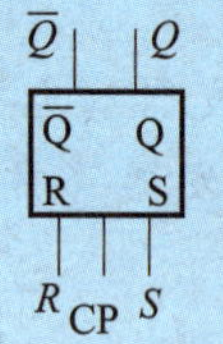 $\overline{Q}$ Q；$\overline{Q}$ Q R S；R CP S	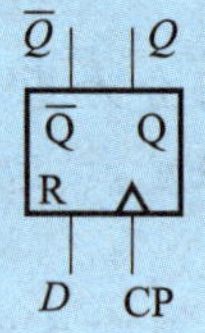 $\overline{Q}$ Q；$\overline{Q}$ Q R；D CP	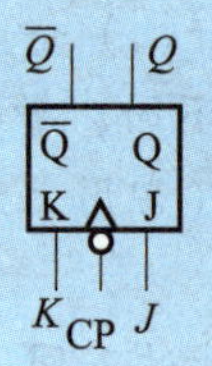 $\overline{Q}$ Q；$\overline{Q}$ Q K J；K CP J	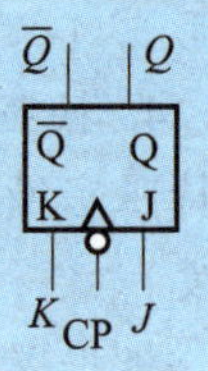 $\overline{Q}$ Q；$\overline{Q}$ Q K J；K CP J
新标准符号	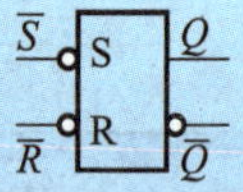 $\overline{S}$ S Q；$\overline{R}$ R $\overline{Q}$	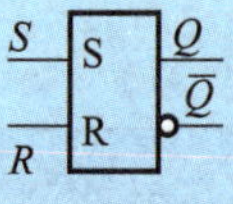 S S Q；R R $\overline{Q}$	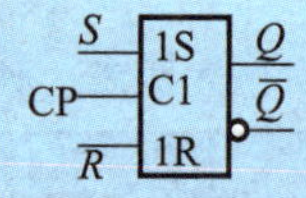 S 1S Q；CP C1 $\overline{Q}$；R 1R	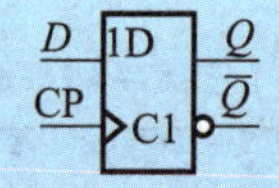 D 1D Q；CP C1 $\overline{Q}$	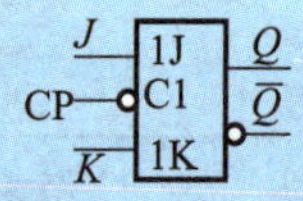 J 1J Q；CP C1 $\overline{Q}$；K 1K	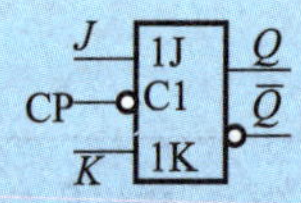 J 1J Q；CP C1 $\overline{Q}$；K 1K

【习　题】

1. 触发器根据逻辑功能来分，可分为________触发器、________触发器、________触发器和________触发器。

2. 与非门构成的基本 *RS* 触发器，输入信号$\overline{S}=1$，$\overline{R}=0$，该触发器处于________状态。

3. 在一个CP脉冲作用下，引起触发器两次或多次翻转的现象称为触发器________。

4. 触发器有__________个稳态，存储1位二进制信息要__________个触发器。

5. 同步 *RS* 触发器的特性方程为________________，其约束方程为______________。

6. *D* 触发器能实现__________和__________两种功能，其特性方程为__________________。

7. *T* 触发器能实现______________和______________两种功能。

8. *T′* 触发器的特性方程为________________，*T′* 触发器又称________触发器，同时又是______分频电路。

9. *JK* 触发器的特性方程为__________________，若要将 *JK* 触发器构成翻转触发器，应使 *JK* 触发器的 $J=$______，$K=$______，将 *JK* 触发器改为 *T* 触发器的方法是________。

10. 四个触发器构成的8421 BCD码共有（　　）个无效状态。

A. 10　　　　B. 16　　　　C. 6

11. 所谓下降沿触发，是指触发器的输出状态变化是发生在（　　）。

A. CP 从 1 变为 0 时　　B. CP 从 0 变为 1 时　　C. CP =0 期间

12. 根据图 5-31 中给出的 CP、J 和 K 波形，画出下降沿触发时的 JK 触发器的 Q 端波形，设触发器的初始状态为 0。

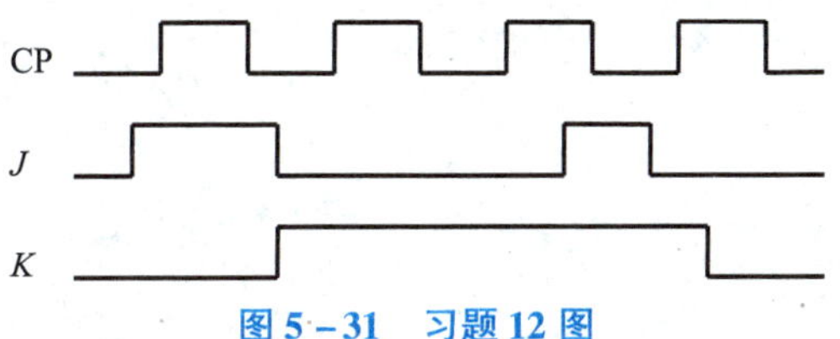

图 5-31　习题 12 图

13. 据图 5-32 中给出的 CP、D 波形，画出上升沿触发时的 D 触发器 Q 端波形，设触发器的初始状态为 0。

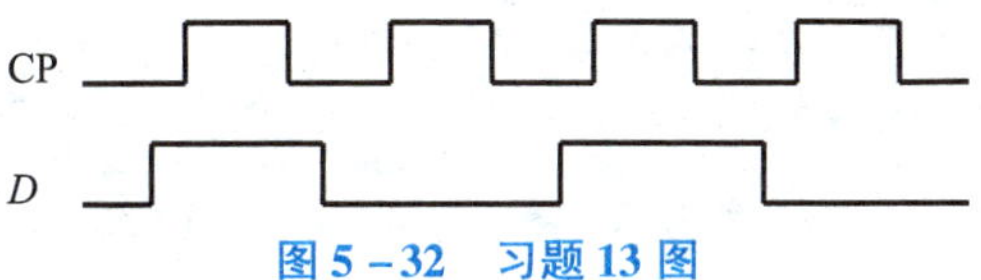

图 5-32　习题 13 图

14. 如图 5-33 所示，画出 D 触发器 Q 端波形，设触发器的初始状态为 0。

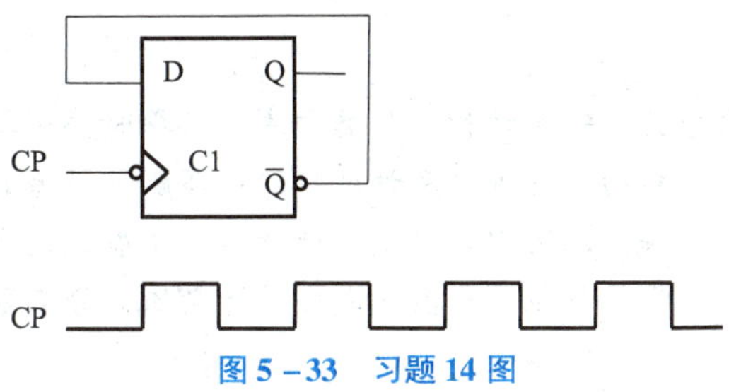

图 5-33　习题 14 图

第6章 时序逻辑电路

学习目标

理解时序逻辑电路的含义、一般结构和分类方法；掌握时序逻辑电路的分析方法及分析步骤；掌握同步时序逻辑电路的设计方法及设计步骤；理解计数器的功能和分类方法，掌握二进制计数器电路的设计方法，以及中规模集成计数器的扩展应用方法；理解寄存器和移位寄存器的概念及分类方法，掌握移位寄存器构成各种计数器和分频器的方法。

先导案例

日常生活中钟表的时、分、秒是按照什么规律正常走时的呢？在数字电路系统中又如何设计钟表的正常走时功能呢？

6.1 时序逻辑电路概述

时序逻辑电路（Sequential Logic Circuit）指的是在任一时刻电路的输出不仅取决于该时刻电路的输入，且与电路过去的输入有关的逻辑电路。因此，时序逻辑电路必须具备输入信号的存储电路，以便此信号在下一时刻起作用，时序逻辑电路的基本电路单元是触发器。

6.1.1 时序逻辑电路的一般结构

时序逻辑电路结构框图如图 6－1 所示，与组合逻辑电路相比较，时序逻辑电路在结构上有下列两个特点：

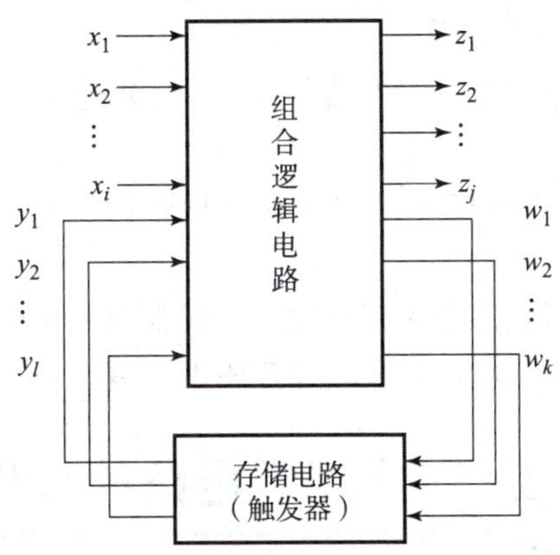

图 6－1　时序逻辑电路结构框图

(1) 除有组合逻辑电路外，时序逻辑电路中还有触发器等器件构成的存储电路，因此具有记忆过去输入信号的功能；

(2) 存储电路的状态（图 6－1 中的 y_1、$y_2 \cdots y_l$）反馈到输入端，与输入信号共同决定其组合部分的输出（图 6－1 中的 z_1、$z_2 \cdots z_j$）。

在图 6－1 中，时钟信号省略，X（x_1，x_2，…，x_i）代表输入信号，Z（z_1，z_2，…，z_j）代表输出信号，W（w_1，w_2，…，w_k）代表存储电路的驱动信号，Y（y_1，y_2，…，y_l）代表存储电路的输出状态。这些信号之间的逻辑关系可以用下列三个方程来表示。

X（x_1，x_2，…，x_i）——输入信号　　　Z（z_1，z_2，…，z_j）——输出信号

W（w_1，w_2，…，w_k）——驱动信号　　　Y（y_1，y_2，…，y_l）——输出状态

驱动方程：$W(t_n)=H[X(t_n),Y(t_n)]$

状态方程：$Y(t_{n+1})=G[W(t_n),Y(t_n)]$

输出方程：$Z(t_n)=F[X(t_n),Y(t_n)]$

方程中的 t_n、t_{n+1} 表示两个相邻的离散时间，$Y(t_n)$ 一般表示存储电路各触发器输出的现时状态，简称现态或初态；$Y(t_{n+1})$ 则描述了存储电路下一个工作周期（来过一个时钟脉冲以后）的状态，简称次态。

6.1.2　时序逻辑电路的一般分类

1. 根据电路结构分类

米莱型（Mealy 型）电路：电路的现时输出 $Z(t_n)$ 取决于存储电路的现时状态 $Y(t_n)$ 及现时输入 $X(t_n)$，而现时状态 $Y(t_n)$ 则与过去的输入有关。即 $Z(t_n)$ 取决于 $X(t_n)$ 和 $Y(t_n)$，而 $Y(t_n)$ 又与 $X(t_n)$ 有关。

穆尔型（Moore 型）电路：电路的现时输出 $Z(t_n)$ 只与存储电路的现时状态 $Y(t_n)$ 有关，而与现时输入 $X(t_n)$ 无关，电路结构较简单。因此，其输出方程可改写为 $Z(t_n)=F[Y(t_n)]$。

从电路的角度来说，米莱型电路只是组合电路部分比较复杂而已，组合电路的分析、设计前面已经介绍过，因此，这两种电路（米莱型和穆尔型）的分析和设计过程基本是一致的。

2. 根据时钟脉冲的作用方式分类

同步时序电路：存储电路中所有触发器共用一个 CP 脉冲，则各触发器状态的变化同时发生。

异步时序电路：存储电路中有一个以上的 CP 脉冲，从而导致各触发器翻转时刻不一致。

同步时序电路中各触发器状态变化都在同一个控制脉冲 CP 作用下同时发生，因此不易产生瞬间的逻辑混乱，但结构一般比异步时序逻辑电路复杂。

6.2 时序逻辑电路的分析

时序逻辑电路的分析是指对给定的时序逻辑电路，分析其在一系列输入信号的作用下，将会产生怎样的输出，从而说明该电路逻辑功能的过程。

时序逻辑电路的分析与组合逻辑电路的分析有很大区别，组合逻辑电路分析的任务是根据已知电路，写出输出对应于与输入的逻辑函数表达式；时序逻辑电路分析的任务是根据已知电路，找出状态 $Y(t_n)$ 转换的规律及输出 $Z(t_n)$ 变化的规律。

6.2.1 时序逻辑电路的分析方法

时序逻辑电路的分析方法如下。

（1）分析目的：分析得到时序电路的逻辑功能。

（2）分析任务：分析状态 $Y(t_n)$（每个触发器的输出状态）和输出 $Z(t_n)$ 在 CP 时钟作用下的变化规律。

（3）分析方法：数学分析法（得到三个方程：输出方程、驱动方程、状态方程）。

6.2.2 时序逻辑电路的分析步骤

时序逻辑电路的分析步骤如下：

（1）确定时序电路的类型（同步时序电路或异步时序电路）。

（2）根据电路写出各触发器的驱动方程和时钟方程（写时钟方程只是对于异步时序电路）。

（3）写出各触发器的状态方程（将各触发器的驱动方程代入特性方程，得到各触发器的次态 Q^{n+1} 的逻辑表达式）。

（4）根据电路写出输出方程。

（5）推出状态转换真值表、状态转换图、波形图（可任选一种形式）。

（6）总结时序电路的逻辑功能，检查电路是否具有自启动功能。

6.2.3 同步时序逻辑电路分析举例

例 6－1 分析图 6－2 所示同步时序电路的逻辑功能，电路中的各触发器为 TTL 边沿 *JK* 触发器。

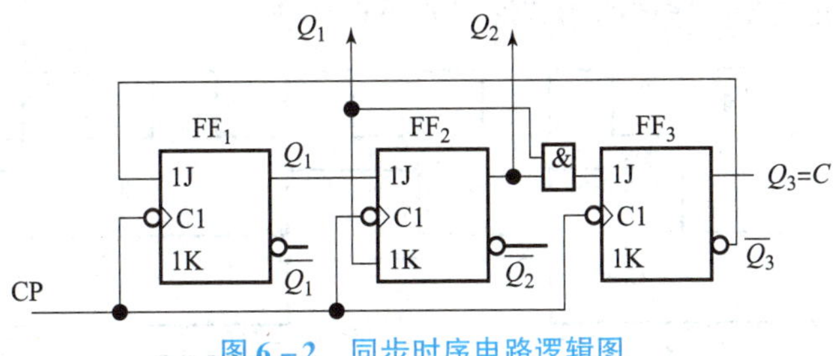

图 6-2 同步时序电路逻辑图

解：（1）确定此电路是一个同步时序电路。

（2）写驱动方程：$J_1=\overline{Q_3^n}$，$K_1=1$

$J_2=Q_1^n$，$K_2=Q_1^n$

$J_3=Q_1^n\cdot Q_2^n$，$K_3=1$

（3）写状态方程：$Q^{n+1}=J\overline{Q^n}+\overline{K}Q^n$

$Q_1^{n+1}=\overline{Q_3^n Q_1^n}$ ，$Q_2^{n+1}=Q_1^n\overline{Q_2^n}+\overline{Q_1^n}Q_2^n=Q_1^n\oplus Q_2^n$ ，$Q_3^{n+1}=\overline{Q_3^n}Q_2^n\cdot Q_1^n$

（4）写输出方程：$C=Q_3^n$

（5）状态转换真值表：此同步时序电路的状态转换真值表如表 6-1 所示。

表 6-1 状态转换真值表

CP	Q_3^n Q_2^n Q_1^n	Q_3^{n+1} Q_2^{n+1} Q_1^{n+1}	C
1	0 0 0	0 0 1	0
2	0 0 1	0 1 0	0
3	0 1 0	0 1 1	0
4	0 1 1	1 0 0	0
5	1 0 0	0 0 0	1
1	1 0 1	0 1 0	1
1	1 1 0	0 1 0	1
1	1 1 1	0 0 0	1

（6）状态转换图：此同步时序电路的状态转换图如图 6-3 所示。

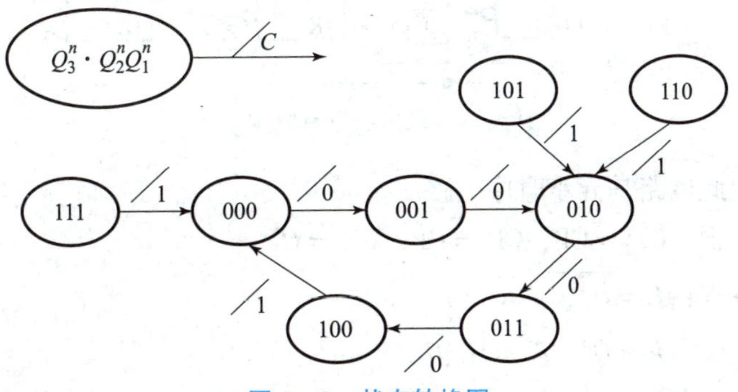

图 6-3 状态转换图

（7）波形图：此同步时序电路的波形图如图6－4所示。

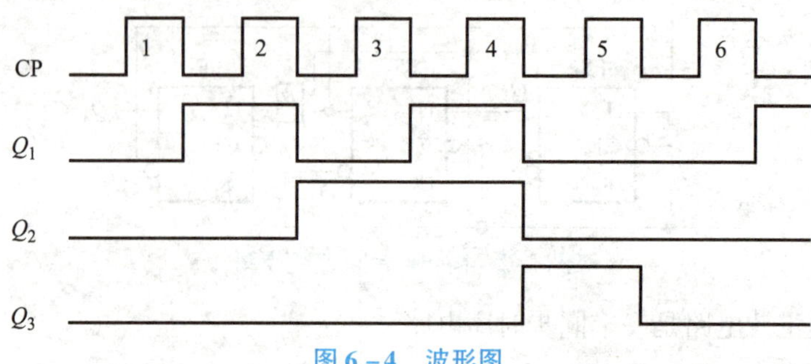

图6－4　波形图

（8）逻辑功能：此电路是一个来五个脉冲循环一周的时序电路，当电路处于任一无效状态时，在时钟信号作用下均能进入有效状态，故其功能是一个具备自启动功能的五进制加计数器，C 是进位。

特别提示

时序逻辑电路自启动功能：当电路处于任一无效状态时，若能在时钟信号作用下进入有效状态，称该电路具有自启动功能；否则，该电路无自启动功能。

时序电路的分析过程重点是分析得到时序电路的三个方程，只要三个方程明确得到，就能够分析得到时序电路的逻辑功能。时序电路的卡诺图、状态转换真值表、状态转换图、波形图等都只是描述时序电路逻辑功能的不同表达形式而已，在电路分析过程中，可以任意选择不同表达形式对时序逻辑电路的功能进行分析。

6.2.4　异步时序逻辑电路分析举例

例6－2　分析图6－5所示异步时序电路的逻辑功能，电路中的各触发器为TTL边沿 JK 触发器。

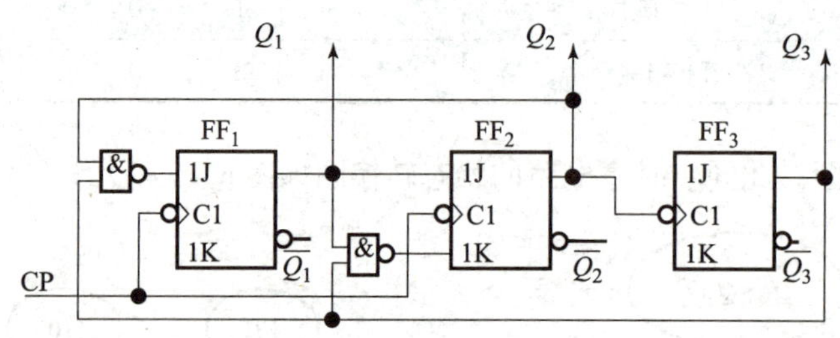

图6－5　异步时序电路逻辑图

解：（1）确定此电路是异步时序电路。

（2）写时钟方程：$CP_1 = CP$，$CP_2 = CP$，$CP_3 = Q_2^n$

（3）写驱动方程：$J_1 = \overline{Q_2^n Q_3^n}$，$K_1 = 1$

$J_2 = Q_1^n$，$K_2 = \overline{Q_1^n Q_3^n}$

$J_3 = 1$，$K_3 = 1$

（4）写状态方程：$Q_1^{n+1}=\overline{Q_2^n Q_3^n Q_1^n}$

$$Q_2^{n+1}=Q_1^n\overline{Q_2^n}+Q_1^nQ_2^nQ_3^n$$

$Q_3^{n+1}=\overline{Q_3^n}$（$Q_2$ 由 1→0 有效）

（5）状态转换真值表：此异步时序电路的状态转换真值表如表 6－2 所示。

表 6－2　状态转换真值表

CP	Q_3^n　Q_2^n　Q_1^n	Q_3^{n+1}　Q_2^{n+1}　Q_1^{n+1}
1	0　0　0	0　0　1
2	0　0　1	0　1　0
3	0　1　0	1　0　1
4	1　0　1	1　1　0
5	1　1　0	0　0　0
1	0　1　1	1　0　0
2	1　0　0	1　0　1
1	1　1　1	1　1　0

（6）状态转换图：此异步时序电路的状态转换图如图 6－6 所示。

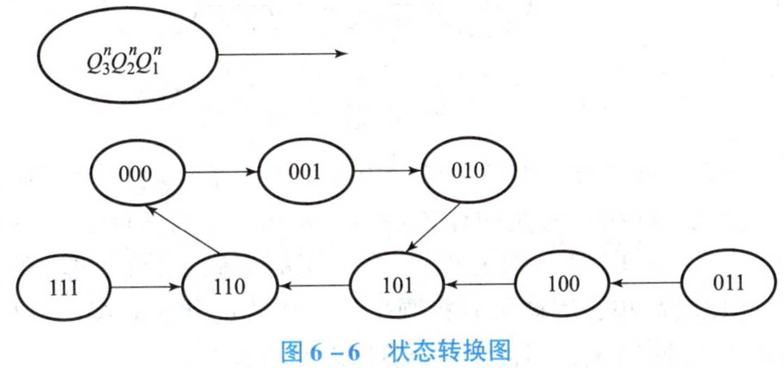

图 6－6　状态转换图

（7）逻辑功能：此时序电路是一个具有自启动功能的异步五进制计数器。

6.3　时序逻辑电路的设计

根据设计要求提出的任务，画出满足功能要求的逻辑电路，称为时序逻辑电路的设计。一般来说，时序逻辑电路的设计比组合逻辑电路的设计要复杂得多，本节我们仅介绍同步时序逻辑电路的设计。

6.3.1　同步时序逻辑电路的设计步骤

同步时序逻辑电路的一般设计步骤如下：

（1）分析设计要求，建立原始状态转换图或状态转换表。

（2）进行状态化简，求出最简状态图。

（3）进行状态分配。

（4）选定触发器的类型，求出输出方程、状态方程和驱动方程。

（5）画出逻辑电路图。

（6）检查电路能否自启动。

6.3.2 同步时序逻辑电路的设计举例

例 6-3 设计一个同步七进制计数器，要求它按自然态序变化（按二进制加计数规律变化），且用维持阻塞 D 触发器构成。

解：（1）首先根据设计要求，画出同步七进制计数器的状态转换图，如图 6-7 所示；此电路为七进制计数器，当然有七个不同的状态，即 $S_0 \sim S_6$，并且不能进行状态化简。

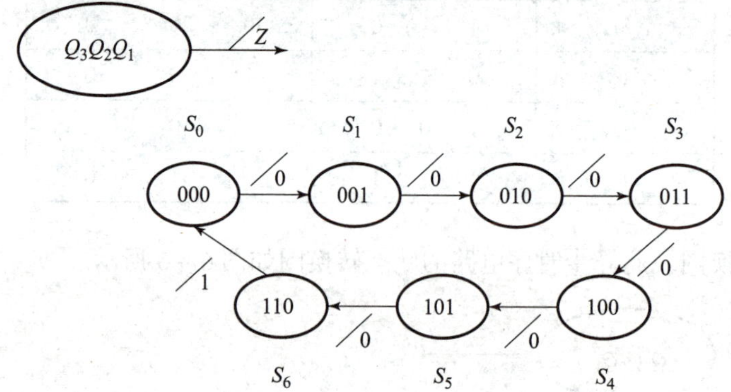

图 6-7 七进制计数器状态转换图

（2）进行状态分配，由于 $2^2 < M(7) < 2^3$，故选定触发器个数 $n=3$；根据设计要求，该触发器按自然态序变化，即按二进制加计数编码，因此，设 $S_0=000$，$S_1=001$，$S_2=010$，$S_3=011$，$S_4=100$，$S_5=101$，$S_6=110$，另一个不用的编码“111”即为随意态（无效状态）。由于状态分配比较简单，因此可直接画出编码形式的状态转换图，如图 6-7 所示，图中的输出 Z 表示由 S_6 回到 S_0，即计满七个脉冲以后的进位。

（3）求输出方程、状态方程和驱动方程；根据设计要求，选用维持阻塞 D 触发器构成的时序逻辑电路，其特性方程为 $Q^{n+1}=D$。

由图 6-7 所示的状态转换图，可画出输出 Z 的卡诺图和各触发器的次态卡诺图，如图 6-8 所示。

化简这些卡诺图，可得

输出方程：$Z=Q_3^nQ_2^n$

状态方程：
$$Q_3^{n+1}=Q_3^n\overline{Q_2^n}+Q_2^nQ_1^n$$
$$Q_2^{n+1}=\overline{Q_2^n}Q_1^n+\overline{Q_3^n}Q_2^n\overline{Q_1^n}$$
$$Q_1^{n+1}=\overline{Q_2^n}\,\overline{Q_1^n}+\overline{Q_3^n}\,\overline{Q_1^n}$$

由于维持阻塞 D 触发器特性方程为

$$Q^{n+1}=D$$

故可得各触发器驱动方程如下：

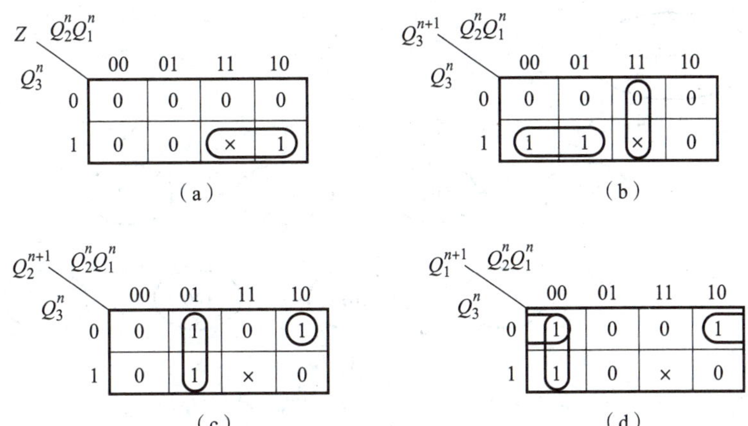

图 6－8　输出卡诺图及各触发器次态卡诺图

(a) 输出 Z 卡诺图；(b) Q_3^{n+1} 卡诺图；(c) Q_2^{n+1} 卡诺图；(d) Q_1^{n+1} 卡诺图

$$D_3 = Q_3^{n+1} = Q_3^n\overline{Q_2^n} + Q_2^nQ_1^n$$

$$D_2 = Q_2^{n+1} = \overline{Q_2^n}Q_1^n + \overline{Q_3^n}Q_2^n\overline{Q_1^n}$$

$$D_1 = Q_1^{n+1} = \overline{Q_2^n}\overline{Q_1^n} + \overline{Q_3^n}\overline{Q_1^n}$$

(4) 画出逻辑电路图。

根据输出方程、驱动方程及选定的触发器类型，可画出符合设计要求的同步时序逻辑电路，如图 6－9 所示。

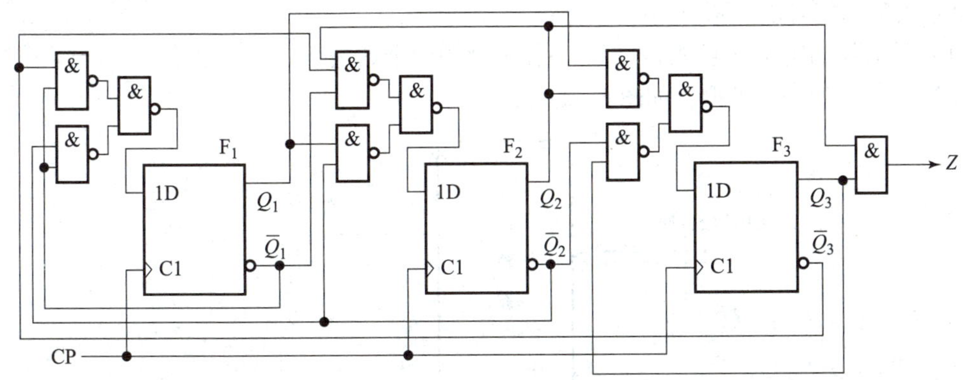

图 6－9　同步七进制加计数器逻辑电路

(5) 检查电路有无自启动功能。

若该电路一旦进入无效状态“111”，当来一个 CP 脉冲时，$Q_3^{n+1} = Q_3^n\overline{Q_2^n} + Q_2^nQ_1^n = 1$，$Q_2^{n+1} = \overline{Q_2^n}Q_1^n + \overline{Q_3^n}Q_2^n\overline{Q_1^n} = 0$，$Q_1^{n+1} = \overline{Q_2^n}\overline{Q_1^n} + \overline{Q_3^n}\overline{Q_1^n} = 0$，因此可进入有效状态“100”（$S_4$ 状态），此时输出 $Z = Q_3^nQ_2^n = 1$，故图 6－9 所示的时序逻辑电路具有自启动功能，可画出包括无效状态在内的状态转换图，如图 6－10 所示。

异步时序电路的设计方法较多，随意性较大，因此，本书仅在下节内容中介绍二进制异步计数器的设计，以及应用中规模集成芯片构成任意进制计数器。

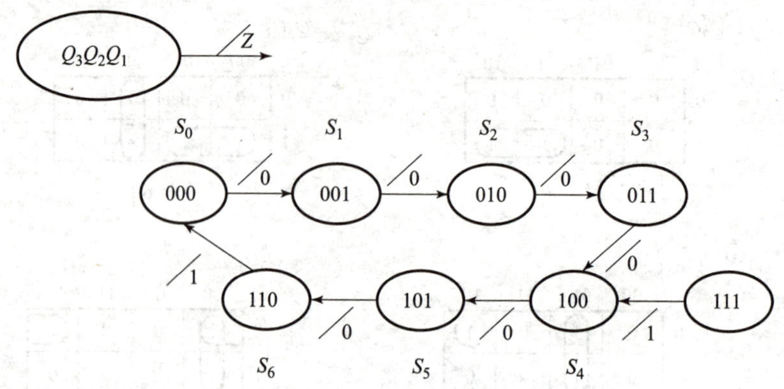

图 6-10　包括无效状态的状态转换图

6.4　计数器

在计算机和数字系统中，常常需要对输入脉冲个数累加，计数器（counter）就是用来计算输入脉冲个数的数字部件，若要实现对数字的测量、运算和控制，一般都要用到计数器，计数器是数字系统中应用最广泛的数字部件之一。

6.4.1　计数器的功能

计数器的功能有以下两点。

（1）计数器的定义（功能）：能够对输入脉冲的个数进行统计的电路。

（2）计数器的基本模型，如图 6-11 所示。

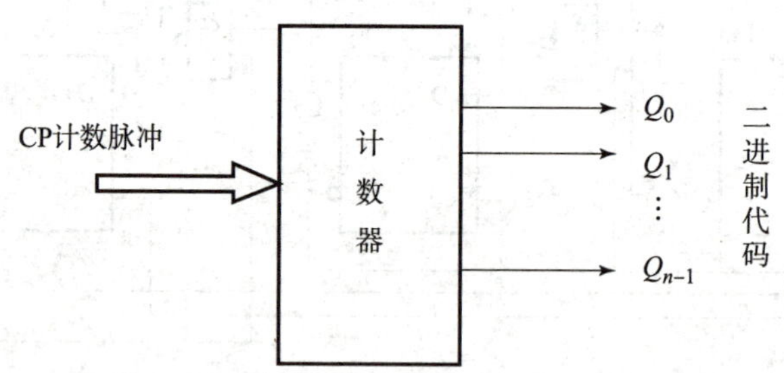

图 6-11　计数器模型图

例如，一个五进制计数器，来五个脉冲循环一次，输出二进制代码 000 ~ 100，则需要三位输出 $Q_0 \sim Q_2$ 来表示。

6.4.2　计数器的分类

1. 按数制分类

1）二进制计数器

在输入脉冲的作用下，计数器按自然态序循环经历 2^n 个独立状态，称为二进制计数器或 M 进制计数器；$M = 2^n$（M——模数，n——触发器的个数）。

2）非二进制计数器

计数器在计数时所经历的独立状态数小于 2^n，称为非二进制计数器或 M 进制计数器。$M<2^n$，如十进制计数器，$M=10$，则 $n=4$。

2. 按计数增减趋势分类

（1）加计数器：每输入一个脉冲就进行一次加 1 运算的计数器，称加计数器。

（2）减计数器：每输入一个脉冲就进行一次减 1 运算的计数器，称减计数器。

（3）可逆计数器：既可做加运算，也可做减运算的计数器。但不能同时进行，必须有控制信号作用，从而某一时刻做加运算或减运算。

3. 按计数脉冲输入方式分类

（1）同步计数器：将计数脉冲引至计数器所有触发器的 CP 输入端，应翻转的触发器能同时翻转的计数器。

（2）异步计数器：将计数脉冲不引至计数器所有触发器的 CP 输入端，应翻转的触发器不能同时翻转的计数器。

6.4.3 二进制计数器

1. 异步二进制计数器

1）异步三位二进制加计数器（$n=3$，$M=8$）

分析：三位二进制加计数器状态转换真值表如表 6－3 所示。

表 6－3 三位二进制加计数器状态转换真值表

输入脉冲序列	Q_2 Q_1 Q_0
0	0 0 0
1	0 0 1
2	0 1 0
3	0 1 1
4	1 0 0
5	1 0 1
6	1 1 0
7	1 1 1
8	0 0 0

（1）最低位 Q_0 来一个脉冲翻转一次，应直接与 CP 脉冲相连。

（2）次高位 Q_1 在 Q_0 由 1→0 变化时翻转一次，即低位 Q_0 产生进位 1 而自身变为 0 时使 Q_1 发生翻转。

（3）最高位 Q_2 在其相邻低位产生进位（Q_1 由 1→0）时翻转。

结论：

（1）要构成异步二进制加计数器，只需用具有 T' 功能（翻转功能）的触发器构成计数器的每一位。

（2）关于各个触发器的时钟信号，最低位触发器的时钟脉冲输入端接计数脉冲（时钟脉冲源 CP），其他位触发器的时钟输入端应在相邻低位由 1→0 变化（低位进位）时翻转，则接相邻低位的 Q 端或 $\overline{Q}$ 端。

（3）接相邻低位的 Q 端或 $\overline{Q}$ 端依触发器的触发方式而定。

上升沿触发方式：0→1 时刻触发，而翻转时刻应是相邻低位的 Q 端由 1→0 变化，则此时脉冲输入端应接相邻低位的 $\overline{Q}$ 端，其逻辑电路如图 6－12 所示，其波形图如图 6－13 所示。

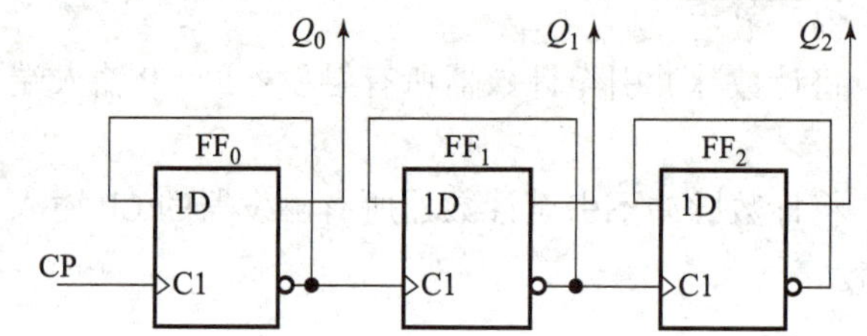

图 6－12　异步三位二进制加计数器的逻辑电路（上升沿触发方式）

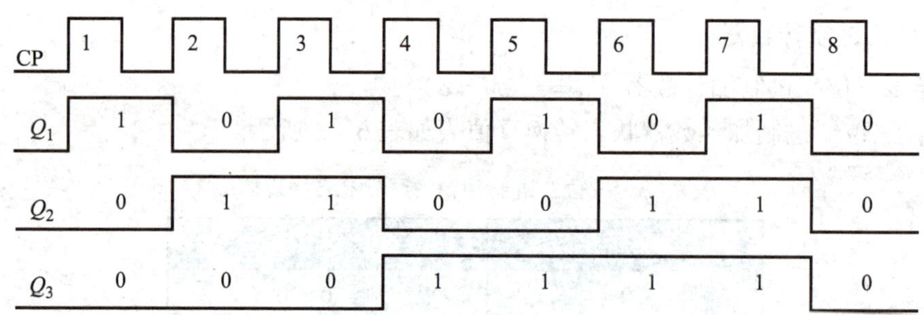

图 6－13　上升沿触发波形图

由图 6－13 可以看出，最高位触发器输出波形的周期是 CP 信号的 8 倍，则频率是 CP 信号频率的 1/8，因此三位二进制加计数器又称八分频计数器。

加计数器

下降沿触发方式：1→0 时刻触发，而翻转时刻也是相邻低位的 Q 端由 1→0 变化，则此时脉冲输入端应接相邻低位的 Q 端，其逻辑电路如图 6－14 所示，其波形图如图 6－15 所示。

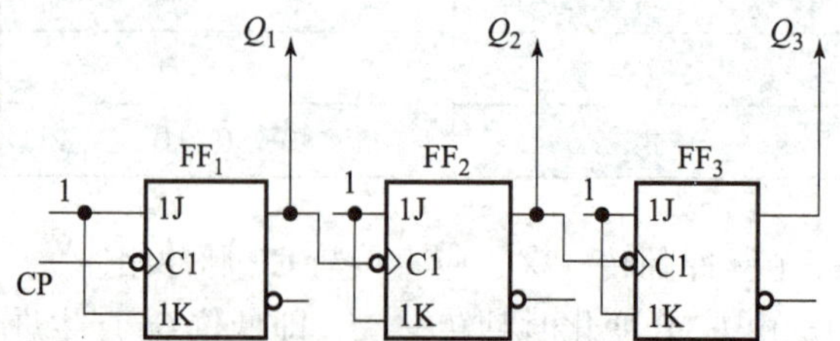

图 6－14　异步三位二进制加计数器逻辑电路（下降沿触发方式）

八进制加计数器状态转换图如图 6－16 所示，上升沿触发方式与下降沿触发方式的状态转换图一致。

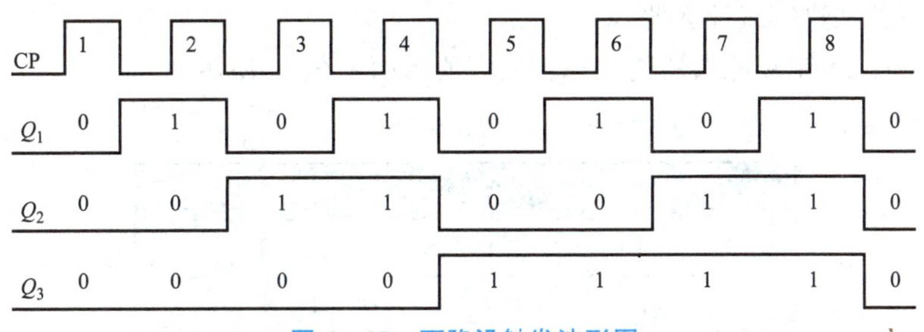

图 6－15　下降沿触发波形图

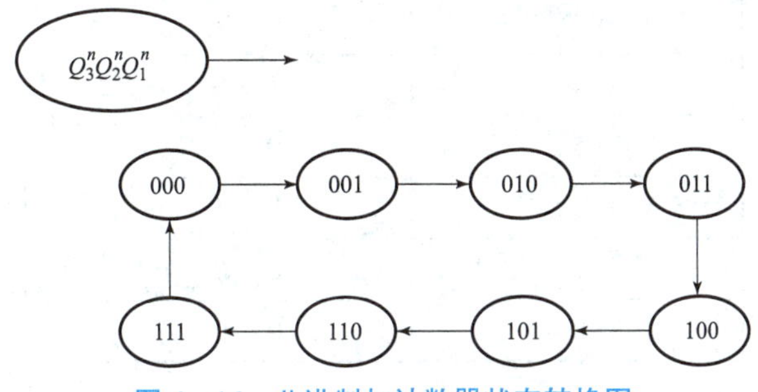

图 6－16　八进制加计数器状态转换图

特别提示

设计异步二进制加计数器，当低位触发器输出为 1，此时再来一个时钟脉冲，需向高位触发器进位，则低位触发器输出为 1→0，因此，高位触发器的时钟输入应在相邻低位触发器由 1→0 变化时刻翻转，即此刻低位触发器的输出向高位进位；若触发器为上升沿触发方式，则此时脉冲输入端应接相邻低位的 $\overline{Q}$ 端，若触发器为下降沿触发方式，则此时脉冲输入端正好接相邻低位的 Q 端。

应用拓展

若计数器的位数增加，异步二进制加计数器该如何设计？

若计数器的位数要增加，则增加的高位处理方法与 FF_2 和 FF_1 一样，首先增加的触发器应为 T' 功能，然后在其 CP 脉冲输入端接入相邻低位的 $\overline{Q}$ 端或 Q 端，接 $\overline{Q}$ 端还是 Q 端的原则是：在其相邻低位做由 1→0 变化时，该触发器能获得触发信号而翻转。如图 6－17 所示，就是四个触发器构成的异步四位二进制（十六进制）加计数器。

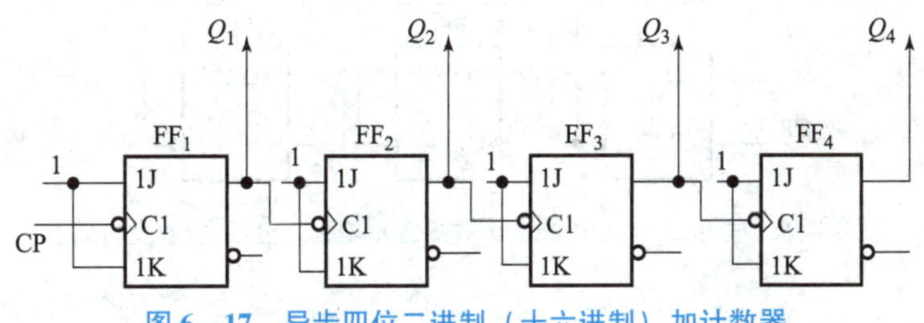

图 6－17　异步四位二进制（十六进制）加计数器

2）异步三位二进制减计数器

分析：三位二进制减计数器的状态转换真值表如表 6－4 所示。

表 6－4　三位二进制减计数器的状态转换真值表

输入脉冲序列	Q_2　Q_1　Q_0
0	0　0　0
1	1　1　1
2	1　1　0
3	1　0　1
4	1　0　0
5	0　1　1
6	0　1　0
7	0　0　1
8	0　0　0

（1）最低位 Q_0 来一个脉冲翻转一次，应直接与 CP 脉冲相连。

（2）次高位 Q_1 在 Q_0 由 0→1 变化时翻转一次，即低位 Q_0 不够向高位借位而自身变为 1 时使 Q_1 发生翻转。

（3）最高位 Q_2 在其相邻低位产生借位（Q_1 由 0→1）时翻转。

结论：

（1）要构成异步二进制减计数器，只需用具有 T' 功能（翻转功能）的触发器构成计数器的每一位。

（2）关于各个触发器的时钟信号，最低位触发器的时钟脉冲输入端接计数脉冲（时钟脉冲源 CP），其他位触发器的时钟输入端应在相邻低位由 0→1 变化（低位借位）时翻转，则接相邻低位的 Q 端或 $\overline{Q}$ 端。

（3）接相邻低位的 Q 端或 $\overline{Q}$ 端依触发器的触发方式而定。

上升沿触发方式：0→1 时刻触发，而翻转时刻也是相邻低位的 Q 端由 0→1 变化，则此时脉冲输入端应接相邻低位的 Q 端，其逻辑电路如图 6－18 所示，其波形图如图 6－19 所示。

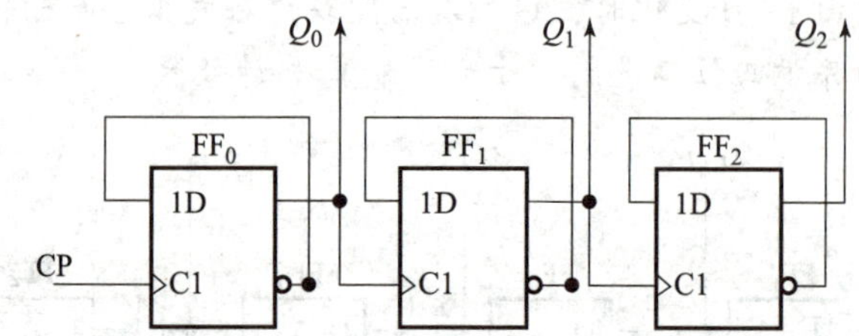

图 6－18　异步三位二进制减计数器逻辑电路（上升沿触发方式）

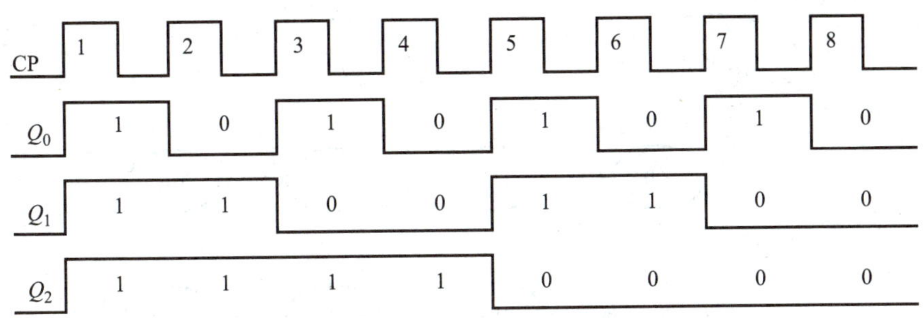

图 6－19 八进制减计数器波形图（上升沿触发方式）

下降沿触发方式：1→0 时刻触发，而翻转时刻是相邻低位的 Q 端由 0→1 变化，则此时脉冲输入端应接相邻低位的 $\overline{Q}$ 端，其逻辑电路如图 6－20 所示，其波形图如图 6－21 所示。

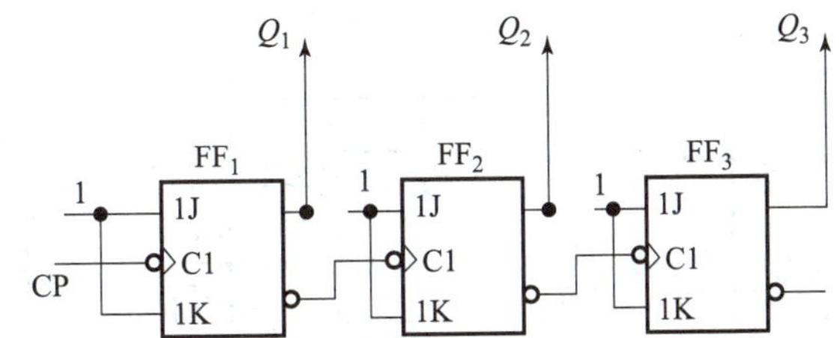

图 6－20 异步三位二进制减计数器逻辑电路（下降沿触发方式）

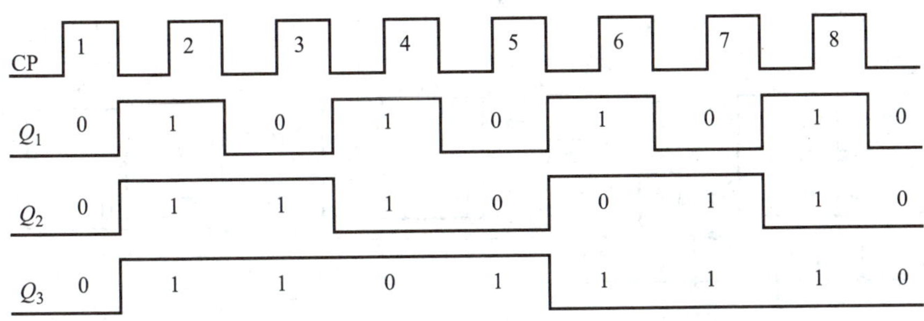

图 6－21 八进制减计数器波形图（下降沿触发方式）

特别提示

设计异步二进制减计数器，当低位触发器输出为 0，此时再来一个时钟脉冲，需向高位触发器借位，则低位触发器输出为 0→1，因此，高位触发器的时钟输入应在相邻低位触发器由 0→1 变化时刻翻转，即此刻低位触发器的输出向高位借位；若触发器为上升沿触发方式，则此时脉冲输入端正好接相邻低位的 Q 端，若触发器为下降沿触发方式，则此时脉冲输入端应接相邻低位的 $\overline{Q}$ 端。

八进制减计数器状态转换图如图 6－22 所示，上升沿触发方式与下降沿触发方式的状态转换图一致。若计数器位数增加，则同样增加触发器个数。

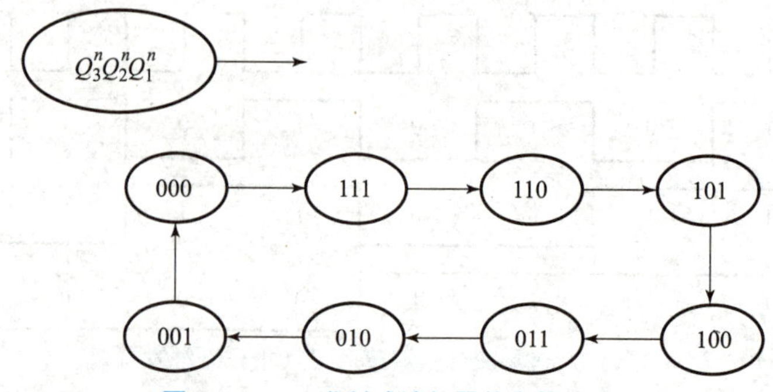

图 6－22　八进制减计数器状态转换图

3）异步三位二进制可逆计数器

异步三位二进制可逆计数器的上升沿触发逻辑电路和下降沿触发逻辑电路如图 6－23 所示。

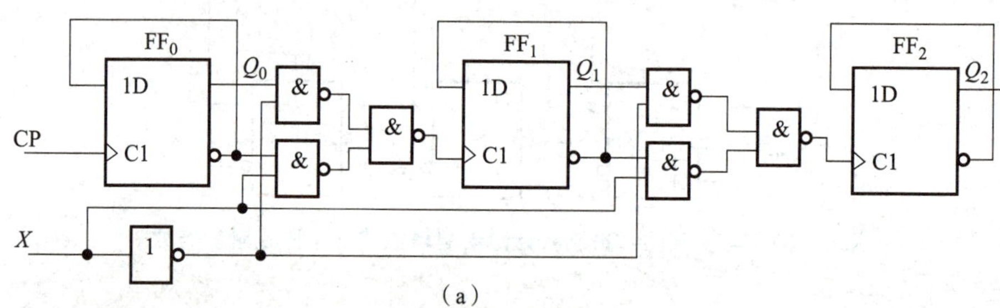

（a）

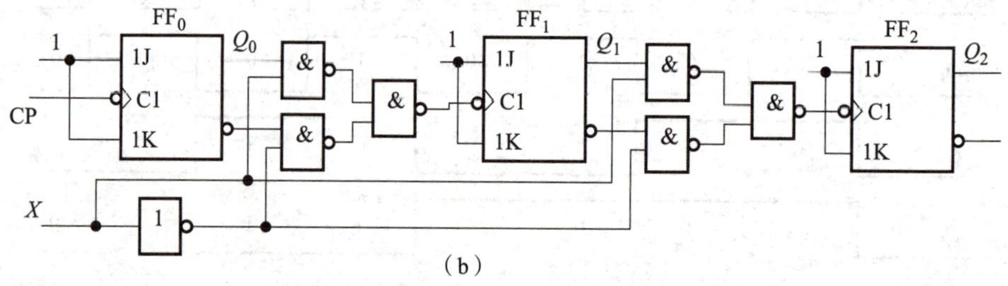

（b）

图 6－23　异步三位二进制可逆计数器逻辑电路

（a）上升沿触发；（b）下降沿触发

上升沿触发方式：$CP_0 = CP$，$CP_1 = Q_0\overline{X} + \overline{Q_0}X$，$CP_2 = Q_1\overline{X} + \overline{Q_1}X$

当 $X = 1$ 时，$CP_1 = \overline{Q_0}$，$CP_2 = \overline{Q_1}$

$\overline{Q}$：$0 \to 1 \Rightarrow Q$：$1 \to 0$ 进位信号，故做加计数。

当 $X = 0$ 时，$CP_1 = Q_0$，$CP_2 = Q_1$

$\uparrow \Rightarrow Q$：$0 \to 1$ 借位信号，故做减计数。

下降沿触发方式：$CP_0 = CP$，$CP_1 = Q_0X + \overline{Q_0}\overline{X}$，$CP_2 = Q_1X + \overline{Q_1}\overline{X}$

当 $X = 1$ 时，$CP_1 = Q_0$，$CP_2 = Q_1$

$\downarrow \Rightarrow Q$：$1 \to 0$ 进位信号，故做加计数。

当 $X = 0$ 时，$CP_1 = \overline{Q_0}$，$CP_2 = \overline{Q_1}$

$\overline{Q}$：1→0⇒Q：0→1 借位信号，故做减计数。

2. 同步二进制计数器

1）同步三位二进制加计数器

同步：所有触发器接同一个 CP 计数脉冲，翻转同时进行。

分析：状态转换真值表如表 6－3 所示。

（1）最低位 Q_0 来一个脉冲翻转一次。

（2）其他位均在其所有低位为“1”时翻转（此时再来一脉冲，低位向高位进位）。

结论：

用 T 功能触发器实现同步二进制计数器（最低位触发器只需具有 T' 触发器功能）。

$T=0$：维原，低位为 0 无进位，高位不翻转。

$T=1$：翻转，低位为 1 有进位，高位翻转。

图 6－24 所示为同步三位二进制加计数器逻辑电路（上升沿触发方式），图 6－25 所示为同步三位二进制加计数器逻辑电路（下降沿触发方式）。

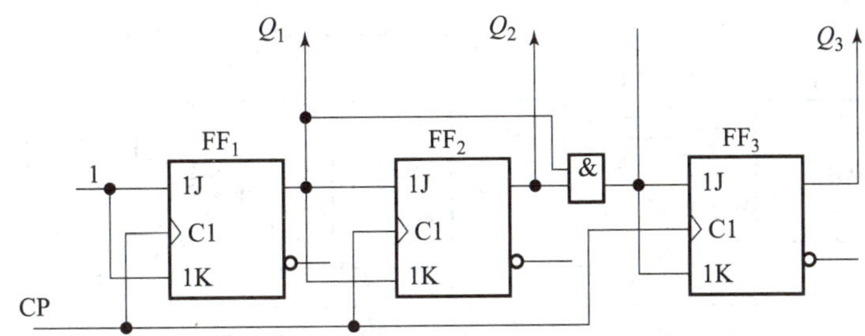

图 6－24　同步三位二进制加计数器逻辑电路（上升沿触发方式）

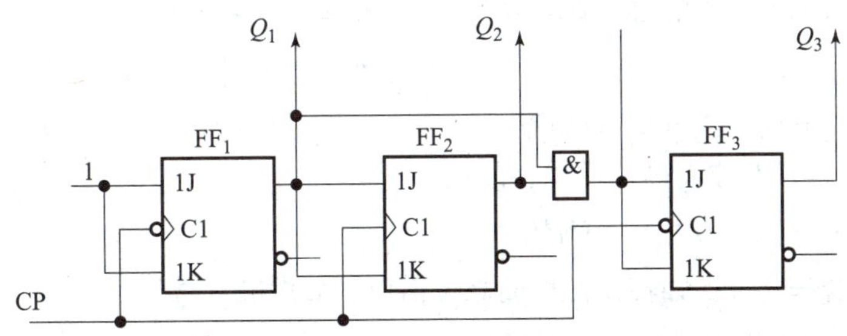

图 6－25　同步三位二进制加计数器逻辑电路（下降沿触发方式）

同步三位二进制加计数器上升沿和下降沿触发方式的波形图、状态转换图与异步三位二进制加计数器上升沿和下降沿触发方式的波形图、状态转换图分别相同。

2）同步三位二进制减计数器

分析：状态转换真值表如表 6－4 所示。

（1）最低位 Q_0 来一个脉冲翻转一次。

（2）其他位均在其所有低位为“0”时翻转（此时再来一脉冲，低位不够向高位借位）。

结论：用 T 功能触发器实现同步二进制计数器（最低位触发器只需具有 T' 触发器功能），图 6－26 所示为上升沿触发方式的同步三位二进制减计数器。

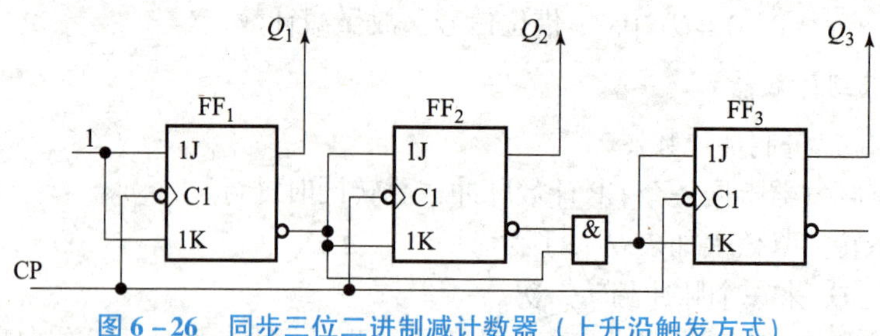

图 6-26　同步三位二进制减计数器（上升沿触发方式）

下降沿触发方式电路连接图与图 6-26 相同，波形图、状态转换图与图 6-21、图 6-22 相同。

3）同步三位二进制可逆计数器

同步三位二进制可逆计数器的逻辑电路如图 6-27 所示。

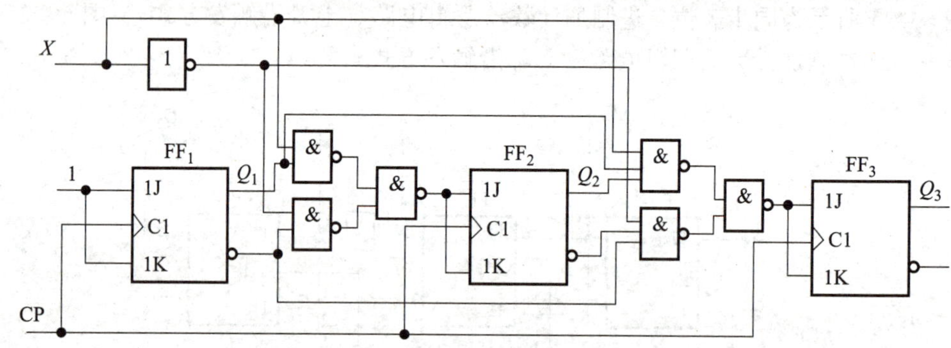

图 6-27　同步三位二进制可逆计数器的逻辑电路

同步计数器其 CP 信号相同，驱动方程：$J_1 = K_1 = Q_0X + \overline{Q_0}\,\overline{X}$

$$J_2 = K_2 = Q_0Q_1X + \overline{Q_0}\,\overline{Q_1}\,\overline{X}$$

$X=1$：$J_1 = K_1 = Q_0$，$J_2 = K_2 = Q_0Q_1$

$Q=1$ 翻转，低位向高位进位，故做加计数。

$X=0$：$J_1 = K_1 = \overline{Q_0}$，$J_2 = K_2 = \overline{Q_0}\,\overline{Q_1}$

$\overline{Q}=1$ 翻转$\Rightarrow Q=0$ 翻转，低位向高位借位，故做减计数。

6.4.4　中规模集成计数器

中规模集成计数器种类繁多，使用也十分广泛，与一般时序电路一样，它们可分为同步计数器和异步计数器两大类。通常的集成芯片为 BCD 码十进制计数器或四位二进制计数器，这些计数器功能较完善，还可进行自扩展，本书以三个常用的集成计数器为例，来说明中规模集成计数器的功能和扩展应用的方法。

1. 异步 BCD 码十进制计数器 74LS90

1）基本原理框图

异步 BCD 码十进制计数器 74LS90 的逻辑功能示意图如图 6-28 所示，其逻辑电路如图 6-29 所示，芯片共 14 个引脚，其中有 2 个空脚。

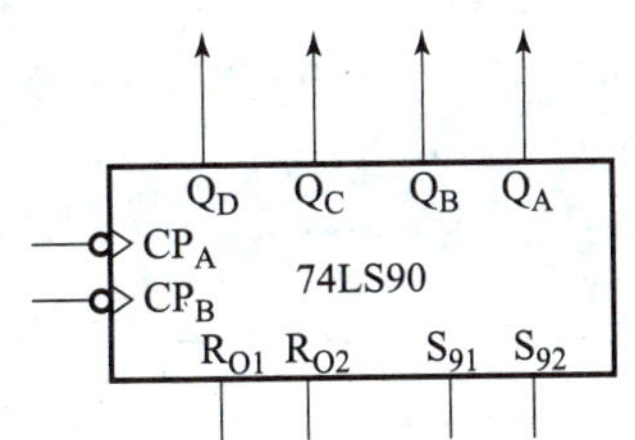

图 6－28　74LS90 逻辑功能示意图

2）基本电路构成及功能分析（图 6－29）

（1）F_A 触发器具有翻转功能，是一个二进制计数器，若 CP_A 输入时钟脉冲，则 Q_A 是 CP_A 的两分频。

（2）F_B、F_C、F_D 构成异步五进制计数器，若 CP_B 输入时钟脉冲，则 Q_D 是 CP_B 的五分频。

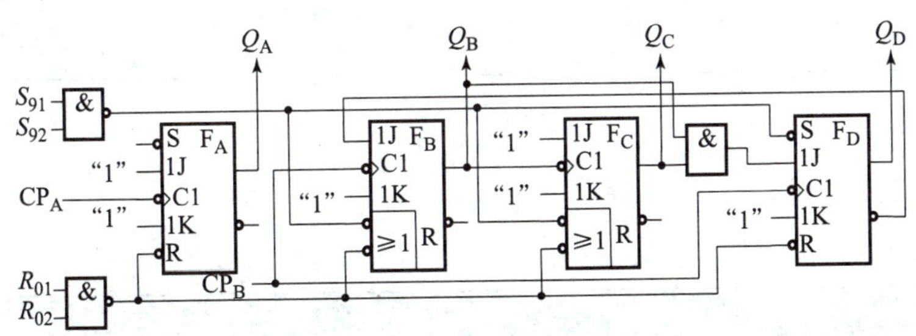

图 6－29　74LS90 逻辑电路

（3）74LS90 构成十进制计数器有两种接法，其原理如图 6－30 所示。

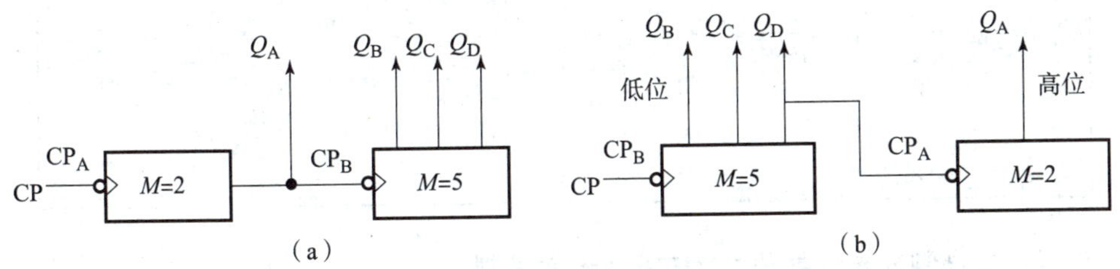

图 6－30　74LS90 构成十进制计数器原理

（a）8421 BCD 码计数方式；（b）5421 BCD 码计数方式

8421 BCD 码计数方式：CP 来 2 个脉冲 Q_A 循环一次，Q_A 来 5 个脉冲 Q_D 循环一次，则 CP 来 10 个脉冲 Q_D 循环一次（Q_D——高位，Q_A——低位）。

5421 BCD 码计数方式：CP 来 5 个脉冲 Q_D 循环一次，Q_D 来 2 个脉冲 Q_A 循环一次，则 CP 来 10 个脉冲 Q_A 循环一次（Q_A——高位，Q_B——低位）。

故 74LS90 是一个二－五－十进制计数器，74LS90 的 8421 BCD 码计数方式和 5421 BCD 码计数方式功能真值表如表 6－5 所示。

表 6－5　74LS90 两种计数方式功能真值表

计数脉冲	8421 BCD 码				5421 BCD 码			
	Q_D	Q_C	Q_B	Q_A	Q_A	Q_D	Q_C	Q_B
0	0	0	0	0	0	0	0	0
1	0	0	0	1	0	0	0	1
2	0	0	1	0	0	0	1	0
3	0	0	1	1	0	0	1	1
4	0	1	0	0	0	1	0	0
5	0	1	0	1	1	0	0	0
6	0	1	1	0	1	0	0	1
7	0	1	1	1	1	0	1	0
8	1	0	0	0	1	0	1	1
9	1	0	0	1	1	1	0	0
10	0	0	0	0	0	0	0	0

3）功能真值表

74LS90 功能真值表如表 6－6 所示。

表 6－6　74LS90 功能真值表

输入					输出			
CP	R_{01}	R_{02}	S_{91}	S_{92}	Q_A	Q_B	Q_C	Q_D
×	1	1	0	×	0	0	0	0
	1	1	×	0	0	0	0	0
	×	×	1	1	1	0	0	1
↓	×	0	×	0	计数			
	0	×	0	×				
	0	×	×	0				
	×	0	0	×				

2. 双四位二进制同步计数器 CD4520（十六进制）

1）基本原理

双四位二进制同步计数器即十六进制计数器 CD4520 的逻辑功能示意图，如图 6－31 所示。

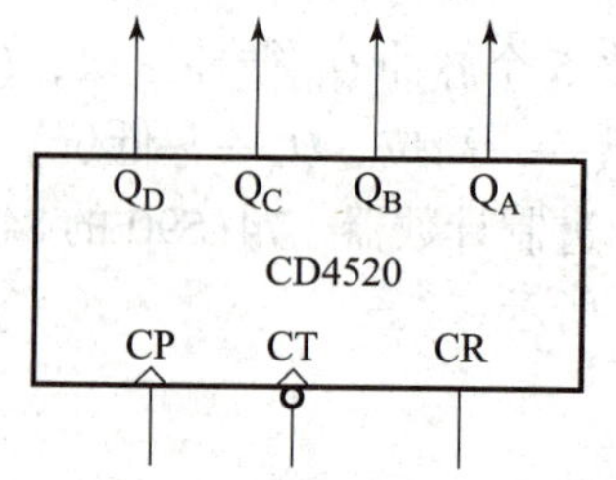

图 6－31　CD4520 逻辑功能示意图

2）基本功能

（1）双脉冲输入。

（2）异步清零端 CR：优先级最高（不受 CP 信号控制），当 CR =1 时，输出全部清零。

3）真值表

CD4520 功能真值表如表 6－7 所示。

表 6－7　CD4520 功能真值表

CP	CT	CR	Q_D Q_C Q_B Q_A
×	×	1	0　0　0　0
↑	1	0	加计数
0	↓	0	
↓	×	0	保持
×	↑	0	
↑	0	0	
1	↓	0	

4）功能扩展——“反馈复位法”

由于 CD4520 具有异步清零的功能，采用反馈复位信号使异步清零端 CR 为零的方法，可以使计数器在按自然态序计数的过程中，跳过无效状态，构成我们所需的 M 进制计数器。

例如：运用反馈复位法用 CD4520 构成自然态序的十进制计数器，如图 6－32 所示。

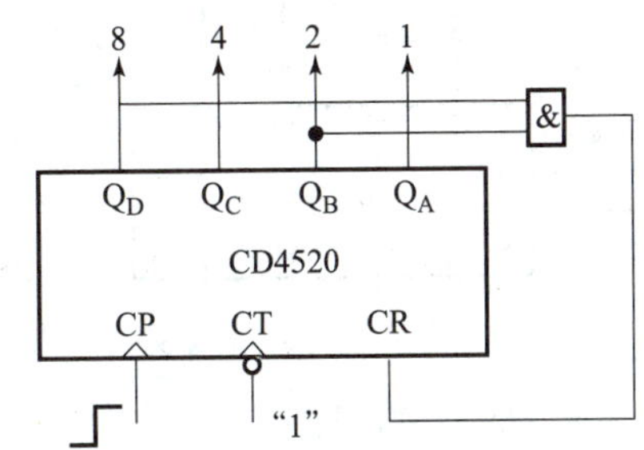

图 6－32　CD4520 构成自然态序十进制计数器

3. 可预置四位二进制同步计数器 74LS161（十六进制）

1）基本原理

可预置四位二进制同步计数器即十六进制计数器 74LS161 逻辑功能示意图如图 6－33 所示。

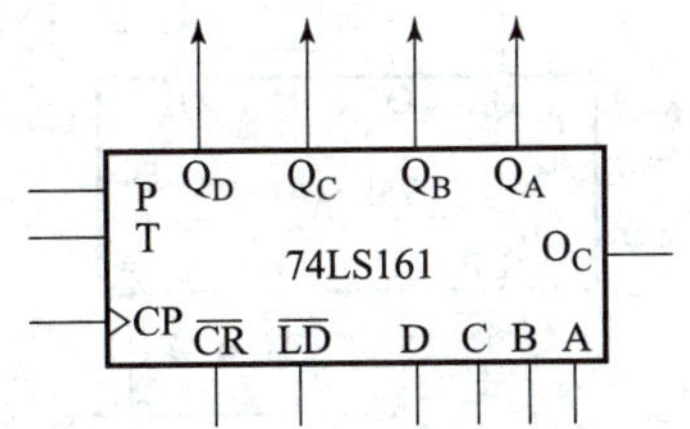

图 6－33　74LS161 逻辑功能示意图

2）基本功能

（1）异步清零端$\overline{CR}$：优先级最高，$\overline{CR}=0$，输出全部清零且不需 CP 脉冲的配合。

（2）同步预置端$\overline{LD}$：优先级次之，$\overline{LD}=0$ 且$\overline{CR}=1$ 时，输出预置数 $D\ C\ B\ A$，但此时必须有 CP 脉冲相配合，否则仍无法完成。

（3）溢出进位端 O_C：当计数器累加到“1111”时，溢出进位 $O_C=1$。

3）真值表

74LS161 功能真值表如表 6－8 所示。

表 6－8　74LS161 功能真值表

CP	$\overline{CR}$	$\overline{LD}$	P	T	D	C	B	A	Q_D　Q_C　Q_B　Q_A
×	0	×	×	×	×	×	×	×	0　0　0　0
↑	1	0	×	×	D	C	B	A	D　C　B　A
×	1	1	0	×	×	×	×	×	保持
×	1	1	×	0	×	×	×	×	保持
↑	1	1	1	1	×	×	×	×	加计数

4）功能扩展

1）反馈复位法（与 CD4520 同）

例如：运用反馈复位法，用 74LS161 构成自然态序的十进制计数器，如图 6－34 所示。

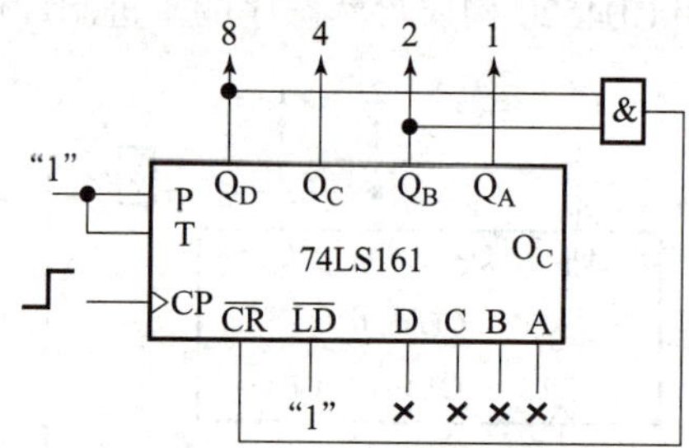

图 6－34　74LS161 构成自然态序的十进制计数器（反馈复位法）

2）反馈预置法

利用 74LS161 所具备的同步预置功能，通过反馈法使计数器返回预置的初态，也可构成任意进制计数器。例如：运用反馈预置法，用 74LS161 构成自然态序的十进制计数器，如图 6－35 所示。

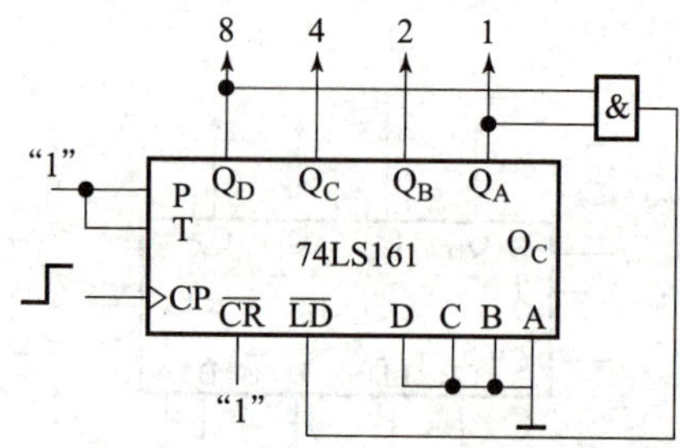

图 6－35　74LS161 构成自然态序的十进制计数器（反馈预置法）

特别提示

74LS161反馈复位法和反馈预置法的区别：采用反馈复位法构成M进制计数器，M出现的同时进行反馈清零；采用反馈预置法构成M进制计数器，由于需要CP同步预置，故在$M-1$出现的同时进行反馈，才能保证当M到来时CP同步预置。

6.5　寄存器与移位寄存器

习题6.4

寄存器与移位寄存器均是数字系统中常见的重要部件，寄存器能够存放数码，移位寄存器除具有寄存数码的功能外，还可以将数码进行移位。

6.5.1　寄存器的概念

寄存器是用于存放二进制信息的记忆电路。因此有记忆单元——触发器，每个触发器能存放一位二进制数码，存n位数就需要n个触发器。寄存器的功能有三个：①数码存得进；②数码记得住；③数码取得出。

6.5.2　寄存器的分类

寄存器可分为锁存器、普通寄存器和移位寄存器三种。

(1) 锁存器：同步式触发器构成的寄存器。

(2) 普通寄存器：克服空翻的时钟触发器构成的寄存器。

(3) 移位寄存器：具有移位功能的寄存器。

6.5.3　移位寄存器

1. 移位寄存器的功能

移位寄存器具有数码的寄存和移位两个功能。

2. 移位寄存器的分类

(1) 右移寄存器：若在一个移位脉冲信号的作用下，寄存器中的数码能依次向右（由低位向高位）移动一位，这种寄存器就称为右移寄存器。

(2) 左移寄存器：若在一个移位脉冲信号的作用下，寄存器中的数码能依次向左（由高位向低位）移动一位，这种寄存器就称为左移寄存器。

(3) 双向移位寄存器：既可左移又可右移的寄存器称为双向移位寄存器。

3. 右移寄存器

结构特点：左边触发器的输出端接右邻触发器的输入端，三位右移寄存器逻辑电路如图6-36所示，其波形图如图6-37所示，其状态转换真值表如表6-9所示。

D_0 右移输入端→Q_2 右移输出端

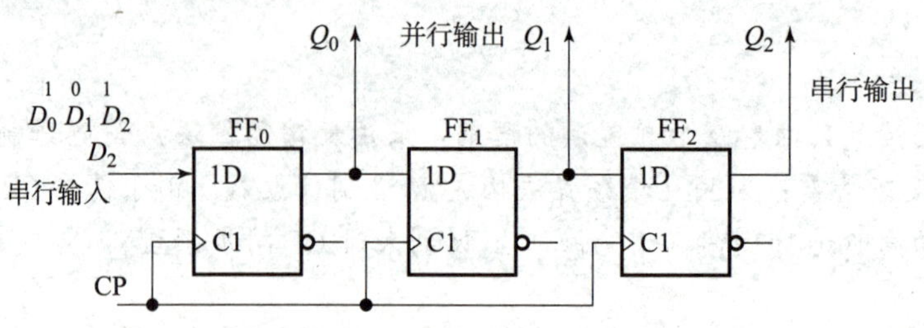

图 6-36　三位右移寄存器逻辑电路

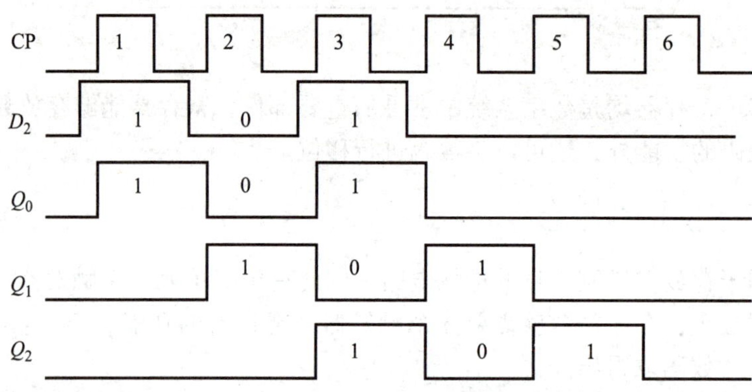

图 6-37　三位右移寄存器波形图

表 6-9　三位右移寄存器状态转换真值表

CP	Q_2　Q_1　Q_0	Q_2　Q_1　Q_0
0	×　×　×	×　×　×
1	×　×　1	×　×　D_2
2	×　1　0	×　D_2　D_1
3	1　0　1	D_2　D_1　D_0

4. 左移寄存器

结构特点：右边触发器的输出端接左邻触发器的输入端，三位左移寄存器逻辑电路如图 6-38 所示，其状态转换真值表如表 6-10 所示。

D_2 左移输入端→Q_0 左移输出端

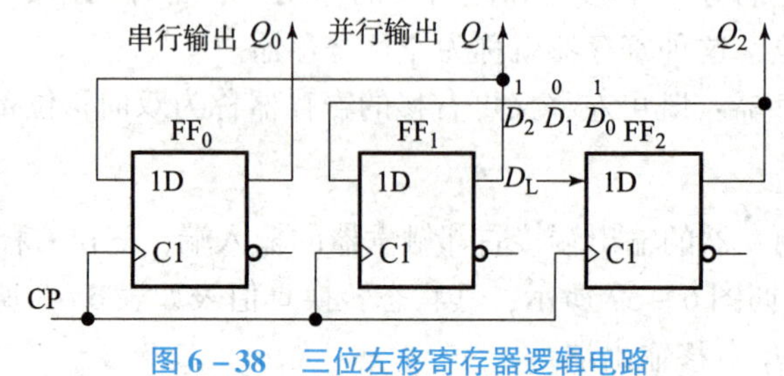

图 6-38　三位左移寄存器逻辑电路

表 6-10　三位左移寄存器状态转换真值表

CP	Q_2　Q_1　Q_0	Q_2　Q_1　Q_0
0	×　×　×	×　×　×
1	1　×　×	D_0　×　×
2	0　1　×	D_1　D_0　×
3	1　0　1	D_2　D_1　D_0

6.5.4　移位寄存器的应用

移位寄存器既可以寄存数码并将数码移位，还可以构成各种计数器和分频器。

1. 实现串行与并行通信的转换

例如：接收端可以串行输入，发送端可以并行输出。

2. 实现特殊的计数器

1）环形计数器

将移位寄存器的串行输出反馈到移位寄存器的串行输入，就构成了环形计数器。四位环形计数器逻辑电路如图 6-39 所示，在四位右移寄存器的基础上，将右移串行输出 Q_3 反馈到右移串行输入 D_0 后即可构成环形计数器，它由 4 个触发器构成。

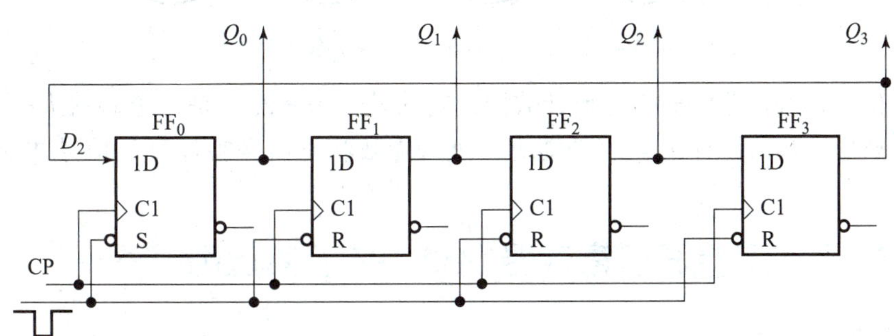

图 6-39　四位环形计数器逻辑电路

环形计数器工作之前，必须加一个置初态负脉冲对其输出进行预置数，使 $Q_3Q_2Q_1Q_0$ = 1000，然后每来一个时钟脉冲输出右移一次。整个电路的状态转换图如图 6-40 所示。

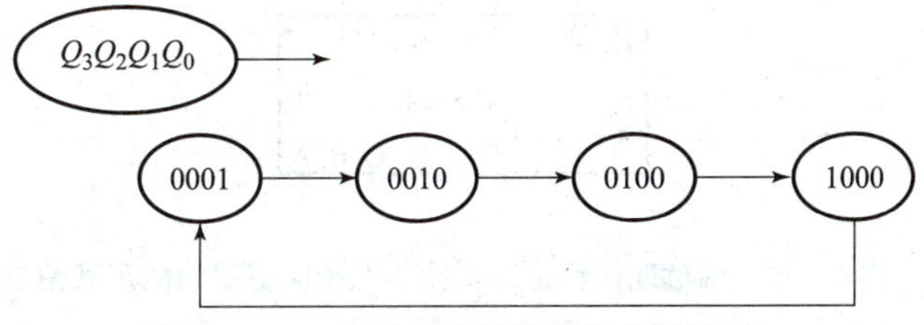

图 6-40　四位环形计数器状态转换图

2）扭环形计数器

将移位寄存器中串行输出的反相输出反馈到串行输入，就构成了扭环形计数器，又称简单循环码计数器。四位扭环形计数器逻辑电路如图 6-41 所示。

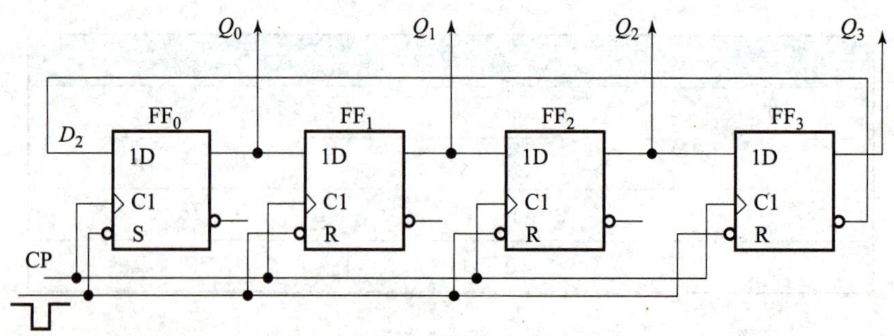

图 6-41　四位扭环形计数器逻辑电路

扭环形计数器工作之前必须加一个复位负脉冲，使 $Q_3Q_2Q_1Q_0$ 全为 0，随后每来一个计数脉冲，计数器就改变一个状态，其状态转换图如图 6-42 所示，该计数器的模数 $M=8$。

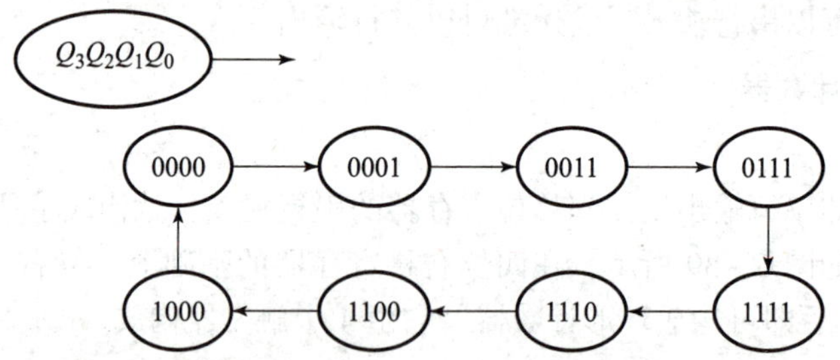

图 6-42　四位扭环形计数器状态转换图

若用 n 位右移寄存器构成扭环形计数器，它的模数 $M=2n$，是一个偶数进制的计数器，该计数器与环形计数器一样无自启动能力，进入无效状态后必须加复位信号才能回归有效状态。

6.5.5　四位双向移位寄存器 74LS194 及其应用

1. 基本原理

四位双向移位寄存器 74LS194 逻辑功能示意图如图 6-43 所示。

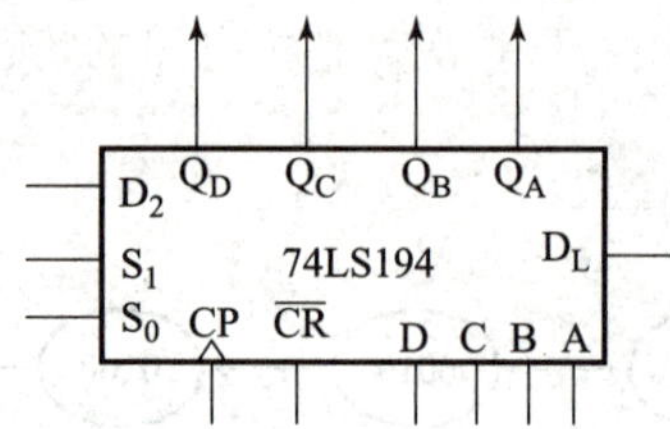

图 6-43　四位双向移位寄存器 74LS194 逻辑功能示意图

2. 真值表（简表）

四位双向移位寄存器 74LS194 功能真值表如表 6-11 所示。

表 6-11　四位双向移位寄存器 74LS194 功能真值表

S_1　S_0　$\overline{CR}$　CP	输出
0　0　1　↑	动态保持
0　1　1　↑	右移
1　0　1　↑	左移
1　1　1　↑	送数

3. 构成扭环形计数器

采用四位双向移位寄存器 74LS194 构成扭环形计数器的逻辑电路如图 6-44 所示。

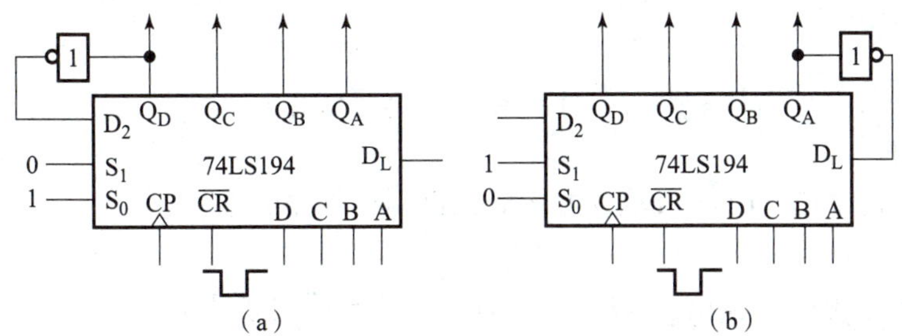

图 6-44　74LS194 构成扭环形计数器的逻辑电路

（a）采用右移方式构成扭环形计数器；（b）采用左移方式构成扭环形计数器

4. 构成奇数分频器

采用四位双向移位寄存器 74LS194 构成奇数分频器的逻辑电路如图 6-45 所示，七分频电路状态转换图如图 6-46 所示。

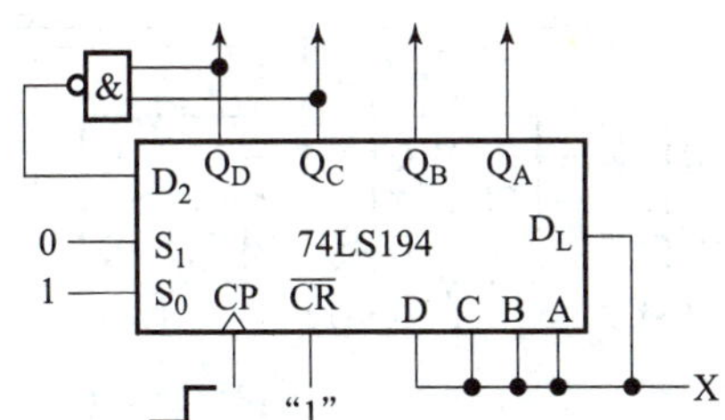

图 6-45　74LS194 构成奇数分频器的逻辑电路（七分频电路）

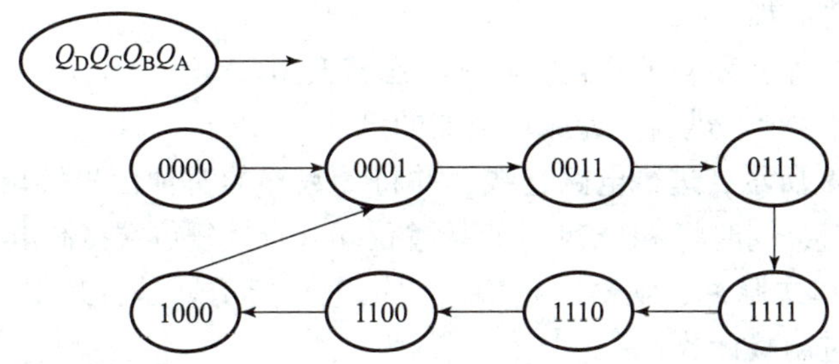

图 6-46　74LS194 构成奇数分频器（七分频电路）状态转换图

先导案例解决

日常生活中钟表的正常走时规律是：秒针正常走时 1 Hz，当秒针走时 60 次时，分针走时 1 次，当分针走时 60 次时，时针走时 1 次，一天正常走时 24 h。采用数字电路的解决方案就是：选用 1 Hz 的时钟脉冲作为秒计数器的输入信号，将秒计数器设计为六十进制计数器，当正常走时至 60 s 时同时进位给分计数器，将分计数器也设计为六十进制计数器，当正常走时至 60 min 时同时进位给时计数器，将时计数器设计为二十四进制计数器，从而实现钟表的正常走时。

任务训练

十六进制递加、递减计数器的设计（按自然态序变化）。

1. 实验目的

掌握 74LS74、74LS112 集成触发器构成二进制计数器的方法。

2. 实验器材

万用表、数字电路实验箱、74LS74、74LS112、导线（若干）。

3. 实验内容及步骤

1）四位二进制（十六进制）递加计数器的设计

（1）按图 6－47 所示进行电路连线，并将计数器的时钟信号接单次脉冲源，输出信号接逻辑电平指示灯，同时将 74LS112 的直接置位端和直接复位端接高电平“1”。

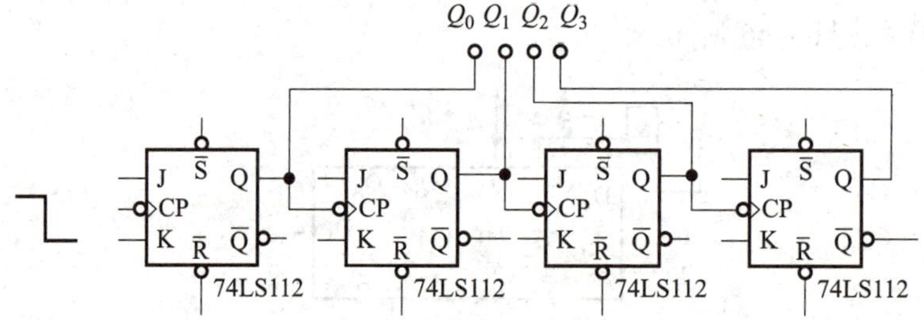

图 6－47　74LS112 构成十六进制异步加计数器

（2）依次送入单次脉冲，观察电路输出逻辑电平指示灯是否从 0000 依次递加变化到 1111，即实现十六进制加计数。

（3）根据逻辑电平指示灯的变化，画出状态转换图。

2）四位二进制（十六进制）递减计数器的设计

（1）如图 6－48 所示，进行电路连线，并将计数器的时钟信号接单次脉冲源，输出信号接逻辑电平指示灯，同时将 74LS74 的直接置位端和直接复位端接高电平“1”。

（2）依次送入单次脉冲，观察电路输出逻辑电平指示灯是否从 1111 依次递减变化到 0000，即实现十六进制减计数。

（3）根据逻辑电平指示灯的变化，画出状态转换图。

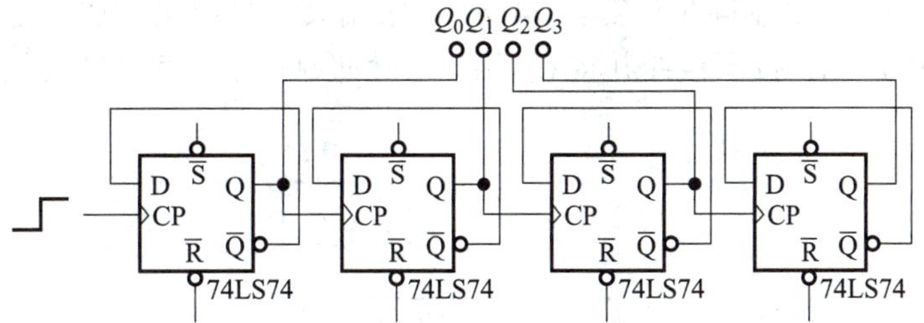

图 6-48　74LS74 构成十六进制异步减计数器

任务拓展

试使用 1 个 74LS74 和 1 个 74LS112 分别构成十六进制加计数器和十六进制减计数器。

一、可预置四位二进制同步计数器 74LS161（十六进制）的应用

1. 实验目的

（1）熟悉 74LS161 的逻辑功能及使用方法。

（2）通过实验掌握用 74LS161 的反馈复位法和反馈预置法构成十进制、六进制等任意进制计数器的方法。

2. 实验器材

万用表、数字电路实验箱、74LS161、74LS00、导线（若干）。

3. 实验内容及步骤

1）74LS161 采用反馈复位法构成十进制计数器的设计与调试

74LS161 引脚图和逻辑功能示意图如图 6-49 所示，其功能真值表如表 6-12 所示。

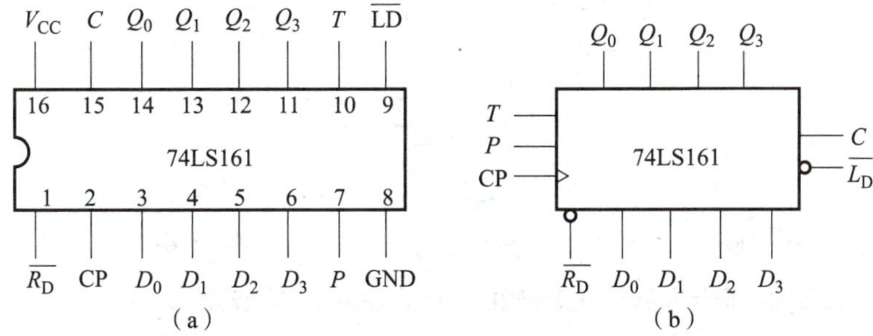

图 6-49　74LS161 引脚图和逻辑功能示意图

（a）74LS161 引脚图；（b）74LS161 逻辑功能示意图

表 6-12　74LS161 功能真值表

CP	$\overline{R_D}$	$\overline{L_D}$	P	T	D_3	D_2	D_1	D_0	Q_3　Q_2　Q_1　Q_0
×	0	×	×	×	×	×	×	×	0　0　0　0
↑	1	0	×	×	D_3	D_2	D_1	D_0	D_3　D_2　D_1　D_0
×	1	1	0	×	×	×	×	×	保持
×	1	1	×	0	×	×	×	×	
↑	1	1	1	1	×	×	×	×	加计数

（1）可预置四位二进制同步计数器74LS161采用反馈复位法构成十进制计数器的逻辑电路，如图6－50所示，按图接线并将CP接单次脉冲源，输出信号接数码管。

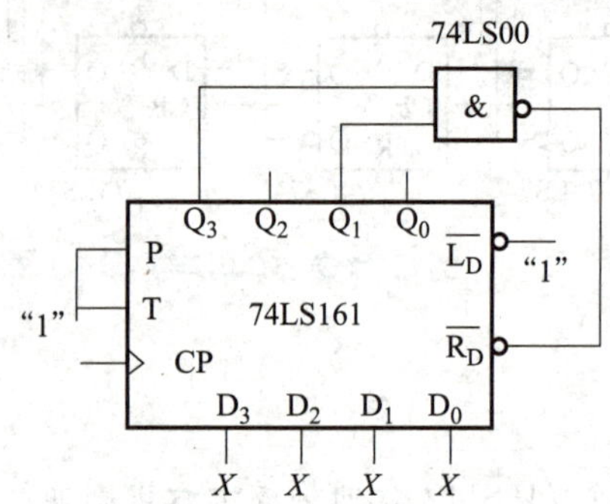

图6－50　74LS161反馈复位法构成十进制计数器的逻辑电路

（2）依次送入单次脉冲，观察数码管是否从0到9进行加计数。

2）74LS161采用反馈预置法构成六进制计数器的设计与调试

（1）可预置四位二进制同步计数器74LS161采用反馈预置法构成六进制计数器的逻辑电路，如图6－51所示，按图接线并将CP接单次脉冲源，输出信号接数码管。

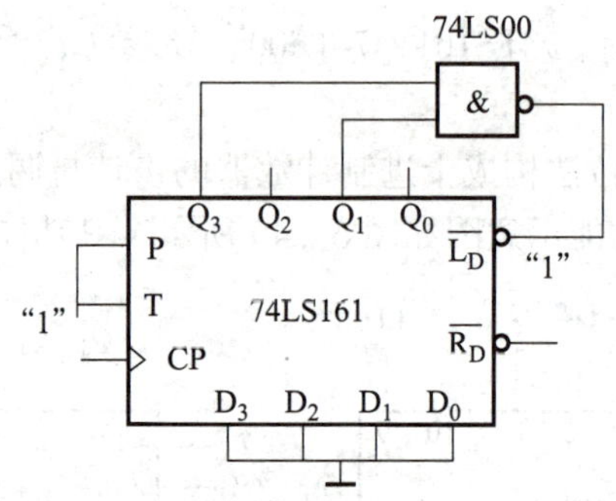

图6－51　74LS161反馈预置法构成六进制计数器的逻辑电路

（2）依次送入单次脉冲，观察数码管是否从0到5进行加计数。

二、双四位二进制同步计数器CD4520（十六进制）的应用

1. 实验目的

（1）熟悉CD4520的逻辑功能及使用方法。

（2）通过实验掌握用CD4520构成六十进制等任意进制计数器的实现方法。

2. 实验器材

万用表、数字电路实验箱、CD4520、74LS00、导线（若干）。

3. 实验内容及步骤

双四位二进制同步计数器CD4520构成六十进制计数器的设计与调试CD4520功能引脚图如图6－52所示，其功能真值表如表6－13所示。

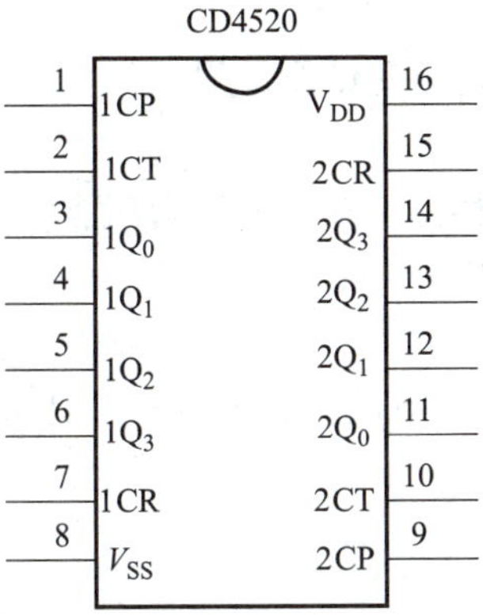

CD4520

引脚	名称	名称	引脚
1	1CP	V_{DD}	16
2	1CT	2CR	15
3	$1Q_0$	$2Q_3$	14
4	$1Q_1$	$2Q_2$	13
5	$1Q_2$	$2Q_1$	12
6	$1Q_3$	$2Q_0$	11
7	1CR	2CT	10
8	V_{SS}	2CP	9

图 6－52　CD4520 功能引脚图

表 6－13　CD4520 功能真值表

输　入			输　出
CP	CT	CR	Q_3　Q_2　Q_1　Q_0
↑	1	0	加计数
0	↓	0	加计数
↓	×	0	保持
×	↑	0	保持
↑	0	0	保持
1	↓	0	保 持
×	×	1	清零
备注：“↑”表示上升沿，“↓”表示下降沿			

（1）CD4520 构成六十进制计数器的逻辑电路如图 6－53 所示，按图接线，将计数器个位的时钟信号 CP 接单次脉冲源，输出信号个位和十位分别接数码管。

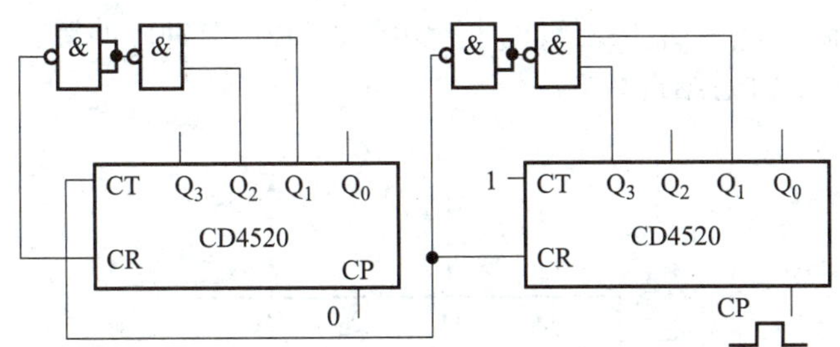

图 6－53　CD4520 构成六十进制计数器的逻辑电路

（2）依次送入单次脉冲或 1 Hz 脉冲信号源，观察数码管的变化是否从 0 到 59 进行加计数。

4. 任务完成结论

如果个位的进位信号不是送到十位的“CT”而是送到“CP”，将出现什么结果？请用实验回答。

三、移位寄存器 74LS194 的功能测试及应用

1. 实验目的

（1）掌握 74LS194 四位双向移位寄存器的逻辑功能。

（2）掌握 74LS194 的典型应用。

2. 实验器材

万用表、数字电路实验箱、双踪示波器、74LS194、74LS00、导线（若干）。

3. 实验方法及步骤

1）74LS194 的功能测试

74LS194 引脚图如图 6－54 所示，其功能真值表如表 6－14 所示。

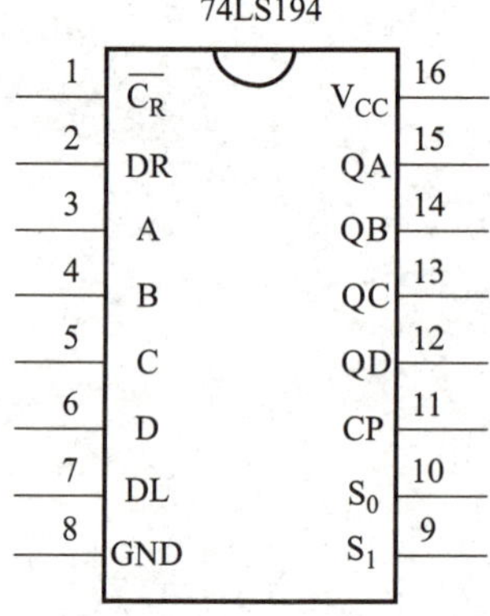

图 6－54　74LS194 引脚图

表 6－14　74LS194 功能真值表

功能	输入										输出			
	$\overline{C_R}$	S_1	S_0	CP	D_L	D_R	A	B	C	D	Q_A^{n+1}	Q_B^{n+1}	Q_C^{n+1}	Q_D^{n+1}
清除	0	×	×	×	×	×	×	×	×	×	0	0	0	0
保持	1	×	×	0	×	×	×	×	×	×	Q_A^n	Q_B^n	Q_C^n	Q_D^n
送数	1	1	1	↑	×	×	A	B	C	D	A	B	C	D
右移	1	0	1	↑	×	1	×	×	×	×	1	Q_A^n	Q_B^n	Q_C^n
	1	0	1	↑	×	0	×	×	×	×	0	Q_A^n	Q_B^n	Q_C^n
左移	1	1	0	↑	1	×	×	×	×	×	Q_B^n	Q_C^n	Q_D^n	1
	1	1	0	↑	0	×	×	×	×	×	Q_B^n	Q_C^n	Q_D^n	0
保持	1	0	0	↑	×	×	×	×	×	×	Q_A^n	Q_B^n	Q_C^n	Q_D^n

按图 6－55 所示进行连线，并设置 $S_1=S_0=1$，清零端 $\overline{CR}$ 接逻辑电平开关，输入 $D_3 \sim D_0$ 接逻辑电平开关，输出 $Q_3 \sim Q_0$ 接逻辑电平指示灯，CP 接时钟脉冲源，按表 6－15 进行实验，将结果填入表中，并总结送数方法。

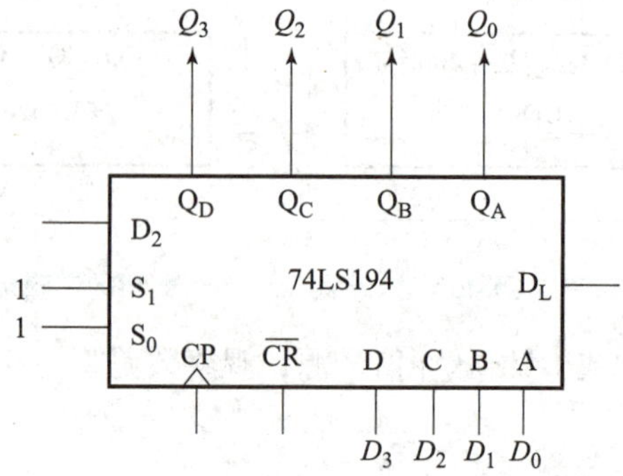

图 6－55　74LS194 功能测试原理图

表 6-15　74LS194 功能测试表

S_1	S_0	$\overline{CR}$	D_3	D_2	D_1	D_0	Q_3 Q_2 Q_1 Q_0
1	1	0	×	×	×	×	
1	1	1	0	0	0	1	
1	1	1	0	0	1	0	
1	1	1	0	0	1	1	
1	1	1	0	1	0	0	
1	1	1	0	1	0	1	
1	1	1	0	1	1	0	
1	1	1	0	1	1	1	
1	1	1	1	0	0	0	
1	1	1	1	0	0	1	
1	1	1	1	0	1	0	
1	1	1	1	0	1	1	
1	1	1	1	1	0	0	
1	1	1	1	1	0	1	
1	1	1	1	1	1	0	
1	1	1	1	1	1	1	

2）74S194 右移功能

按图 6-55 进行连线，并设置 $S_1=0$，$S_0=1$，S_R 为尾添加数据，按表 6-16 进行实验，将结果填入表中，并分析右移的过程。

表 6-16　74LS194 右移功能测试表

CP	$\overline{CR}$	S_1	S_0	S_R	Q_3 Q_2 Q_1 Q_0
↑	0	×	×	×	
	1	0	1	1	
	1	0	1	1	
	1	0	1	1	
	1	0	1	1	
	1	0	1	1	
↑	1	0	1	0	
	1	0	1	0	
	1	0	1	0	
	1	0	1	0	
	1	0	1	0	

3）74S194 左移功能

按图 6－55 进行连线，并设置 $S_1=1$，$S_0=0$，S_L 为尾添加数据，按表 6－17 进行实验，将结果填入表中，并分析左移的过程。

表 6－17 74LS194 左移功能测试表

CP	$\overline{CR}$	S_1	S_0	S_L	Q_3 Q_2 Q_1 Q_0
	0	×	×	×	
	1	1	0	1	
	1	1	0	1	
	1	1	0	1	
	1	1	0	1	
↑	1	1	0	1	
	1	1	0	0	
	1	1	0	0	
	1	1	0	0	
	1	1	0	0	
	1	1	0	0	

4）74LS194 构成扭环形计数器

（1）74LS194 采用右移方式构成扭环形计数器的逻辑电路如图 6－56 所示，控制方式选择 $S_1S_0=01$，将输出接逻辑电平开关，并将输出最高位 Q_3 经“非门”（采用 74LS00 与非门实现）反馈送到 D_R 端，清零信号端$\overline{CR}$加的负脉冲作用过后就消失。在单次时钟脉冲 CP 作用下将进行右移操作。

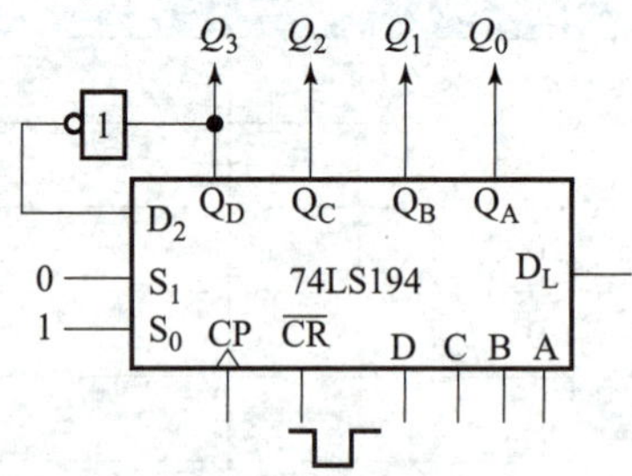

图 6－56 74LS194 构成扭环形计数器的逻辑电路

（2）按表 6－18 进行实验，分析电路功能，说明计数器的（有效）模长。

（3）思考：如要求采用左移方式同样实现扭环形计数，电路应做如何改变，请画出电路图。

表 6-18　74LS194 构成扭环形计数器状态转换真值表

CP	S_1	S_0	$\overline{CR}$	Q_3	Q_2	Q_1	Q_0
单次脉冲	0	1	0				
	0	1	1				
	0	1	1				
	0	1	1				
	0	1	1				
	0	1	1				
	0	1	1				
	0	1	1				
	0	1	1				
	0	1	1				
	0	1	1				
	0	1	1				

5）74LS194 构成奇数分频器

74LS194 构成奇数分频器的逻辑电路如图 6-57 所示，控制方式选择 $S_1S_0=01$，将 Q_3Q_2 两端经“与非门”反馈至 D_R 端，按表 6-19 进行实验，并画出 $Q_3Q_2Q_1Q_0$ 的波形分析。

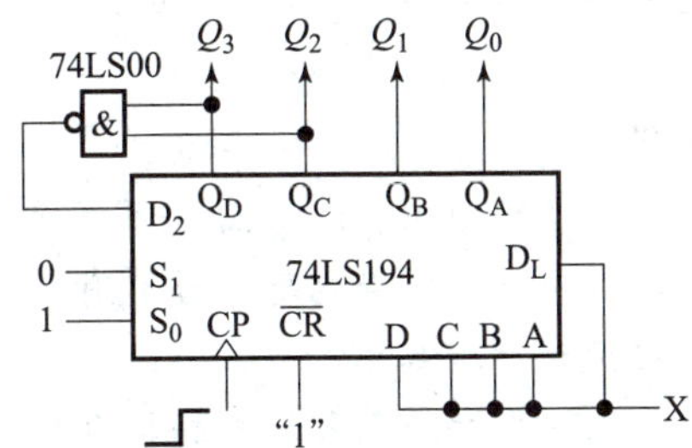

图 6-57　74LS194 构成奇数分频器的逻辑电路

表 6-19　74LS194 构成奇数分频器状态转换真值表

CP	S_1	S_0	$\overline{CR}$	Q_3	Q_2	Q_1	Q_0
单次脉冲	0	1	0				
	0	1	1				
	0	1	1				
	0	1	1				
	0	1	1				
	0	1	1				
	0	1	1				
	0	1	1				
	0	1	1				

4. 任务完成结论

(1) 如果将图6-57所示的反馈方式变为 Q_1Q_0 经"与非门"反馈到 D_R 端，其他不变，重复上述过程，并记录实验结果，试分析电路的功能。

(2) 如果CP端输入10 kHz连续脉冲，用示波器观察 $Q_3Q_2Q_1Q_0$ 的波形并记录。

习题6.5

(3) 思考奇数分频器分频与反馈方式之间的关系是什么?

【本章小结】

本章主要介绍了时序逻辑电路的分析设计方法，中规模集成计数器的拓展应用。

1. 时序逻辑电路是一种在任一时刻电路的输出不仅取决于该时刻电路的输入，且与电路过去的输入有关的逻辑电路。时序逻辑电路的基本电路单元是触发器。时序逻辑电路根据电路结构可分为米莱型和穆尔型；根据时钟脉冲的作用方式可分为同步时序电路和异步时序电路。

2. 时序逻辑电路的分析步骤如下：

(1) 确定时序逻辑电路的类型（同步时序电路或异步时序电路）。

(2) 根据电路写出各触发器的驱动方程和时钟方程（写时钟方程只是对于异步时序电路）。

(3) 写出各触发器的状态方程（将各触发器的驱动方程代入特性方程，得到各触发器的次态 Q^{n+1} 的逻辑表达式）。

(4) 根据电路写出输出方程。

(5) 推出状态转换真值表、状态转换图、波形图（可任选一种形式）。

(6) 总结时序逻辑电路的逻辑功能，检查电路是否具有自启动功能。

3. 同步时序逻辑电路的一般设计步骤如下：

(1) 分析设计要求，建立原始状态转换图或状态转换真值表。

(2) 进行状态化简，求出最简状态图。

(3) 进行状态分配。

(4) 选定触发器的类型，求出输出方程、状态方程和驱动方程。

(5) 画出逻辑电路图。

(6) 检查电路能否自启动。

4. 计数器是能够对输入脉冲的个数进行统计的时序电路。计数器按照数制可分为二进制计数器（$M=2^n$）和非二进制计数器（$M<2^n$）；按照计数增减趋势可分为加计数器、减计数器和可逆计数器；按照计数脉冲输入方式可分为同步计数器和异步计数器。

5. 采用触发器可直接设计异步或同步二进制加/减/可逆计数器；采用中规模集成计数器如74LS161、CD4520等，通过扩展功能可设计实现任意进制计数器。

6. 寄存器是用于存放二进制信息的记忆电路。寄存器的功能有三个：①数码存得进；②数码记得住；③数码取得出。寄存器分为锁存器、普通寄存器和移位寄存器。

7. 移位寄存器是具有移位功能的寄存器。移位寄存器具有数码的寄存和移位两个功能。移位寄存器又分为右移寄存器、左移寄存器和双向移位寄存器。采用移位寄存器可构成环形计数器、扭环形计数器、奇数分频器等。

【习　题】

1. 时序逻辑电路的基本单元是（　　）。

A. 触发器　　B. 门电路　　C. 计数器

2. 同步时序逻辑电路和异步时序逻辑电路比较，其差别主要在于后者（　　）。

A. 没有统一的时钟脉冲控制　　B. 没有触发器

C. 输出只与内部状态有关

3. 下列进制计数器可以由 3 个 D 触发器构成的是（　　）。

A. 八进制　　B. 十进制　　C. 十六进制

4. 时序逻辑电路的输出状态与前一刻电路的输出状态有关，还与电路当前的输入变量组合有关。(　　)

5. 由于每个触发器有两个稳定状态，因此存放 8 位二进制数时需 4 个触发器。(　　)

6. 加/减计数器的功能是加法计数和减法计数同时进行。(　　)

7. 请用反馈复位法及 74LS161 四位同步计数器构成十二进制计数器。

8. 请用同步预置法及 74LS161 四位同步计数器构成二十四进制计数器。

9. 请用 CD4520 双四位二进制同步计数器和门电路组成 X 进制计数器，$X=(M+N)\times 2+11$，其中：M 为本人学号十位数字，N 为本人学号个位数字。

第7章 存储器和可编程逻辑器件

学习目标

了解ROM的特点、基本结构、分类及几种ROM的区别；了解RAM的特点、基本结构、分类及两种RAM的区别和应用场合；了解各类PLD的基本结构、型号、使用的一般流程。

先导案例

存储器是计算机组成结构中一个很重要的部分。对于计算机来说，有了存储器，才有了记忆功能，才能保证其正常工作。存储器既可以用来存储程序，又可以用来存储数据。那么用来记忆程序的存储器和用来记忆数据的存储器有什么区别？

7.1 半导体存储器

7.1.1 概述

随着社会的发展与科技的进步，需要记录大量的数字信息，以前学习的数字单元无法完成巨大的存储任务。数字系统中用于存储大量二进制信息的器件是存储器，它可以存放各种数据、程序和复杂资料。随着半导体集成技术的发展，半导体存储器已取代了穿孔卡片、纸带、磁芯存储器等旧的存储手段。半导体存储器按照内部信息的存取方式不同分为只读存储器和随机存取存储器两大类。

半导体存储器以其存储容量大、体积小、功耗低、存取速度快、使用寿命长等特点，已广泛应用于数字系统。根据用途不同，存储器分为两大类。一类是只读存储器ROM，用于存放永久性的、不变的数据，如常数、表格、程序等，这种存储器在断电后数据不会丢失。像计算机中的自检程序、初始化程序便是固化在 ROM 中的，在计算机接通电源后，首先运行它，对计算机硬件系统进行自检和初始化，自检通过后，装入操作系统，计算机才能正常工作。另一类是随机存取存储器 RAM，用于存放一些临时性的数据或中间结果，需要经常改变存储内容。这种存储器断电后，数据将全部丢失，如计算机中的内存，就是这一类存储器。

ROM 和 RAM 同是用于存储数据，但性能不同，两者的结构也完全不同。ROM 主要由地址译码器、存储矩阵和输出电路构成，它是一种大规模的组合逻辑电路；而 RAM 由译码器、存储器和读/写控制电路组成，它属于大规模时序逻辑电路。学习时，要注意区别它们的差异。

7.1.2　只读存储器

1. 固定 ROM

只读存储器（ROM）所存储的内容一般是固定不变的，正常工作时只能读数，不能写入，并且在断电后不丢失其中存储的内容，故称只读存储器。ROM 主要由地址译码器、存储矩阵和输出缓冲器三部分组成，其结构框图如图 7－1 所示。

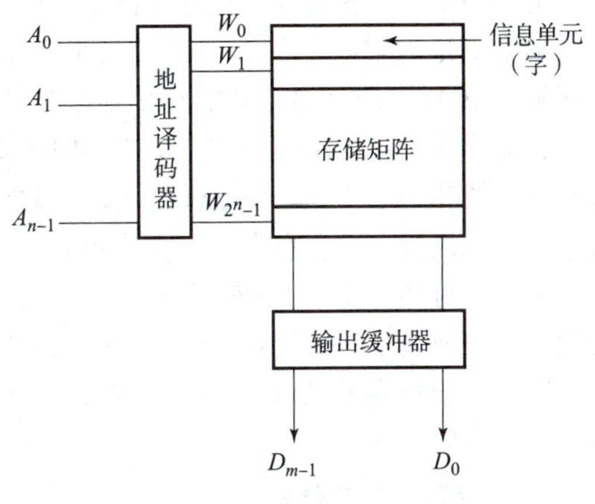

图 7－1　ROM 结构框图

每个信息单元中固定存放着由若干位组成的二进制数码（称为字）。为了读取不同信息单元中所存储的字，将各单元编上代码（称为地址）。在输入不同地址时，就能在存储器的输出端读出相应的字，即地址的输入代码与字的输出数码有固定的对应关系。在图 7－1 中，地址器有 n 个输入端，经地址译码器译码之后有 2^n 个输出信息，每个输出信息对应一个信息单元，而每个单元存放一个字，共有 2^n 个字（W_0、W_1、…、W_{2^n-1} 称为字线）。每个字有 m 位，每位对应从 D_0、D_1、…、D_{m-1} 输出（称为位线）。简单地说，每输入一个 n 位的地址码，存储器就输出一个 m 位的二进制数。可见，此存储器的容量是 $2^n \times m$（字线×位线）。

ROM 中的存储体可以由二极管、三极管和 MOS 管来实现。图 7－2 所示为二极管 ROM 电路。W_0、W_1、W_2、W_3 是字线，D_0、D_1、D_2、D_3 是位线。当地址码 $A_1A_0=00$ 时，译码输出使字线 W_0 为高电平，与其相连的二极管都导通，把高电平 1 送到位线上，于是 D_3、D_0 端得到高电平 1；W_0 和 D_1、D_2之间没有接二极管，同时字线 W_1、W_2、W_3 都是低电平，与它们相连的二极管都不导通，故 D_1、D_2 端是低电平 0。这样，在 $D_3D_2D_1D_0$ 端读到一个字 1001，它就是该矩阵第一行的输出。当地址码 $A_1A_0=01$ 时，字线 W_1 为高电平，在位线输出端 $D_3D_2D_1D_0$ 读到字 0111，对应矩阵第二行的字输出。同理分析地址码 A_1A_0 为 10 和 11 时，输出端将读到矩阵第三、第四行的字输出分别为 1110、0101。任何时候，地址译码器的输出决定了只有一条字线是高电平，所以在 ROM 的输出端，只会读到唯一对应的一个字。由此可以看出，在对应的存储单元内存入的是1还是0，是由接入或不接入相应的二极管来决定的。为了更清楚地表述读字的方法可用图7-3表示。

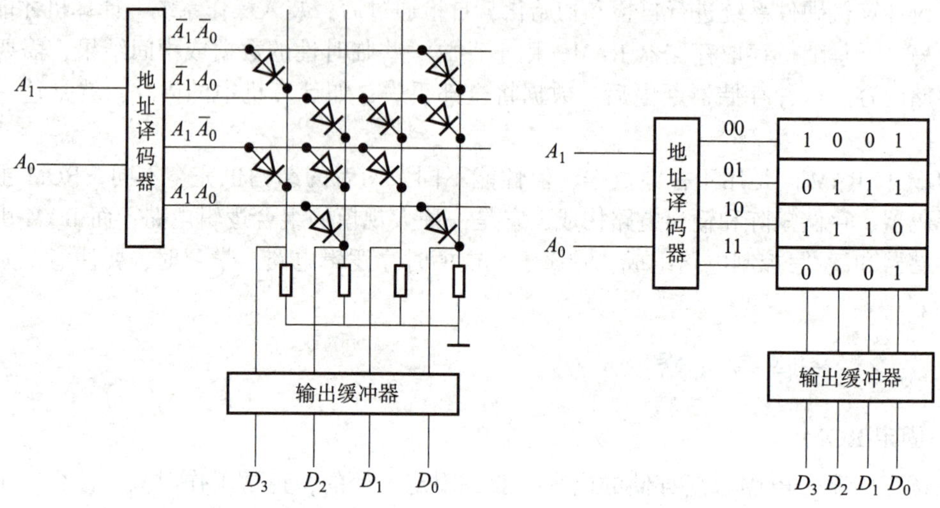

图7-2　二极管ROM电路

图7-3　字的读出方法

为了便于表达和设计，通常将图7-2简化，如图7-4所示，ROM中的地址译码器形成了输入变量的最小项，即实现了逻辑变量的与运算；ROM中的存储矩阵实现了最小项的或运算，即形成了各个逻辑函数；图7-4中水平线与垂直线相交点上的小圆点代表着两线之间接有一个二极管，即存在有一个存储单元。

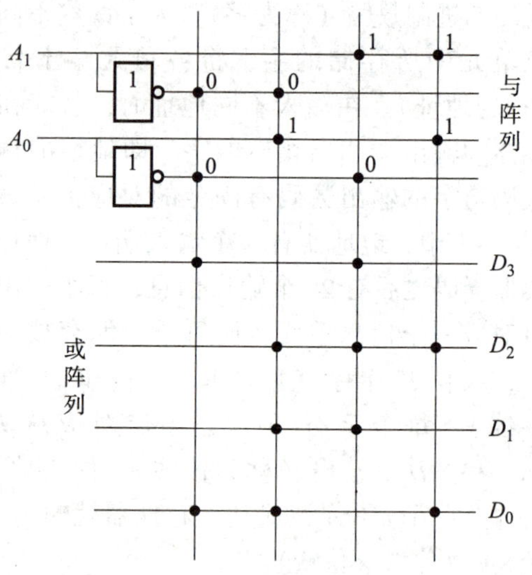

图7-4　4×4 ROM阵列图

由以上可知，用ROM实现逻辑函数时，需列出真值表或最小项表达式，然后画出ROM的符号矩阵。根据用户提供的符号矩阵，厂家便可生产所需的ROM。

2. 可编程只读存储器

固定ROM在出厂前已经写好了内容，使用时只能根据需要选用某一电路，限制了用户的灵活性。可编程只读存储器（PROM）封装出厂前，存储单元中的内容全为1（或全为0），用户在使用时可以根据需要，将某些单元的内容改为0（或改为1），此过程称为编程。图7-5所示为PROM的可编程存储单元，图中的二极管位于字线与位线之间，二极管前端串有熔丝，在没有编程前，存储矩阵中的全部存储单元的熔丝都是连通的，即每个单元存储的都是1。用户使用时，只需按自己的需要，借助一定的编程工具，将某些存储单元上的熔丝用大电流烧断，该单元存储的内容就变为0。熔丝烧断后不能再接上，故PROM只能进行一次编程。可改写的ROM则克服了这一缺点。

3. 可擦可编程 ROM

PROM 虽然可以编程，但只能编程一次。而可擦可编程 ROM（EPROM）克服了 PROM 的缺点，当所存数据需要更新时，可以用特定的方法擦除并重写。最早出现的是用紫外线照射擦除的 EPROM，它的存储矩阵单元使用浮置栅雪崩注入 MOS 管或叠栅注入 MOS 管。

图 7－6 所示为浮置栅 MOS 管的结构。不难看出，浮置栅 MOS 管（简称 FAMOS 管）基本上是一个 P 沟道增强型 MOS 管，所不同的仅仅是栅极被 SiO_2 绝缘层隔离，呈浮置状态，故称浮置栅。当浮置栅带负电荷时，N 型衬底表面感应出 P 型沟道，FAMOS 管处于导通状态，源极－漏极间的电阻很小，可看成短路。若浮置栅上不带有电荷，则 FAMOS 管截止，源极－漏极间可视为开路。因此，由图 7－7 可见，当浮置栅带负电荷时，FAMOS 管导通，存储 MOS 管源极接地，也就是说该存储单元有 MOS 管。反之，浮置栅不带电荷，FAMOS 管截止，存储 MOS 管不接地，相当于该存储单元没有接 MOS 管。可见，根据浮置栅是否带有负电荷便可区分出所存信息是 0 还是 1。

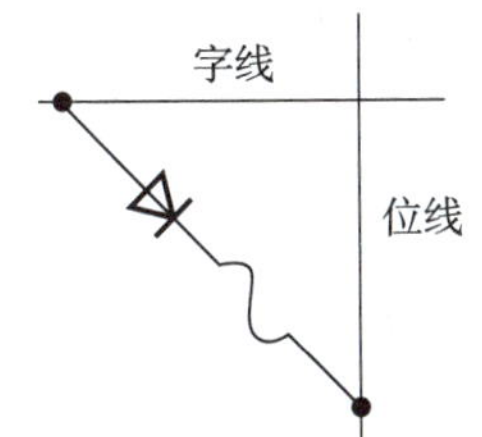

图 7－5　PROM 的可编程存储单元

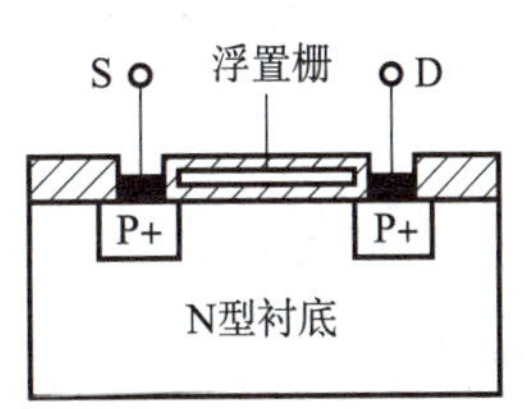

图 7－6　浮置栅 MOS 管的结构

浮置栅 EPROM 出厂时，所有存储单元的 FAMOS 管浮置栅都不带电荷，FAMOS 管处于截止状态。写入信息时，在对应单元的漏极与衬底之间加足够高的反向电压，使漏极与衬底之间的 PN 结产生击穿，雪崩击穿产生的高能电子堆积在浮置栅上，使 FAMOS 管导通。当去掉外加反向电压后，由于浮置栅上的电子没有放电回路能长期保存下来，在 25 ℃的环境温度下，70% 以上的电荷能保存 10 年以上。如果用紫外线照射 FAMOS 管 1 ~ 30 min 浮置栅上积累的电子形成光电流而泄放，使导电沟道消失，FAMOS 管又恢复为截止状态。为便于擦除，芯片的封装外壳装有透明的石英盖板。

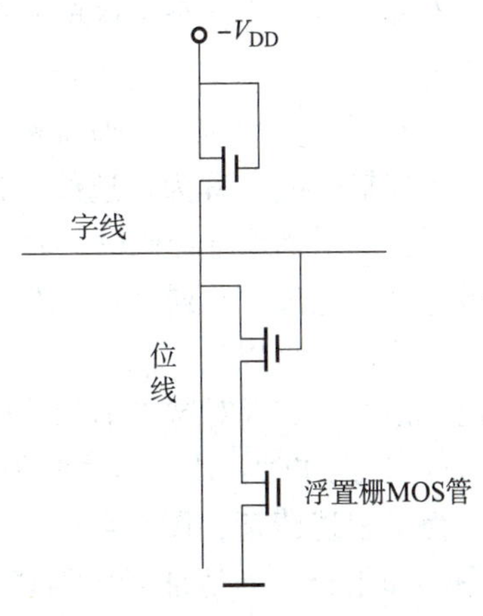

图 7－7　EPROM 存储单元

4. 电可擦可编程 ROM（E^2PROM）

电可擦可编程 ROM（E^2PROM）是一种可用电气方法在线擦除和编程的只读存储器。其存储单元采用了浮栅隧道氧化层 MOS 管。它既有 RAM 在联机操作中可读可改写的特点，又具有非易失性存储器 ROM 在掉电后仍然能保持所存储数据的优点。写入的数据在常温下至少可以保存十年，擦除/写入次数为 1 万 ~ 10 万次。由此可见，这种存储器无论是擦除还是写入的速度均较 EPROM 快，且操作更加简单方便。

7.1.3 随机存取存储器

随机存取存储器（RAM）又称随机读/写存储器，指的是可以从任意选定的单元读出数据，或将数据写入任意选定的存储单元。其优点是读、写方便，使用灵活，缺点是一旦断电，所存储的信息就会丢失。图 7-8 所示为 RAM 的结构框图（I/O 端画双箭头是因为数据既可由此端口读出，也可写入）。

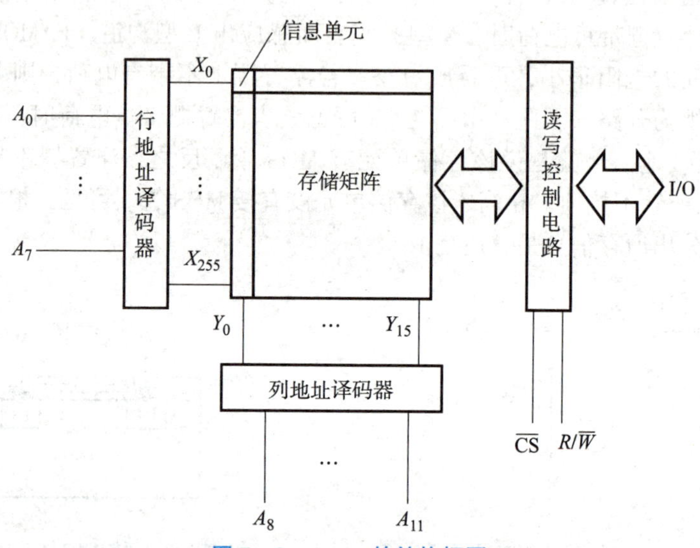

图 7-8 RAM 的结构框图

存储矩阵由许多个信息单元排列成 n 行、m 列的矩阵组成，共有 $n\times m$ 个信息单元，每个信息单元（每个字）有 k 位二进制数（1 或 0），存储器中存储单元的数量称为存储容量；地址译码器分为行地址译码器和列地址译码器，它们都是线译码器。在给定地址码后，行地址译码器输出线（称为行选线，用 X 表示，又称字线）中有一条为有效电平，它选中行存储单元，同时列地址译码器的输出线（称为列选线，用 Y 表示，又称位线）中也有一条为有效电平，它选中一列（或几列）存储单元，这两条输出线（行与列）交叉点处的存储单元便被选中（可以是一位或几位），这些被选中的存储单元由读/写控制电路控制，与输入/输出端接通，实现对这些单元的读或写操作。当 $R/\overline{W}=0$ 时，进行写入数据操作。当然，在进行读/写操作时，片选信号必须为有效电平，即$\overline{CS}=0$。

为了表述清楚，图 7-9 所示为 256×4（256 个字，每个字 4 位）RAM 存储矩阵的示意图。如果行、列地址译码器译出 X_0 和 Y_0 均为 1，则选中了第一个信息单元，而第一个信息单元有 4 个存储单元，即这个存储单元被选中，可以对这 4 个存储单元进行读出或写入。

RAM 按照工作原理不同可以分为静态 RAM（SRAM）和动态 RAM（DRAM）。静态 RAM 的存储单元是利用基本 RS 触发器存储信息的，保存的信息不易丢失。而动态 RAM 的存储单元是利用 MOS 的栅极电容来存储信息，由于电容的容量很小以及漏电流的存在，因此，为了保持信息，必须定时地给电容充电，通常称为刷新，故称为动态存储单元。

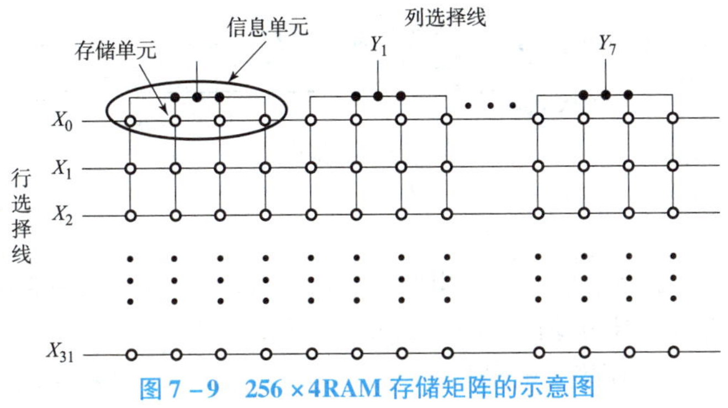

图 7-9 256×4RAM 存储矩阵的示意图

7.1.4 其他类型存储器

1. 快闪存储器

快闪存储器（flash memory）采用了与 EPROM 中的浮置栅 MOS 管相似的结构，同时保留了 E^2PROM 用隧道效应擦除的快捷特性。从理论上看，快闪存储器属于 ROM 型存储器，但它可以随时改写信息；从功能上看，它又相当于 RAM。

由于快闪存储器不需要存储电容，故其集成度高，制造成本低。它使用方便，既具有 RAM 读/写的灵活性和较快的访问速度，又具有 ROM 在掉电后不丢失信息的特点，所以快闪存储器技术发展十分迅速。现在其单片容量已经达到 32 GB，其可重写编程的次数已经达到 100 万次。

随着快闪存储器技术的不断发展，其高集成度、大容量、低成本及使用方便等特点已受到人们的普遍重视。快闪存储器已越来越多地取代 E^2PROM，并广泛应用于通信设备、办公设备、医疗设备、工业控制等领域。可以说，快闪存储器的前景非常看好。

2. 非易失性静态读写存储器

非易失性静态读写存储器（NVSRAM）是美国 Dallas 半导体公司推出的封装一体化电池后备供电的静态读写存储器，它以高容量、长寿命锂电池为后备电源，在低功耗的 SRAM 芯片上加上可靠的数据保护电路所构成。其性能和使用方法与 SRAM 一样，在断电情况下，所存储的信息可保存 10 年。其缺点主要是体积稍大，价格较高。此外，还有一种 NVSRAM，不需电池作后备电源，它的非易失性是由其内部机理决定的。

3. 串行存储器

串行存储器是为适应某些设备对元器件的低功耗和小型化的要求而设计的。其主要特点是信息的存取方式与 RAM 不同，它所存储的数据是按一定顺序串行写入和读出的，故对每个存储单元的访问与它在存储器中的位置有关。

4. 多端口存储器

习题 7.1

多端口存储器（MPRAM）是为适应更复杂的信息处理需要而设计的一种在多处理机应用系统中使用的存储器。其特点是有多套独立的地址机构（多个端口），共享存储单元的数据。多口 RAM 一般可分为双端口 SRAM、VRAM、FIFO、MPRAM 等类型。

7.2 可编程逻辑器件

7.2.1 概述

自20世纪60年代以来，数字集成电路已经历了从SSI、MSI、LSI到VLSI的发展过程。数字集成电路按照芯片设计方法的不同大致可以分为三类。

（1）通用型中、小规模集成电路。

（2）大规模、超大规模集成电路，如微处理器、单片机等。

（3）专用集成电路（ASIC）。

专用集成电路ASIC，是一种专门为某一应用领域或为专门用户需要而设计制造的LSI或VLSI电路，它可以将某些专用电路或电子系统设计在一个芯片上，构成单片集成系统。ASIC分为全定制和半定制两类。全定制ASIC的硅片没有经过预加工，其各层掩模都是按特定电路功能专门制造的。半定制ASIC是按一定规格预先加工好的半成品芯片，然后再按具体要求进行加工和制造的，它包括门阵列、标准单元和可编程逻辑器件三种。

可编程逻辑器件（PLD）是ASIC的一个重要分支，它是厂家作为一种通用型器件生产的半定制电路，用户可以利用软、硬件开发工具对器件进行设计和编程，使之实现所需要的逻辑功能。由于它是用户可配置的逻辑器件，使用灵活，设计周期短，费用低，而且可靠性好，承担风险小，特别适合于系统样机的研制和小批量开发，因而很快得到普遍应用，发展非常迅速。

可编程逻辑器件的基本结构是由与阵列和或阵列、再加上输入缓冲电路和输出电路组成的，如图7-10所示。其中输入缓冲电路可产生输入变量的原变量和反变量，并提供足够的驱动能力。与阵列由多个多输入端与门组成，或阵列由多个多输入端或门组成。PLD的输出电路因器件的不同而有所不同，有些是组合电路输出，而有些则含有触发器单元，但总体可分为固定输出和可组态输出两类。

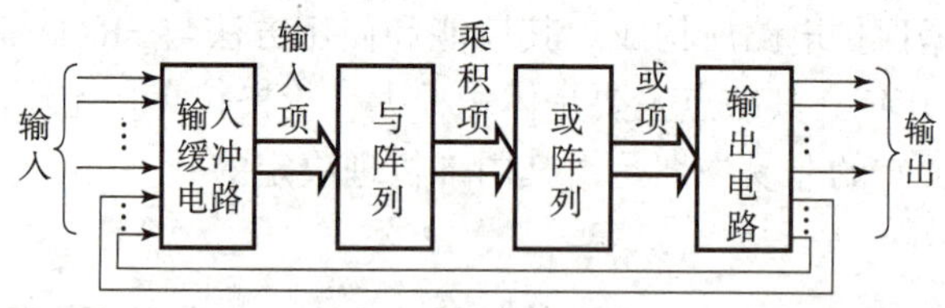

图7-10 PLD的基本结构框图

可编程逻辑器件按集成度可分为低密度PLD（LDPLD）和高密度PLD（HDPLD）两类。LDPLD是早期开发的可编程逻辑器件，主要产品有PROM、现场可编程逻辑阵列（FPLA）、可编程阵列逻辑（PAL）和通用阵列逻辑（GAL）。这些器件结构简单，具有成本低、速度高、设计简便等优点，但其规模较小（通常每片只有数百门），难于实现复杂的逻辑。

HDPLD是20世纪80年代中期发展起来的产品，它包括可擦除、可编程逻辑器件（EPLD），复杂可编程逻辑器件（CPLD）和现场可编程门阵列（FPGA）三种类型。EPLD和CPLD是在PAL和GAL的基础上发展起来的，其基本结构由与或阵列组成，因此通常称为阵列型 PLD，而 FPGA 具有门阵列的结构形式，通常称为单元型 PLD。

可编程逻辑器件均采用可编程元件（存储单元）来存储编程信息，常用的可编程元件有四类：①一次性编程的熔丝或反熔丝元件；②紫外线擦除、电可编 EPROM 存储单元，即 UVCMOS 工艺结构；③电擦除、电可编程存储单元，一类是 E^2PROM 即 E^2CMOS 工艺结构，另一类是快闪（Flash）存储单元；④基于静态存储器（SRAM）的编程元件。这四类元件中，基于电擦除、电可编程的 E^2PROM 和快闪（Flash）存储单元的 PLD 以及基于 SRAM 的 PLD 目前使用最广泛。

7.2.2 普通可编程逻辑器件

1. 可编程阵列逻辑

可编程阵列逻辑（PAL）从结构上分成与阵列、或阵列和输出电路三部分，主要特征是与阵列可编程，而或阵列固定不变。图 7－11 所示为 PAL 的结构。

PAL 备有多种输出结构，不同型号的芯片对应一种固定的输出结构。使用时根据需要选择合适的芯片。常见的有以下几种：

（1）专用输出结构。这种结构的输出端只能输出信号，不能兼作输入。它只能实现组合逻辑函数。目前常用的产品有 PAL10H8、PALI0L8 等。

（2）可编程 I/O 结构。这种结构的输出端有一个三态缓冲器，三态门受一个乘积项的控制，当三态门禁止，输出呈高阻状态时，I/O 引脚作输入用；当三态门被选通时，I/O 引脚作输出用。

（3）寄存器输出结构。这种结构的输出端有一个 *D* 触发器，在使能端的作用下，触发器的输出信号经三态门缓冲输出。可见，此 PAL 能记忆原来的状态，从而实现时序逻辑功能。

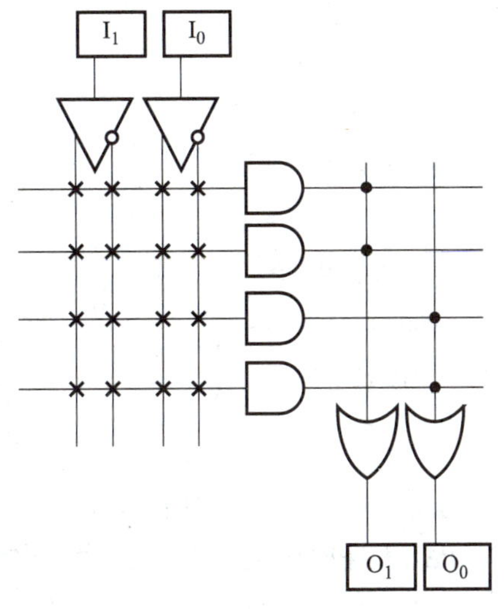

图 7－11 PAL 的结构

（4）异或型输出结构。这种结构的输出部分有两个异或门，它们的输出经异或门进行异或运算后再经 *D* 触发器和三态缓冲器输出，这种结构便于对与或逻辑阵列输出的函数求反，还可以实现对寄存器状态进行维持操作。

PAL 具有以下三个优点：

（1）提高了功能密度，节省了空间。通常一片 PAL 可以代替 4～12 个 SSI 或 2～4 个 MSI。同时，虽然 PAL 只有 20 多种型号，但可以代替 90% 的通用器件，因而进行系统设计时可以大大减少器件的种类。

（2）提高了设计的灵活性，且编程和使用都比较方便。

（3）有上电复位功能和加密功能，可以防止非法复制。

PAL 共有 21 种，通过不同的命名可以区别。PAL 的命名如图 7－12 所示。

2. 通用可编程逻辑器件（GAL）

通用可编程逻辑器件（GAL）芯片是 20 世纪 80 年代初由美国 Lattice 半导体公司研制

推出的一种通用型和逻辑处理能力较强、性能指标较高的一种 PLD 器件。它采用高速的电可擦除的 E^2CMOS 工艺，具有速度快、功耗低、集成度高等特点。GAL 器件的每一个输出端都有一个组态可编程的输出逻辑宏单元 OLMC，通过编程可以将 GAL 设置成不同的输出方式。这样，具有相同输入单元的 GAL 可以实现 PAL 器件所有的输出电路工作模式，故而称为通用可编程逻辑器件。

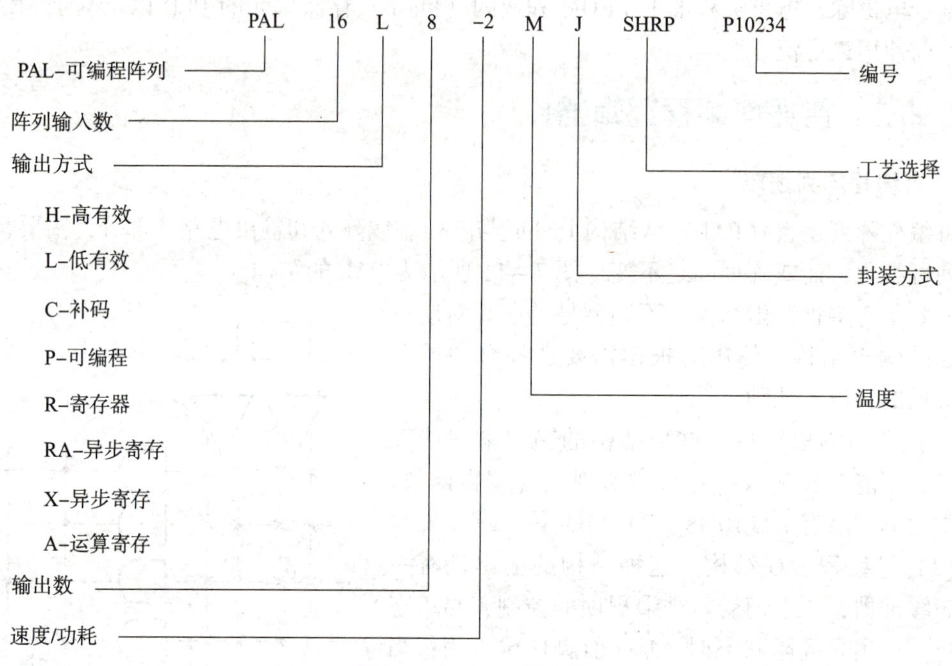

图 7-12　PAL 的命名

GAL 与 PAL 的区别如下：

PAL 是 PROM 熔丝工艺，为一次编程器件，而 GAL 是 E^2PROM 工艺，可重复编程。

PAL 的输出是固定的，而 GAL 用一个可编程的输出逻辑宏单元（OLMC）作为输出电路。GAL 比 PAL 更灵活，功能更强，应用更方便，几乎能替代所有的 PAL 器件。

GAL 分为两大类：一类是普通型，它的与、或结构与 PAL 相似，如 GAL16V8，GAL20V8 等；另一类为新型，其与、或阵列均可编程，与 PLA 相似，主要有 GAL39V8。

下面以普通型 GAL16V8 为例简要介绍 GAL 的基本特点，它的逻辑图如图 7-13 所示。

1）GAL 的基本结构

（1）8 个输入缓冲器和 8 个输出反馈/输入缓冲器。

（2）8 个输出逻辑宏单元 OLMC 和 8 个三态缓冲器，每个 OLMC 对应一个 I/O 引脚。

（3）由 8×8 个与门构成的与阵列，共形成 64 个乘积项，每个与门有 32 个输入项，由 8 个输入的原变量、反变量（16）和 8 个反馈信号的原变量、反变量（16）组成，故可编程与阵列共有 32×8×8=2 048 个可编程单元。

（4）系统时钟 CK 和三态输出选通信号 OE 的输入缓冲器。GAL 器件没有独立的或阵列结构，各个或门放在各自的输出逻辑宏单元（OLMC）中。

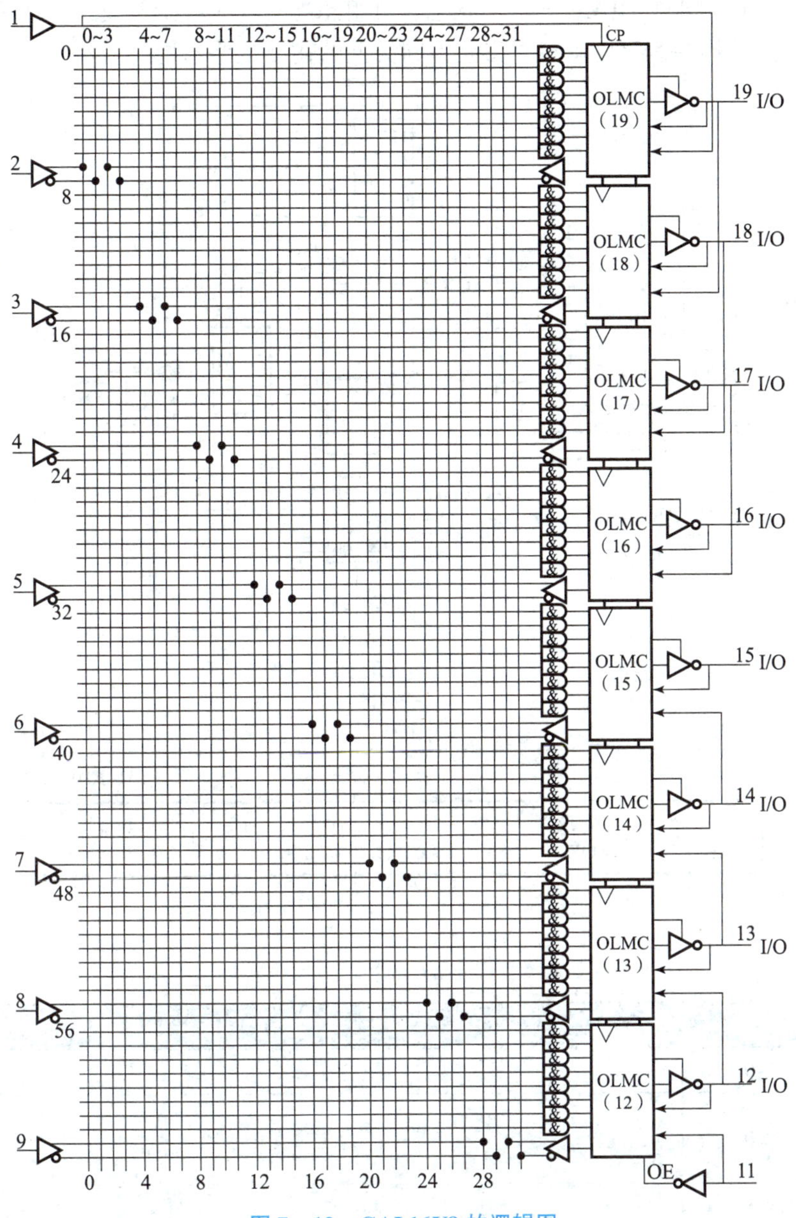

图 7-13 GAL16V8 的逻辑图

2）输出逻辑宏单元的结构

OLMC 由或门、异或门、D 触发器和 4 个多路开关（MUX）组成。它的逻辑图如图 7-14 所示。每个 OLMC 包含或门阵列中的一个或门。一个或门有 8 个输入端，和来自与阵列的 8 个乘积项（PT）相对应。异或门的作用是选择输出信号的极性。D 触发器（寄存器）对异或门的输出状态起记忆（存储）作用，使 GAL 适用于时序逻辑电路。4 个多路开关（MUX）在结构控制字段作用下设定输出逻辑宏单元的状态。

3）GAL 的结构控制字

GAL 的结构控制字共 82 位，每位取值为 1 或 0，如图 7-15 所示。SYN，XOR，AC1，

AC0 相互配合，控制 8 个 OLMC 的输出状态，可组态配置成 5 种工作模式，如表 7－1 所示，只要写入不同的结构控制字，就可以得到不同类型的输出电路结构。

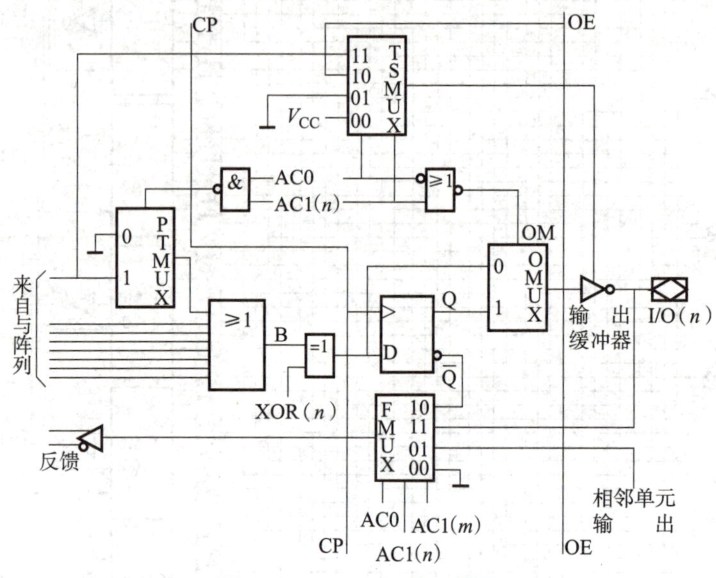

图 7－14　OLMC 的逻辑图

80位

PT63~PT32						PT31~PT0
32位 乘积项禁止	4位 XOR（n）	1位 SYN	8位 AC1（n）	1位 AC0	4位 AOR（n）	32位 乘积项禁止

图 7－15　GAL 的结构控制字

表 7－1　GAL 的 5 种工作模式

SYN	AC0	AC1	XOR	功能	输出极性
1	0	1	—	组合逻辑专用输入三态门禁止	—
1	0	0	0 1	组合逻辑专用输出	低有效 高有效
1	1	1	0 1	组合逻辑带反馈双向 I/O 输出	低有效 高有效
0	1	1	0 1	时序逻辑组合 I/O 输出	低有效 高有效
1	1	0	0 1	时序逻辑寄存器输出	低有效 高有效

从以上分析可看出，GAL 器件由于采用了 OLMC，因而使用更加灵活，只要写入不同的结构控制字，就可以得到不同类型的输出电路结构。这些电路结构完全可以取代 PAL 器件的各种输出电路结构。

7.2.3 复杂可编程逻辑器件

复杂可编程逻辑器件（CPLD）是阵列型高密度可编程控制器，其基本结构形式和 PAL，GAL 相似，都由可编程的与阵列、固定的或阵列和逻辑宏单元组成，但集成规模都比 PAL 和 GAL 大得多。

目前各公司生产的 CPLD 的产品都各有特点，但总体结构大致相同，基本包含三种结构逻辑阵列块（LAB）、可编程 I/O 单元、可编程连线阵列（PIA），如图 7-16 所示。

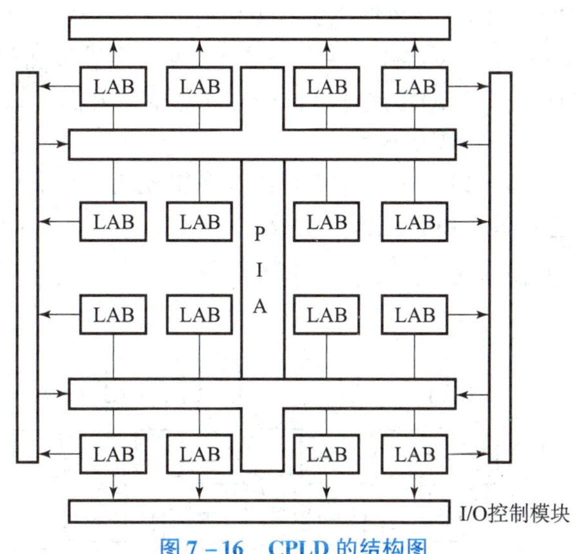

图 7-16 CPLD 的结构图

1. 逻辑阵列块

一个逻辑阵列块由十多个宏单元的阵列组成，而每个宏单元由三个功能块组成：逻辑阵列、乘积项选择矩阵和可编程寄存器，它们可以被单独地配置为时序逻辑或组合逻辑工作方式。如果每个宏单元中的乘积项不够用时，还可以利用其结构中的共享和并联扩展乘积项，并用尽可能小的逻辑资源，得到尽可能快的工作速度。

2. 可编程 I/O 单元

输入/输出单元简称 I/O 单元，它是内部信号到 I/O 引脚的接口部分。由于 CPLD 通常只有少数几个专有输入端，大部分端口均为 I/O 端，而且系统的输入信号常常需要锁存，因此，I/O 端常作为一个独立单元处理。通过对 I/O 端口编程，可以使每个引脚单独地配置为输入/输出和双向工作、寄存器输入等各种不同的工作方式，因此使 I/O 端的使用更为方便灵活。

3. 可编程连线阵列

可编程连线阵列的作用是在各 LAB 之间以及各 LAB 和 I/O 单元之间提供互连网络。各可编程阵列通过可编程连线阵列接收来自专用输入或输出端的信号，并将宏单元的信号反馈到其需要到达的目的地。这种互连机制有很大的灵活性，它允许在不影响引脚分配的情况下改变内部的设计。

7.2.4 现场可编程门阵列

现场可编程门阵列（FPGA）是20世纪80年代中期出现的高密度可编程逻辑器件。与前面所介绍的阵列型可编程逻辑器件不同，FPGA采用类似于掩模编程门阵列的通用结构，其内部由许多独立的可编程逻辑模块组成，用户可以通过编程将这些模块连接成所需要的数字系统。它具有密度高、编程速度快、设计灵活和可再配置等许多优点，因此FPGA自1985年由Xilinx公司首家推出后，便受到普遍欢迎，并得到迅速发展。

FPGA的功能由逻辑结构的配置数据决定。工作时，这些配置数据存放在片内的SRAM或熔丝图上。基于SRAM的FPGA器件，在工作前需要从芯片外部加载配置数据。配置数据可以存储在片外的EPROM、E^2PROM或计算机软、硬盘中。人们可以控制加载过程，在现场修改器件的逻辑功能，即所谓现场编程。

FPGA的基本结构如图7-17所示。它由可编程逻辑模块（CLB）、可编程输入/输出模块（IOB）和可编程互连资源（IR）三部分组成。

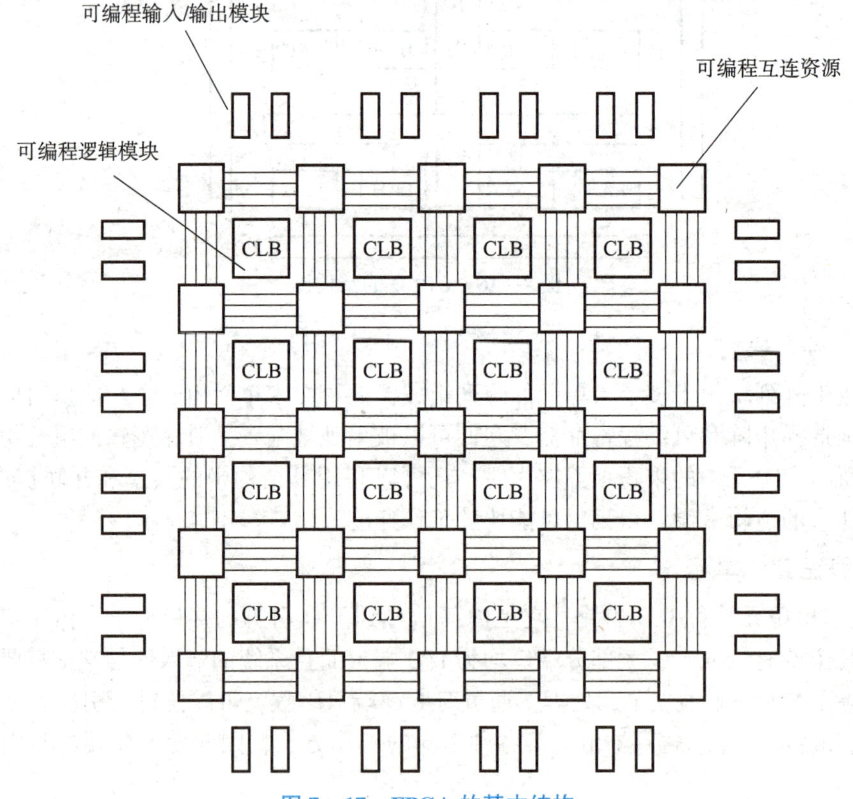

图7-17 FPGA的基本结构

1. 可编程逻辑模块

可编程逻辑模块（CLB）是实现用户功能的基本单元，它们通常规则地排列成一个阵列散布于整个芯片。可编程逻辑模块（CLB）一般有三种结构形式：查找表结构、多路开关结构和多级与非门结构。它主要由逻辑函数发生器、触发器、数据选择器和信号变换四部分电路组成。

2. 可编程输入/输出模块

可编程输入/输出模块（IOB）主要完成芯片内部逻辑与外部封装脚的接口，它通常排列在芯片的四周；提供器件引脚和内部逻辑阵列的接口电路。每一个 IOB 控制一个引脚（除电源线和地线引脚外），可将它们定义为输入、输出或者双向传输信号端。

3. 可编程互连资源

可编程互连资源（IR）包括各种长度的连线线段和一些可编程连接开关，它们将各个 CLB 之间或 CLB、IOB 之间及 IOB 之间连接起来，构成特定功能的电路。

FPGA 芯片内部单个 CLB 的输入/输出之间、各个 CLB 之间、CLB 和 IOB 之间的连线由许多金属线段构成，这些金属线段带有可编程开关，通过自动布线实现所需功能的电路连接。连线通路的数量与器件内部阵列的规模有关，阵列规模越大，连线数量越多。

互连线按相对长度分为单线、双线和长线三种。

7.2.5　可编程逻辑器件的开发与应用

1. 电子系统的设计方法

传统的数字电子系统设计中，一般先按数字电子系统的具体功能要求进行功能划分，然后选择 SSI、MSI 标准通用器件对电路进行设计，对每个子模块画出相应的逻辑线路图，再根据此选择设计电路板，最后进行实测与调试。这种设计技术是自底向上的，即首先确定构成系统的最底层的电路模块或元件的结构和功能，然后根据主系统的功能要求，将它们组合成更大的功能块，使它们的结构和功能满足高层系统的要求。以此流程，逐步向上递推，直至完成整个目标系统的设计。这种设计方法的特点是必须首先关注并致力于解决系统最底层硬件的可获得性，以及功能特性方面的诸多细节问题。传统的系统设计方法，由于采用器件的种类和数量多，连线复杂，因而制成的系统往往体积大、功耗大、可靠性差。

可编程逻辑器件的出现使数字系统的设计方法发生了崭新的变化。采用可编程逻辑器件设计系统时，可以将原来在电路板上的设计工作放到芯片设计中进行，而且所有的设计工作都可以利用电子设计自动化（EDA）工具来完成，从而极大地提高了设计效率，增强了设计的灵活性。同时，基于芯片的设计可以减少芯片的数量，缩小系统体积，降低功耗，提高系统的速度和可靠性。应用这种新的设计方法必须具备三个条件：①必须基于功能强大的 EDA 技术；②具备集系统描述、行为描述和结构描述功能为一体的硬件描述语言；③高密度、高性能的大规模集成可编程逻辑器件。也就是说，新的设计方法是利用计算机软件，对功能强大的可编程器件进行程序设计，使得使用一个芯片即可实现一个完整系统的功能。

编程逻辑器件的软件开发系统支持两种设计输入方式：一种是图形设计输入，另一种是硬件描述语言输入。计算机对输入文件进行编译、综合、优化、配置操作，最后生成供编程用的文件，可直接编程到可编程逻辑器件的芯片中。

图形设计输入是使用软件开发系统，先画出满足所设计数字系统功能要求的逻辑电路图，计算机根据图形文件进行编译、综合、优化、配置操作。硬件描述语言输入是利用该语言描述硬件电路的功能、信号连接关系及时序关系等。使用硬件描述语言可以比逻辑电路图更有效地表示硬件电路的特性。硬件描述语言有很多种，现在比较流行的硬件描述语言有 Verilog 和 VHDL。

2. 可编程逻辑器件的开发方法

PLD 的开发是指利用开发系统的软件和硬件对 PLD 进行设计与编程的过程。

开发系统软件是指 PLD 专用的编程语言和相应的汇编程序或编译程序。硬件部分包括计算机和编程器。

可编程逻辑器件的设计流程，主要包括设计准备、设计输入、设计处理和器件编程四个步骤，同时包括相应的功能仿真、时序仿真和器件测试三个设计验证过程，如图 7－18 所示。

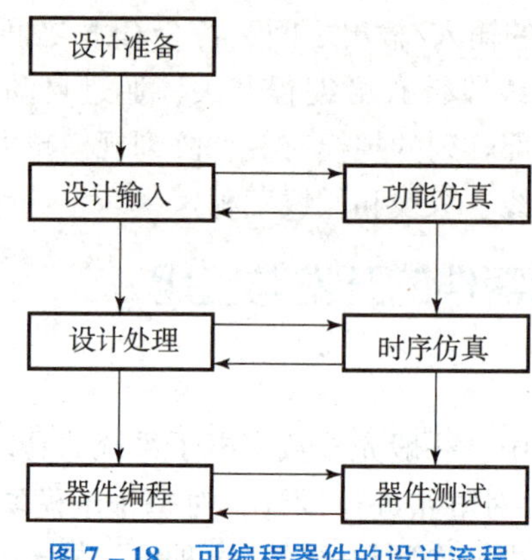

图 7－18　可编程器件的设计流程

1）设计准备

采用有效的设计方案是 PLD 设计成功的关键，因此在设计输入之前首先要考虑两个问题：①选择系统方案，进行抽象的逻辑设计；②选择合适的器件，满足设计的要求。

对于低密度 PLD（PAL、GAL 等），一般可以进行书面逻辑设计，将电路的逻辑功能直接用逻辑表达式、真值表、状态图或原理图等方式进行描述，然后根据整个电路输入、输出端数以及所需要的资源（如门、触发器、中规模器件等）的数目，选择能满足设计要求的器件系列和型号。器件的选择除了应考虑器件的引脚数、资源外，还要考虑其速度、功耗及结构特点。

对于高密度 PLD（CPLD、FPGA），系统方案的选择通常采用“自顶向下”的设计方法。目前系统方案的设计工作和器件的选择都可以在计算机上完成，设计者可以采用国际标准的硬件描述语言对系统进行功能描述，并选用各种不同的芯片进行平衡、比较，以选择最佳结果。

2）设计输入

设计者将所设计的系统或电路以开发软件要求的某种形式表示出来，并送入计算机的过程称为设计输入。它通常有原理图输入、硬件描述语言输入和波形输入等多种方式。

3）设计处理

从设计输入完成以后到编程文件产生的整个编译、适配过程通常称为设计处理或设计实现。它是器件设计中的核心环节，是由计算机自动完成的，设计者只能通过设置参数来控制其处理过程。在编译过程中，编译软件对设计输入文件进行逻辑化简、综合和优化，并适当地选用一个或多个器件自动进行适配和布局、布线，最后产生编程用的编程文件。

在设计输入和设计处理过程中往往要进行功能仿真和时序仿真。功能仿真是在设计输入完成以后的逻辑功能验证，又称前仿真。它没有延时信息，对于初步功能检测非常方便。时序仿真在选择好器件并完成布局、布线之后进行，又称后仿真或定时仿真。时序仿真可以用来分析系统中各部分的时序关系以及仿真设计性能。

4）器件编程

编程是指将编程数据放到具体的 PLD 中去。对阵列型 PLD 来说，是将 JED 文件“下载”到 PLD 中去；对 FPGA 来说，是将位流数据文件“配置”到器件中去。

先导案例解决

根据用途不同，存储器分为两大类。一类是只读存储器 ROM，用于存放永久性的、不变的数据，这种存储器在断电后数据不会丢失。另一类是随机存取存储器 RAM，用于存放一些临时性的数据或中间结果，需要经常改变存储内容，这种存储器断电后，数据将全部丢失。因此，选择只读存储器存储程序，选择随机存取存储器存储数据。

习题 7.2

【本章小结】

1. 存储器是一种可以存储数据或信息的半导体器件，它是现代数字系统特别是计算机中的重要组成部分。按照所存内容的易失性，存储器可分为随机存取存储器 RAM 和只读存储器 ROM 两类。RAM 由存储矩阵、地址译码器和读/写控制器三个部分组成。对其任意一个地址单元均可实施读写操作。ROM 所存储的信息是固定的，不会因掉电而消失。根据信息的写入方式可分为固定 ROM、PROM、EPROM 和 E^2PROM。

2. 可编程逻辑器件（PLD）的应用越来越广泛，用户可以通过编程确定该类器件的逻辑功能。在本章讨论过的几种 PLD 器件中，普通可编程逻辑器件 PAL 和 GAL 结构简单，具有成本低、速度高等优点，但其规模较小（通常每片只有数百门），难于实现复杂的逻辑。复杂可编程逻辑器件 CPLD 和现场可编程门阵列 FPGA，集成度高（每片有数百万个门），有更大的灵活性，若与先进的开发软件配套使用，则感到特别方便。CPLD 和 FPGA 是研制与开发数字系统的理想器件。

【习　题】

1. 按存取特点分，存储器可分为________和________两类。
2. 断电后，RAM 中存储的数据________，ROM 中的数据________。
3. 可编程逻辑器件的基本结构包括________、________、________和________。
4. PAL 和 GAL 都是________阵列可编程，________阵列固定的可编程器件。
5. 可编程器件 PAL 的中文全称是__________，GAL 的中文全称是______________。
6. 为使 FPGA 能实现在系统编程，与之配套的存储器应选用 ________。

第8章 555电路及应用

学习目标

了解555定时器的组成及工作原理；掌握555定时器组成单稳态触发器；掌握555定时器组成多谐振荡器；掌握555定时器组成施密特触发器。

先导案例

脉冲信号是一种离散信号，形状多种多样，与普通模拟信号（如正弦波）相比，波形之间在时间轴不连续（波形与波形之间有明显的间隔），但具有一定的周期性。那么，如何才能产生脉冲信号呢？

8.1 555电路

8.1.1 概述

1. 555电路的特点

555电路是555定时集成电路的简称，它主要有以下特点：

（1）555电路是一种将模拟电路和数字电路巧妙地结合在一起的电路。

（2）定时的精度、工作速度和可靠性高。

（3）使用的电源电压范围宽，为3～18 V（CMOS型），能和其他数字电路直接连接。

（4）有一定的输出功率，最大输出电流达200 mA，可以直接驱动继电器、小电动机、指示灯和扬声器等负载。

（5）结构简单，使用灵活，用途广泛，可组成各种波形的脉冲振荡器、定时延时电路、脉冲调制电路、仪器仪表的各种控制电路及民用电子产品、电子琴、电子玩具等。

2. 555 电路的基本特性

555 电路有 TTL 型和 CMOS 型集成电路两大类。555 电路中若只有一个时基电路，称为单时基电路；在一个集成块内封装了两个完全不同，又各自独立的时基电路，称为双时基电路。我国广泛使用的 555 定时集成电路的统一型号是：单时基电路的 TTL 型为 ××555（“××”表示不同生产厂家使用的前缀字母代号），CMOS 型为 ××7555。双时基电路的 TTL 型为 ××556，CMOS 型为 ××7556。

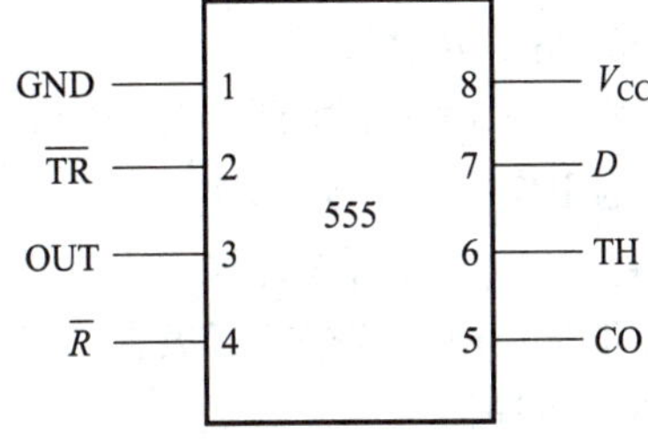

图 8－1　555 单时基电路的逻辑符号

双列直插 TTL 型 555 单时基电路的逻辑符号如图 8－1 所示，各引脚功能如下：

1 脚接电源地线，即电源的负极。

2 脚为低电平触发端，简称低触发端。

3 脚为输出端，可将继电器、小电动机及指示灯等负载的一端与它相连，另一端接地或电源的正极。

4 脚为低电平复位端。

5 脚为电压控制端，主要用来调节比较器的触发电位。

6 脚为高电平触发端，简称高触发端。

7 脚为放电端。

8 脚接电源正极。

8.1.2　555 电路

1. 555 电路

TTL 型 555 电路的内部结构如图 8－2 所示。它大致可以分为电阻分压器、电压比较器、基本 *RS* 触发器、集电极开路的放电三极管 VT 和缓冲器五部分。

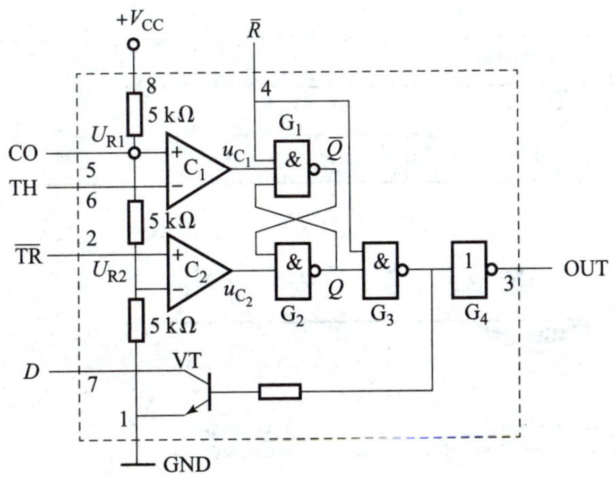

图 8－2　TTL 型 555 电路的内部结构

1）电阻分压器

由3个5 kΩ的电阻R组成，为电压比较器C_1和C_2提供基准电压。

2）电压比较器

由C_1和C_2组成，当控制电压控制端CO悬空时，C_1和C_2的基准电压分别为$2/3V_{CC}$和$1/3V_{CC}$。

3）基本RS触发器

基本RS触发器由两个与非门G_1和G_2构成。比较器C_1的输出作为置0输入端，比较器C_2的输出作为置1输入端。

4）放电三极管VT

VT是集电极开路的三极管，VT的集电极作为定时器的引出端D。

5）缓冲器

缓冲器由G_3和G_4构成，用于提高电路的负载能力。

2. 555电路的工作原理

由图8-2可知，当$\overline{R}=0$时，定时器的输出OUT为0；当$\overline{R}=1$时，555定时器具有以下功能：

（1）当高触发端$TH>2/3V_{CC}$且低触发端$\overline{TR}>1/3V_{CC}$时，比较器C_1输出为低电平，C_1输出的低电平将RS触发器置为0，使定时器的输出OUT为0，同时放电三极管VT导通。

（2）当高触发端$TH<2/3V_{CC}$且低触发端$\overline{TR}<1/3V_{CC}$时，比较器C_2输出为低电平，C_2输出的低电平将RS触发器置为1，使定时器的输出OUT为1，同时放电三极管VT截止。

（3）当高触发端$TH<2/3V_{CC}$且低触发端$\overline{TR}>1/3V_{CC}$时，定时器的输出和放电三极管VT的状态保持不变。根据以上分析，可以得出555定时器的功能表如表8-1所示。

习题8.1

表8-1　555定时器的功能表

输入			输出	
TH	$\overline{TR}$	$\overline{R}$	OUT	VT
×	×	0	0	导通
$>2/3V_{CC}$	$>1/3V_{CC}$	1	0	导通
$<2/3V_{CC}$	$<1/3V_{CC}$	1	1	截止
$<2/3V_{CC}$	$>1/3V_{CC}$	1	不变	不变

8.2　555电路应用

555电路内部结构

8.2.1　用555电路组成单稳态触发器

单稳态触发器具有下列特点：

(1) 电路有一个稳态和一个暂稳态。

(2) 在外来触发脉冲作用下，电路由稳态翻转到暂稳态。

(3) 暂稳态是一个不能长久保持的状态，经过一段时间后，电路会自动返回到稳态。

单稳态触发器在数字电路中一般用于定时、整形和延时。

定时：产生一定宽度的矩形波。

整形：将不规则的周期波形转换成宽度、幅度都相等的波形。

延时：将输入信号延迟一定时间后输出。

555 单稳态电路由 555 电路本身和一个 *RC* 定时电路两部分组成。由 555 组成的单稳态触发器电路如图 8－3（a）所示，其中 *R* 和 *C* 为外接定时元件。图 8－3（b）所示为工作波形。

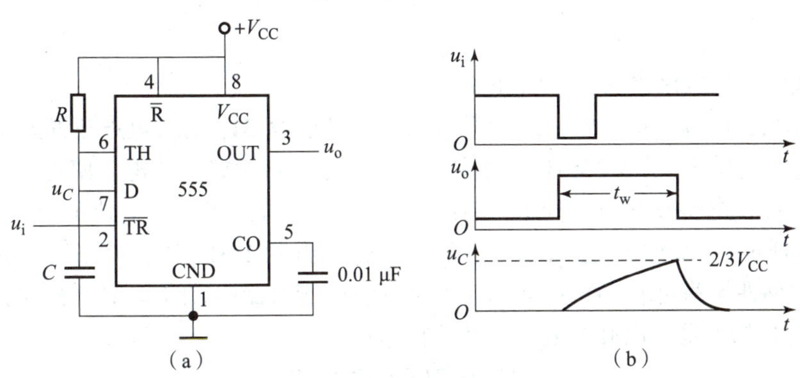

图 8－3　555 组成的单稳态触发器

(a) 电路；(b) 工作波形

555 构成的单稳态触发器的工作原理如下：

当触发脉冲 u_i 下降沿到来时，由于$\overline{TR} < 1/3V_{CC}$，而 $TH = u_C = 0$，从 555 定时器的功能表不难看出，输出端 OUT 为高电平，电路进入暂稳态，此时放电三极管 VT 截止。由于 VT 截止，V_{CC}则通过 *R* 对 *C* 充电。当 $TH = u_C > 2/3V_{CC}$时，输出端 OUT 跳变为低电平，电路自动返回稳态，此时放电三极管 VT 导通。电路返回稳态后，*C* 通过导通的放电三极管 VT 放电，使电路迅速恢复到初始状态。

可以算出，输出脉冲的宽度 $t_W = 1.1RC$。

8.2.2　用 555 电路组成多谐振荡器

多谐振荡器是产生一定频率矩形脉冲的电路。因为矩形波含有丰富的谐波，故称为多谐振荡器。

多谐振荡器具有下列特点：

(1) 没有稳态，只有两个暂稳态。

(2) 无须外加触发信号，电路自动由一个暂稳态翻转到另一个暂稳态。

(3) 振荡周期与电路的阻容元件有关。

图 8－4（a）所示为由 555 组成的多谐振荡器的电路。R_1、R_2、和 *C* 是外接定时元件。

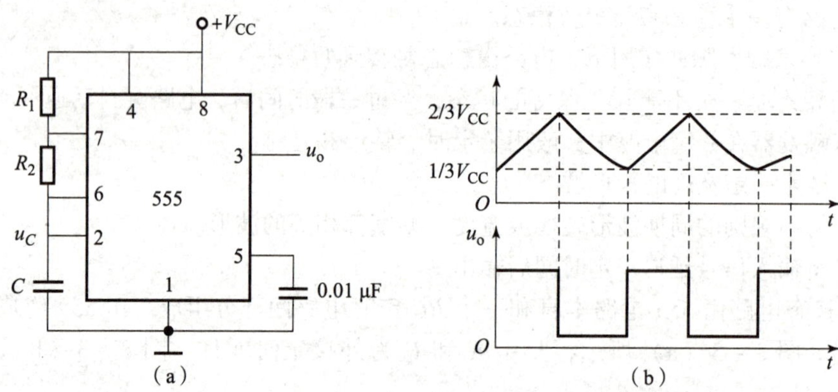

图 8-4　555 组成的多谐振荡器

(a) 电路；(b) 工作波形

555 构成的多谐振荡器的工作原理如下：

接通电源后，电容 C 被充电，u_C 上升，当 u_C 上升到 $2/3V_{CC}$ 时，电路被置为 0 状态，输出端 $u_C=0$，同时放电三极管 VT 导通。此后，电容 C 通过 R_2 和 VT 放电，使得 u_C 下降。当 u_C 下降到 $1/3V_{CC}$ 时，电路被置为 1 状态，输出端 $u_C=1$，放电三极管 VT 处于截止状态。此后，电容 C 被 V_{CC} 通过 R_1 和 R_2 充电，使 u_C 上升，当 u_C 上升到 $2/3V_{CC}$ 时，电路又发生翻转。如此周而复始，电路便振荡起来。图 8-4（b）所示为 555 定时器构成的多谐振荡器的工作波形。

可以计算出振荡器输出脉冲 u_o 的工作周期为

$$T \approx 0.7(R_1 + 2R_2)C$$

8.2.3　用 555 电路组成施密特触发器

施密特触发器是一种常用的波形变换电路，它可以将连续变化的信号波形（如三角波、正弦波）变换为矩形波，同时还可以完成波形整形及幅度鉴别工作。

施密特电路具有下列特点：

(1) 有两个稳定状态。

(2) 两个稳态的转换均需要外加触发信号。

(3) 两个稳态转换的触发电平不同，具有回差电压。

由图 8-5（a）可知，555 组成的施密特触发器工作过程如下：

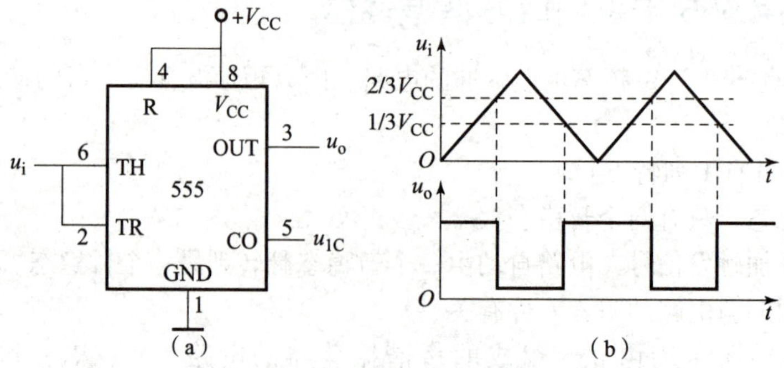

图 8-5　555 组成的施密特触发器

(a) 电路；(b) 工作波形

（1）u_i逐渐升高的过程。

根据表 8－1 可知：

当 $u_i < 1/3V_{CC}$时，即 $TH < 2/3V_{CC}$、$\overline{TR} < 1/3V_{CC}$，故 $u_o = U_{OH}$；

当 $1/3V_{CC} < u_i < 2/3V_{CC}$时，即 $TH < 2/3V_{CC}$、$\overline{TR} > 1/3V_{CC}$，故 $u_o = U_{OH}$，保持不变；

当 $u_i > 2/3V_{CC}$以后，即 $TH > 2/3V_{CC}$、$\overline{TR} > 1/3V_{CC}$，故 $u_o = U_{OL}$。因此，$U_{T+} = 2/3V_{CC}$（上限阈值电压）。

（2）u_i 从高于 $2/3V_{CC}$开始下降的过程。

当 $1/3V_{CC} < u_i < 2/3V_{CC}$时，即 $TH < 2/3V_{CC}$、$\overline{TR} > 1/3V_{CC}$，故 $u_o = U_{OL}$，保持不变；

当 $u_i < 1/3V_{CC}$以后，即 $TH < 2/3V_{CC}$、$\overline{TR} < 1/3V_{CC}$，故 $u_o = U_{OH}$。因此，$U_{T-} = 1/3V_{CC}$（下限阈值电压）。

由此得到电路的回差电压为

$$\Delta U_T = U_{T+} - U_{T-} = 1/3V_{CC}$$

先导案例解决

555 定时器是一种多用途的数字－模拟混合集成电路，利用它能极方便地构成施密特触发器、单稳态触发器与多谐振荡器。其中，多谐振荡器又称无稳态触发器，它没有稳定的输出状态，只有两个暂稳态。在电路处于某一暂稳态后，经过一段时间可以自行触发翻转到另一暂稳态。两个暂稳态自行相互转换而输出一系列矩形波。多谐振荡器可用作方波发生器。

任务训练

多谐振荡器仿真实验。

1. 实验目的

（1）了解 555 定时器的工作原理。

（2）学会分析 555 定时器组成的多谐振荡器电路。

（3）熟练掌握 Proteus 软件编辑和仿真数字电路的方法与技巧。

2. 实验内容及步骤

（1）用 555 定时器组成多谐振荡器，如图 8－6 所示。

（2）将 555 定时器的 OUT 端和 TH 端分别接到示波器上，如图 8－7 所示。

（3）启动仿真运行，观察示波器显示的波形。图 8－8 所示的波形是不是矩形波？是否与理论分析的结果一致？

（4）根据电路的参数值，分析计算并记录矩形波的高电平宽度、低电平宽度和周期的理论值。根据（3）的波形图记录矩形波的高电平宽度、低电平宽度和周期的实际值，将得到的数据填入表 8－2 中。

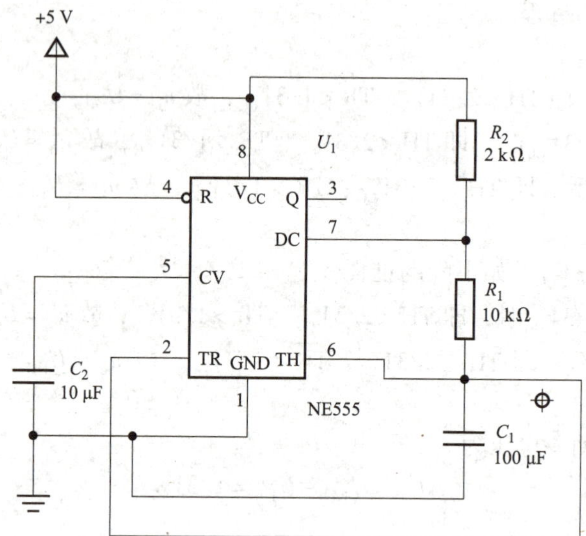

图 8－6　用 555 定时器组成多谐振荡器

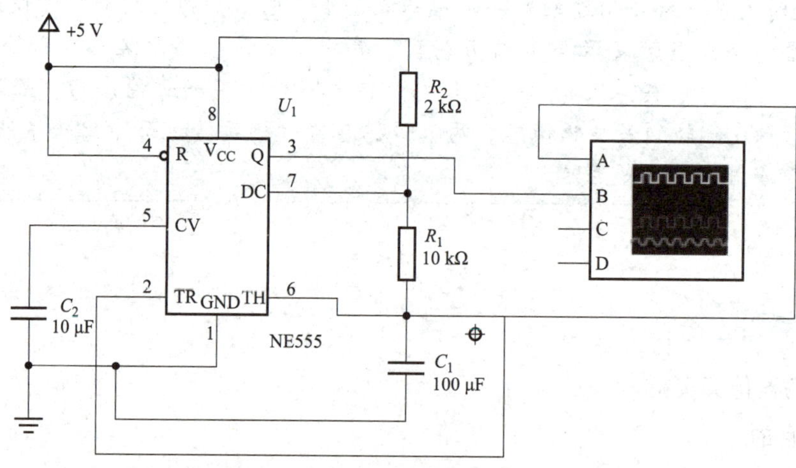

图 8－7　连接示波器

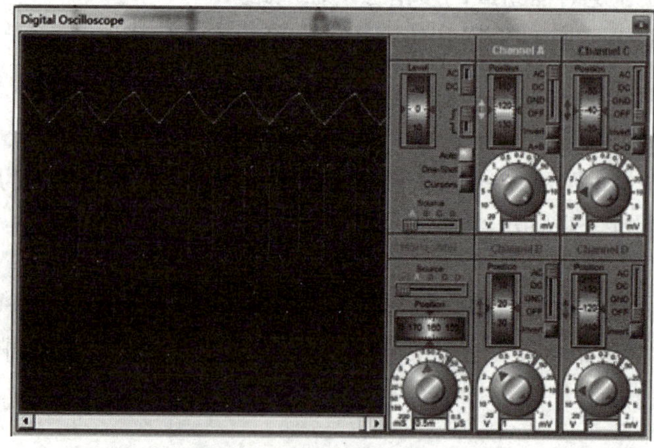

图 8－8　示波器显示的波形

表 8-2　实验数据记录表

参数值	高电平宽度	低电平宽度	周期
理论计算值			
实际测量			

习题 8.2

【本章小结】

本章介绍了用于产生和变换矩形脉冲的各种电路。

1. 单稳态触发器只有一个稳态，在外加触发脉冲作用下，能够从稳态翻转为暂稳态。但暂稳态的持续时间取决于电路内部的元件参数，与输入信号无关。因此，单稳态触发器可以用于产生脉宽固定的矩形脉冲波形。

2. 多谐振荡器没有稳态，只有两个暂稳态。两个暂稳态之间的转换，是由电路内部电容的充、放电作用自动进行的，所以它不需要外加触发信号，只要接通电源就能自动产生矩形脉冲信号。

3. 施密特触发器具有两种稳态，但状态的维持与转换受输入信号电平的控制，所以输出脉冲的宽度是由输入信号决定的。

555 定时器是一种用途很广的集成电路，除了能构成施密特触发器、单稳态触发器和多谐振荡器以外，还可以接成各种应用电路。读者可参阅有关书籍自行设计出所需的电路。

【习　题】

1. 多谐振荡器没有________状态，只有两个________状态，其振荡周期取决于________________。

2. 在555 定时器组成的施密特触发器中，已知 $V_{CC}=9$ V 时，则 $U_{T+}=$______________，$U_{T-}=$________，$\Delta U_T=$________。

3. 单稳态触发器输出脉冲的频率和________的频率相同，其输出脉冲宽度 t_W 与________成正比。

4. 在由555 定时器组成的单稳态触发器中，输出脉冲宽度 t_W 为________。为使其正常工作，直接置零端 $\overline{R}_D$ 应接________，通常将 $\overline{R}_D$ 接到555 定时器的________上。

5. 在由555 定时器组成的多谐振荡器中，其输出脉冲的周期 T 为________。电路工作于振荡状态时，直接置零端 $\overline{R}_D$ 应接________，如要求停止振荡时，$\overline{R}_D$ 端应接________上。

第 9 章 DAC和ADC转换电路及应用

学习目标

理解数/模与模/数转换器的各种相关工作原理，掌握模拟量与数字量相互转换计算方法；掌握 ADC 和 DAC 主要技术指标；了解相关典型常见 ADC 和 DAC 芯片的主要性能参数、使用方法；了解相关电子测量技术；会查阅电子器件手册，并能够通过多种途径查阅集成芯片相关技术资料，掌握合理选用 ADC 和 DAC 集成芯片；基本掌握 ADC 和 DAC 相关子系统的设计、安装、调试方法，初步具备电路布局布线和检查排故的能力。

先导案例

模拟信号和数字信号是电信号的两种形式，如何实现这两种信号间的相互转换在现代电子技术里面也越来越重要，尤其是在先进工业控制应用、现代通信技术等领域里面已成为技术先进性的重要体现。在现实生活或工业现场常常需要测量温度，而温度是一个模拟量，如何采样温度传感器的输出值，即如何将温度的模拟量转换成一个计算机系统可以使用的数字量，则需要采用 ADC 电路。本章着重介绍 ADC 及 DAC 两种转换电路。

9.1 DAC 和 ADC 转换概述

随着电子技术和数字计算机的迅速发展，模拟信号必须转换成数字信号，而数字信号也要转换成模拟信号才能驱动模拟设备。这就需要采用模/数转换器和数/模转换器，简称 ADC（Analog to Digital Converter）和 DAC（Digital to Analog Converter），或称为 A/D 转换器和 D/A 转换器。

ADC 和 DAC 在计算机工业自动控制和自动检测系统中的应用极为广泛，图 9－1 所示为计算机自动控制系统典型结构图，由图可见，ADC 和 DAC 是整个系统中数字系统和模拟系统相互联系的桥梁，是计算机控制系统的重要组成部分。

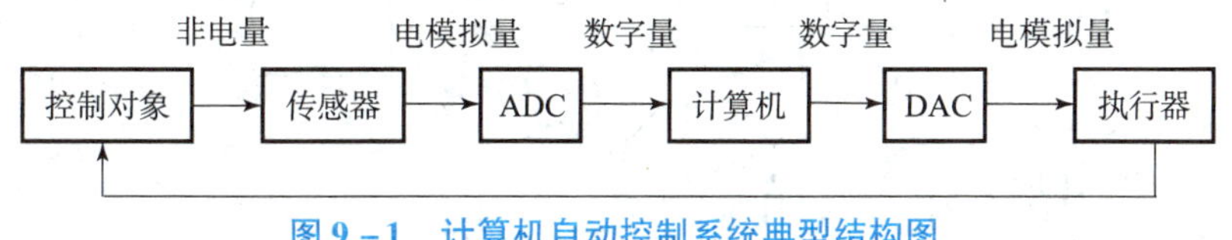

图 9－1 计算机自动控制系统典型结构图

9.2 DAC 转换电路

9.2.1 DAC 转换电路的基本工作原理

D/A 转换器的功能是将输入的二进制数字量转换成与该数字量成比例的以电压或电流形式输出的模拟量，并要求这种转换关系是线性的。

设 DAC 输入的数字量为 n 位二进制数码 $D(D=D_{n-1}D_{n-2}\cdots D_0)$，$D_{n-1}$ 为最高位 MSB（Most Significant Bit），D_0 为最低位 LSB（Least Significant Bit），则 D 的数值可表示为

$$D=D_{n-1}2^{n-1}+D_{n-2}2^{n-2}+\cdots+D_0 2^0 \tag{9-1}$$

DAC 电路的输出量 u_o 应该是与输入量 D 成线性比例的模拟量，即

$$u_o=KD=K(D_{n-1}2^{n-1}+D_{n-2}2^{n-2}+\cdots+D_0 2^0) \tag{9-2}$$

式中 K——转换比例系数。

DAC 的一般结构原理如图 9－2 所示，由图可见 DAC 一般由数据锁存器、数字位控电子开关、电阻译码网络、放大器等组成。

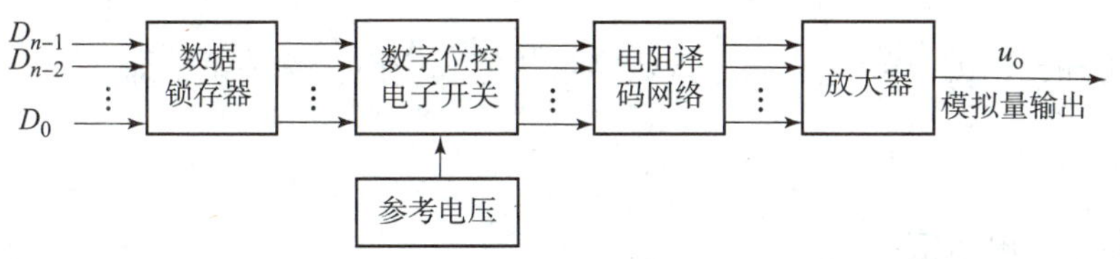

图 9－2 DAC 的一般结构原理

9.2.2 $R-2R$ 倒 T 形电阻网络 DAC 基本原理

$R-2R$ 倒 T 形电阻网络 DAC 结构如图 9－3 所示，该转换器的电阻网络只用到两种阻值，即 R 和 $2R$，网络连接成倒 T 形结构，故称 $R-2R$ 倒 T 形电阻网络 DAC。

如图 9－3 所示，U_{ref} 为基准电压，其中四个模拟开关 $S_3\sim S_0$ 表示 4 位二进制数 $D_3D_2D_1D_0$，D_3 为最高位（MSB），D_0 为最低位（LSB），当某一位数 $D_i=1$，即表示 S_i 接 1，这时相应电阻 $2R$ 接至运算放大器的反相输入端；当 $D_i=0$，即表示 S_i 接 0，对应位的电阻 $2R$ 接至运算放大器的同相输入端（接地）。由于运算放大器的反相输入端为“虚地”，因此不管输入代码为 0 还是为 1，皆可看作接地，这样，各支路的电流便始终不变。也就是说，由参考电压源 U_{ref} 输出的总电流 I_{ref} 也始终不变，其值为 $I_{ref}=\dfrac{U_{ref}}{R}$。

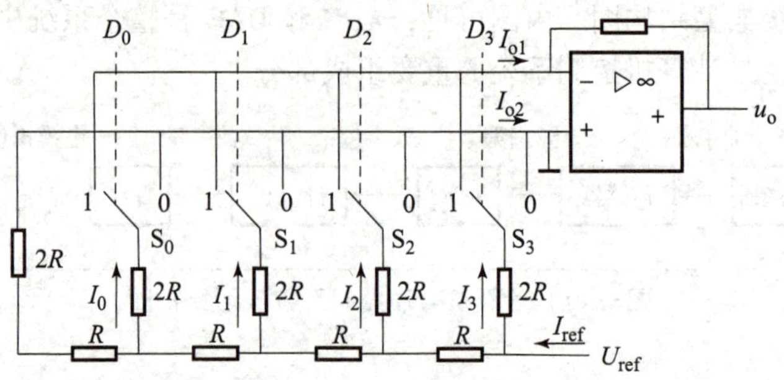

图 9－3　*R*－2*R* 倒 T 形电阻网络 DAC 结构

按分流原理，倒 T 形电阻网络内各支路电流分别为

$$I_3 = \frac{I_{ref}}{2^1} = \frac{U_{ref}}{2^1 R}$$

$$I_2 = \frac{I_{ref}}{2^2} = \frac{U_{ref}}{2^2 R}$$

$$I_1 = \frac{I_{ref}}{2^3} = \frac{U_{ref}}{2^3 R}$$

$$I_0 = \frac{I_{ref}}{2^4} = \frac{U_{ref}}{2^4 R}$$

则流向运算放大器反相输入端的电流 I 为

$$I = D_3 \times I_3 + D_2 \times I_2 + D_1 \times I_1 + D_0 \times I_0 = (D_3 \times 2^3 + D_2 \times 2^2 + D_1 \times 2^1 + D_0 \times 2^0)\frac{U_{ref}}{2^4 R}$$

DAC 的输出电压 u_o 为

$$u_o = -IR = -(D_{n-1} \times 2^{n-1} + D_{n-2} \times 2^{n-2} + \cdots + D_0 \times 2^0)\frac{U_{ref}}{2^n}$$

由上式可知，DAC 输出电压与输入数字量的值成线性比例关系，即

$$u_o = -\frac{U_{ref}}{2^n} \cdot N_n \tag{9-3}$$

式中　u_o——输出电压值；

U_{ref}——参考电压值；

n——D/A 转换器的转换位数；

N_n——输入的二进制值。

9.2.3　D/A 转换器的主要技术指标

D/A 转换器的技术指标有好多项，但主要技术指标有分辨率、转换误差、建立时间、温度系统等。

1. 分辨率

分辨率是说明 DAC 分辨最小输出电压的能力，通常用最小输出电压与最大输出电压的比值来表示，因此分辨率可表示为$\frac{1}{2^n-1}$。

一个 10 位 D/A 转换器的分辨率为$\frac{1}{2^{10}-1}\approx 0.000\,978$。

如果电路的 $V_{ref}=10$ V，则分辨的最小电压为$\frac{V_{ref}}{2^{10}}\approx 9.76$（mV）。若采用 8 位 D/A 转换器，则分辨的最小电压为$\frac{V_{ref}}{2^{8}}\approx 39$（mV）。因此 D/A 转换器的位数越多，分辨输出最小电压的能力越强，故有时也用输入数码的位数来表示分辨率。

2. 转换误差

D/A 转换器的转换误差是指实际的输出模拟电压与理想情况下应有的输出电压之差。转换误差可以用满量程（FSR）电压的百分数表示，也可以用最低数字的倍数表示。如转换误差为 0.2% FSR，就表示转换误差与满量程电压之比为 0.2%；而转换误差为 LSB/2，就表示输出模拟电压转换误差等于只有最低位为 1 时输出电压的 1/2。

转换误差是一个综合误差，它包含非线性误差、比例系数误差和漂移误差等。其中，非线性误差是由电子开关导通时的电压降和电阻网络的电阻值偏差产生的；比例系数误差是由于参考电压源和比例电阻偏移引起的；漂移误差是由运算放大器零点漂移引起的。因此，为了获得高精度的 DAC，总单纯选用高分辨率的 DAC 器件是不够的，还必须考虑采用高稳定性的 V_{ref}和低漂移运算放大器等。

3. 建立时间

建立时间又称转换时间，它是指从数字信号输入 DAC 起，到输出电流（或电压）达到稳定值所需的时间。建立时间的长短决定了转换速度，建立时间越短的 DAC 越适应工作速度高的场合。

建立时间与输入数码变化的大小有关。通常以输入数码由全 0 变化为全 1 时，DAC 输出达到稳定的时间作为建立时间。一般情况下，DAC 要求的精度越高，建立时间就越长。

4. 温度系数

温度系数是指输出模拟电压随温度变化而产生的变化量。一般用满量程输出条件下，温度每升高 1 ℃输出电压变化的百分数作为温度系数。

习题 9.2

此外，DAC 还有输入高低逻辑电平、输入电阻、输出值范围、输出电阻、电源电压和功率消耗等参数供使用时选择。

9.3　DAC 转换电路应用

9.3.1　DAC 转换电路 AD7520 的电路结构

AD7520 是 10 位数码 CMOS 电流开关 $R-2R$ 倒 T 形电阻网络 D/A 转换器。其外形为双列直插式 16 脚器件，其符号如图 9-4 所示。其内部 T 形电阻网络中 $R=10\ \text{k}\Omega$，$2R=20\ \text{k}\Omega$，故 $R_f=10\ \text{k}\Omega$。运算放大器不包含在内部，需要外接。

根据式（9－3）可知，AD7520 转换后的输出模拟电压 u_o 为

$$u_o = -\frac{V_{ref}}{2^{10}} \cdot N_{10} \tag{9-4}$$

式中 N_{10}——10 位二进制数 $D_9 \sim D_0$ 所对应的十进制数。

当基准电源采用负电源 $-V_{ref}$ 时，则转换后的输出模拟电压 U_o 全为正值。

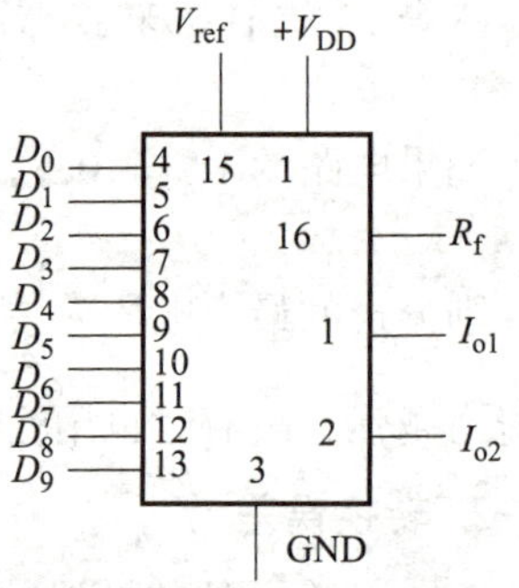

图 9－4 AD7520 符号

9.3.2 DAC 转换电路 AD7520 的电路应用

图 9－5 所示为 AD7520 应用电路原理图，采用 LF155 作为其输出运算放大器，通过调整三个可调电位器，可以调整“零点”及“满量程值”：调整 R_{P3} 可以调零。调整 R_{P1} 可以改变反馈电阻值，由于 R_{P1} 在与内部 R_f 电阻串接，使运算比例系数增加，可提高满量程输出电压。调整 R_{P2} 可改变 V_{ref} 与地之间的等效电阻，由于某种原因 R_{P2} 与内部倒 T 形电阻网络的等效电阻串联，从而可调节电流 I_R 使输出满量程电压减小到所要求值。

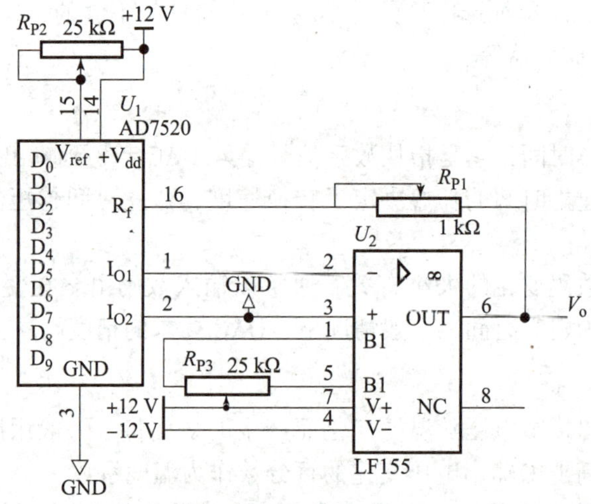

图 9－5 AD7520 应用电路原理图

9.4 ADC 转换电路

9.4.1 A/D 转换器的基本工作原理

A/D 转换器是将模拟电压信号转换成相应的二进制数码。由于输入的模拟信号是一种幅度和时间都是连续变化的信号，而输出的数字信号是一种幅度和时间均为离散的信号。所以进行转换时必须在一系列选定的瞬间（时间轴上的一些规定点）对输入的模拟信号进行取样，然后再将这些取样值转换为输出的数字量。因此，一般 A/D 转换过程是通过取样、保持、量化、编码这四个步骤完成的。

1. 取样

取样就是将一个时间上连续变化的模拟信号转换为时间上离散变化的信号。即将时间上连续变化的模拟量转换为一系列等间隔的脉冲，脉冲的幅度取决于输入模拟量的幅度。图9－6所示为取样的工作过程。

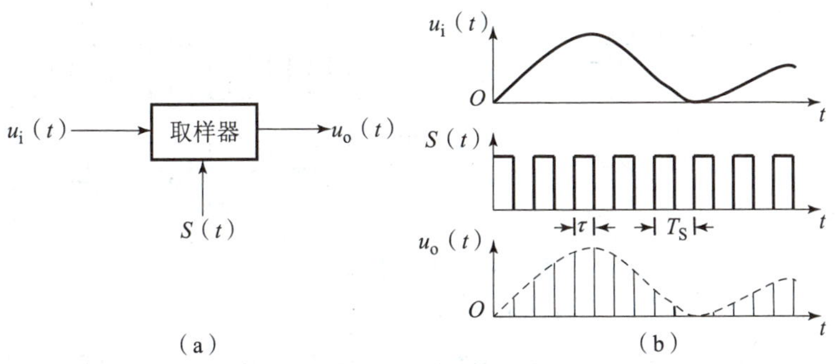

图9－6　取样的工作过程

在图9－6中，$u_i(t)$ 为输入模拟信号，$S(t)$ 为取样脉冲，$u_o(t)$ 为取样输出信号。在取样脉冲作用期 τ 内，取样器内部开关接通，使输出 $u_o(t)=u_i(t)$，在其他时间内，输出 $u_o(t)=0$。因此，每经过一个取样周期 T_S，对输入信号取样一次，在输出端得到输入信号的一个取样值。为了不失真地恢复原来的输入信号，根据取样原理，一个频率有限的模拟信号，其取样频率 $f_s=1/T_S$ 必须大于等于输入模拟信号频率中的最高频率 f_{max} 的两倍，即取样频率必须满足

$$f_s \geqslant 2f_{max} \tag{9-5}$$

式（9－5）给定了最低的取样频率，实际使用的频率一般为输入模拟信号最高频率的2.5～3.0倍。

2. 保持

模拟信号经取样后，得到一系列样值脉冲。取样脉冲宽度 τ 一般是极短暂的，而要将每一个取样的窄脉冲信号数字化，应在下一个取样脉冲到来之前暂时保持所取得的样值脉冲幅度，以便A/D转换器有足够的时间进行转换。将每次取样的模拟信号存储到下一个取样脉冲到来之前的过程，称为保持。

图9－7（a）所示为一种常见的取样保持电路，场效应管VT为取样门，电容 C 为保持电路。在取样脉冲 $S(t)$ 到来的时间 τ 内，场效应管VT导通，输入模拟量 $u_i(t)$ 向电容 C 充电。假定充电时间常数远小于 τ，那么电容 C 上的充电电压能及时跟上 $u_i(t)$ 的取样值。取样结束后，场效应管VT迅速截止，电容 C 上的充电电压就保持了前一取样时间内的输入 $u_i(t)$ 的值，一直保持到下一个取样脉冲到来为止。当下一个取样脉冲到来，电容 C 上的电压又按该时刻的输入 $u_i(t)$ 变化。在输入一连串取样脉冲序列后，取样保持电路的缓冲放大器输出电压 $u_o(t)$ 的波形如图9－7（b）所示。

3. 量化与编码

输入的模拟电压经过取样保持后，得到的是阶梯波。阶梯波的幅度是任意的，有无限多个数值，仍然是一个可以连续取值的模拟量。因此，要实现幅度数字化，还必须将取样后的样值电平归化到一个与之接近的离散电平（量化电平）上，这个过程称为量化。量化后，

需用二进制数码来表示各个量化电平，这个过程称为编码。量化与编码电路是 A/D 转换器的核心组成部分。

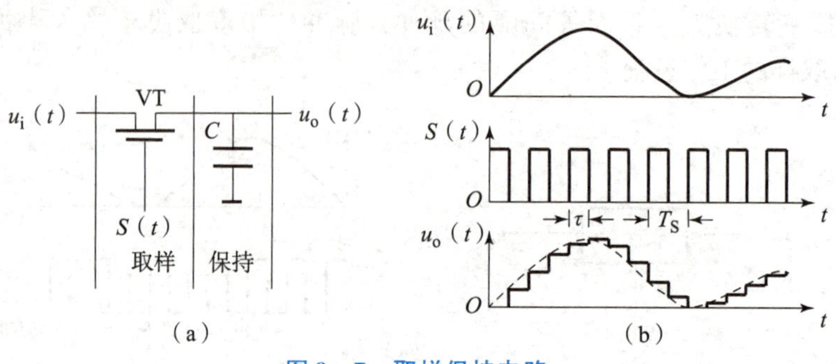

图 9-7　取样保持电路

(a) 电路；(b) 波形

根据量化和编码方式的不同，A/D 转换器可以分为直接 A/D 转换器和间接 A/D 转换器两大类。在直接 A/D 转换器中，输入的模拟信号直接被转化成相应的数字信号，如逐次逼近型 ADC、并行比较型 ADC 等。而在间接 A/D 转换器中，输入模拟信号先被转化成某种中间变量（如时间 t、频率 f 等），然后再将中间变量转换为最后的数字量，如双积分型 ADC 等。

9.4.2　逐次逼近型 ADC 的工作原理

逐次逼近型 ADC 的工作原理可用图 9-8 来说明，由图可见，这种 ADC 由电压比较器 C、DAC、逐次逼近寄存器、时钟信号源和控制逻辑电路组成。

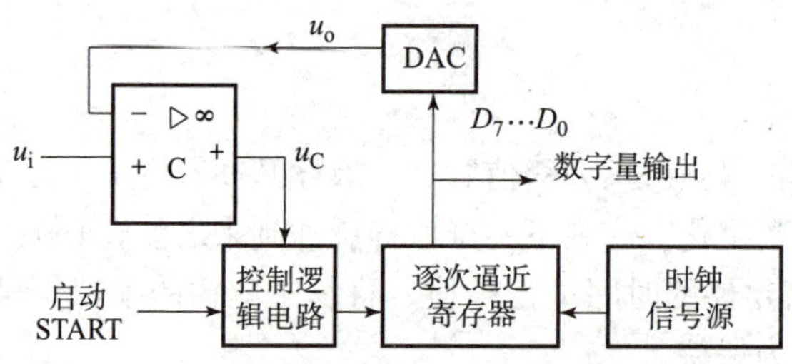

图 9-8　逐次逼近型 ADC 的工作原理

逐次逼近型 ADC 的工作过程是用一系列的基准电压（$U_{max}/2^1$、$U_{max}/2^2$、…、$U_{max}/2^n$，其中 U_{max} 是 ADC 最大可能输入相对应的模拟标准电压）与取样保持后的模拟电压 u_i 逐步比较，比较结果以相应的二进制代码表示。它的基本转换原理为，转换前，START = 0，先将逐次逼近寄存器清零，START = 1，转换开始，由时钟脉冲 CP 控制，将寄存器的最高位置 1，其余置 0，寄存器状态为 100…00，这组数码被 DAC 转换成相应的模拟电压 u_o，送到比较器 C 中与输入 u_i 比较。若 $u_o > u_i$，则比较器输出为低电平，说明输入还不够大，即预置的数过大，应将寄存器的最高位 1 清除；若比较结果 $u_o < u_i$，则比较器输出为逻辑高电平，说明预置的数过大，应将寄存器的最高位的 1 保留。再按同样的方法将寄存器次高位置 1，并且经过比较以后确定这个 1 是否应该保留。这样逐次比较下去，一直到最低位为止。比较完毕后，寄存器中的状态就是对应输入模拟电压 u_i 的输出数字量。

9.4.3 双积分型 ADC 的工作原理

双积分型 A/D 转换器是一种间接的 A/D 转换器，其原理框图如图 9－9 所示，先将输入的模拟信号电压通过两次积分转换为与之成正比的时间间隔；然后，用固定频率的时钟脉冲和计数器测量此时间间隔，此时，计数器输出的数字量就是正比于模拟量的输出数字信号。因此，双积分型 A/D 转换器又称电压－时间变换型 ADC（简称 V－T 形双积分型 ADC）。

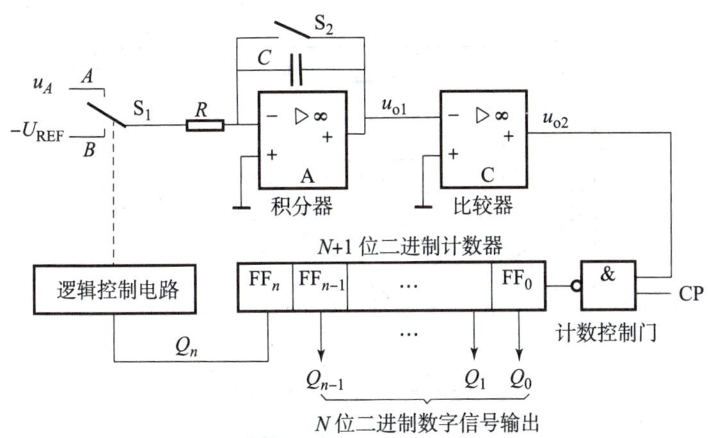

图 9－9 双积分型 AD 转换器原理框图

如图 9－9 所示，双积分型 ADC 包括积分器、比较器、计数控制门、计数器和逻辑控制电路等几部分。

双积分型 A/D 转换器在转换前先将计数器清零，并接通开关 S_2，使电容 C 完全放电，其实际转换过程分两步进行。

第一步（第一次积分）对模拟电压 u_A 进行固定时间积分。转换开始时 $t=0$，FF_n 的输出 Q_n 为 0，通过逻辑控制电路使开关 S_1 与 A 点闭合，同时断开 S_2，这样，将取样保持后的模拟电压 u_A 加到积分器，积分器从原始状态 0 V 开始对 u_A 进行积分。积分器的输出电压 u_{o1} 为

$$u_{o1} = -\frac{1}{RC}\int_0^t u_A \mathrm{d}t \tag{9-6}$$

由于积分器输出电压 u_{o1} 是从零向负方向变化，即 $u_{o1}<0$，其波形如图 9－10 所示，此时比较器输出 u_{o2} 为高电平，计数器控制门被打开，周期 T_C 的时钟脉冲 CP 使计数器从零开始计数，一直到 $t=T_1=2^nT_C$ 时，n 级计数器被计满溢出，$FF_{n-1} \sim FF_0$ 被清零，此时 FF_n 的输出 Q_n 由 0 变为 1，通过逻辑控制电路使开关 S_1 与 B 点闭合，即将 $-U_{REF}$ 送至积分器进行二次积分。

由此可见，在第一次积分时，积分器对 u_A 进行定时（T_1）积分，输出电压 $u_{o1}(t_1)$ 为

$$u_{o1}(t_1) = -\frac{1}{RC}\int_0^{t_1} u_A \mathrm{d}t = -\frac{T_1}{RC}u_A = -\frac{2^nT_C}{RC}u_A \tag{9-7}$$

显然，u_A 值越大，则 $u_{o1}(t_1)$ 的绝对值也越大。

第二步（第二次积分）对参考电压 $-U_{REF}$ 进行固定斜率积分，将 u_A 转换成与之成正比的时间间隔 T_2。$T=t_1$ 以后，与被测电压 u_A 极性相反的参考电压 $-U_{REF}$ 加到积分器，积分器

对 $-U_{REF}$ 进行反向积分，计数器又从 0 开始计数。积分器输出电压 u_{o1} 从初始负值 $u_{o1}(t_1)$ 开始，以固定斜率 U_{REF}/RC 向正方向回升。当计数器计数至第 N 个脉冲时，u_{o1} 反向积分到 0 V，比较器输出 $u_{o2}=0$ V，计数器停止计数，第二次积分结束。

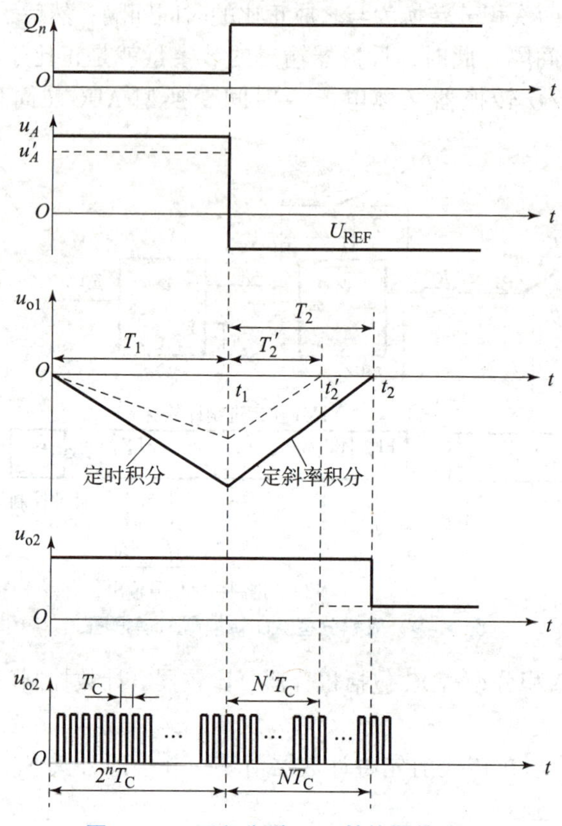

图 9-10　双积分型 A/D 转换器的波形

第二次积分时间间隔 T_2 可按下式计算：

$$u_{o1}(t_1)+\frac{1}{RC}\int_0^{t_2}U_{REF}\mathrm{d}t=-\frac{2^nT_C}{RC}u_A+\frac{U_{REF}}{RC}(t_2-t_1)=0 \tag{9-8}$$

因 $t_2-t_1=T_2$，得

$$T_2=\frac{2^nT_C}{U_{REF}}u_A \tag{9-9}$$

可见，T_2 与 u_A 成正比，T_2 就是双积分转换电路的中间变量。

又因为 $T_2=NT_C$，所以 $N=\dfrac{2^n}{U_{REF}}u_A$。

可见计数脉冲个数 N 与输入模拟电压 u_A 成正比，即计数器计数值 $Q_{n-1}\cdots Q_0$ 就是 u_A 对应的二进制数字编码表示，从而实现了 A/D 转换。

双积分型 A/D 转换器电路的一个突出特点是工作性能稳定，在二次积分中 RC 时间常数相同，故 R、C 参数对转换精度影响较小，对时间常数要求不高。另外还具有较强的抗工频干扰能力，因为积分电路对于工频电源周期整数倍的干扰信号，输出平均值为零。电路结构也较简单。但其不足之处是完成一次 A/D 转换时间较长，转换速度低。常用于工业仪表，如数字式直流电压表、数字式温度计等。

9.4.4 A/D 转换器的主要技术指标

由于 A/D 转换器的电路类型不同，编码方法也不同，其指标类型也有所区别。现以二进制数编码的 ADC 为例介绍主要技术指标。

1. 分辨率

ADC 的分辨率是指输出数字量变化一个最低位所对应的输入模拟量需要变化的量，又称分解度。其输出二进制数位数越多，转换精度越高，即分辨率越高。故可用分辨率表示转换精度。从理论上讲，一个输出 n 位二进制数的 A/D 转换器应能区分输入模拟电压的 2^n 个不同量级，能区分输入模拟电压的最小间隔为满量程输入的 $1/2^n$。如 12 位 ADC，当满量程电压为 10 V 时，其可分辨的最小电压为 $10/2^{12}\approx2.44$ (mV)。

2. 转换时间

转换时间是指完成一次 A/D 转换所需的时间，即从接到转换启动信号开始，到输出获得稳定数字信号所经过的时间。转换时间越短意味着 A/D 转换器的转换速度越快。A/D 转换器的转换速率主要取决于转换电路的类型，双积分型 ADC 的转换速度最慢，需几百毫秒；逐次逼近式 ADC 的转换速度较快，一般为几十微秒。

3. 相对误差

在工程实际中，对应一个稳定的输入模拟电压，ADC 的二进制输出数码必定在其理论值上下变化，这种变化即绝对误差 δ。

$$\delta = |N_n - N_0| \tag{9-10}$$

式中 δ——绝对误差；

N_n——A/D 转换器实际输出二进制数码值；

N_0——根据实际模拟输入 ADC 应输出的理论二进制数码值。

通过将绝对误差 δ 与满量程输出值的比值称为相对误差 ε，相对误差 ε 表征了 A/D 转换精度。在实际应用中，通常将最大的相对误差称为 ADC 的转换精度。

$$\varepsilon_{\max} = \frac{\delta_{\max}}{N} \times 100\% \tag{9-11}$$

此外，还有输入模拟电压范围、稳定性、电源功率消耗等技术指标。

ADC 转换器 MC14433 的电路应用

1. A/D 转换器 MC14433 的电路结构

MC14433 是 $3\frac{1}{2}$位 CMOS 工艺的双积分型 ADC，可以与 CC14433 或 5G14433 互换。所谓 $3\frac{1}{2}$位是指数字量为 4 位十进制数，最高位仅有 0 和 1 两种状态，而低 3 位则有 0～9 十种状态。

MC14433 由于其高性能、低功耗、极佳的线性度以及可靠的输入保护，常被用于工业仪表、数字式温度计、数字式直流电压表、远程 A/D 系统等各类设备。

图 9－11 所示为 MC14433 引脚排列图，各主要引脚功能简述如下。

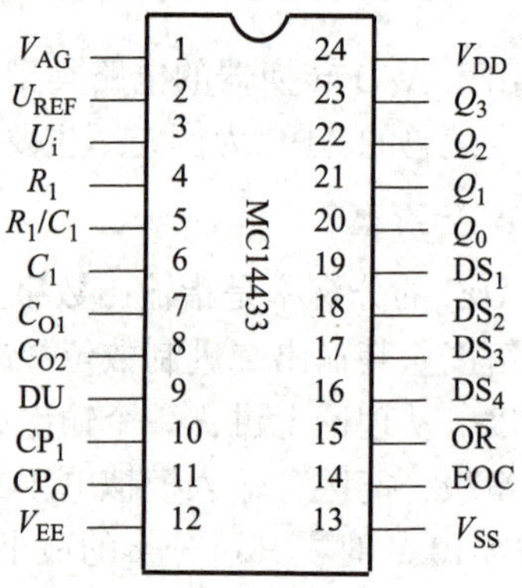

图 9－11　MC14433 引脚排列图

V_{AG}：积分器的接地端。

U_{REF}：参考电压输入端。参考电压值可取两种，分别为 200 mV 和 2 V，对应的模拟电压量程为 199.9 mV 和 1.99 V。

U_i：待转换的模拟信号输入端。

R_1、R_1/C_1、C_1：外接积分阻容元件（R_1、C_1）。

C_{01}、C_{02}：失调电压补偿电容（C_0）接线端。

DU：实时输出控制端。若在 DU 端加入一个正脉冲，则转换结束时所得结果被送入输出数据锁存器。否则，输出数据锁存器的数据不变，输出的仍为原来的结果。

CP_i、CP_o：时钟输入、输出端。在 CP_i 和 CP_o 输入端之间接不同阻值的电阻，可产生不同的内部时钟频率。当外接电阻 R_C 依次取 750 kΩ、470 kΩ、360 kΩ 等典型值时，相应时钟频率依次为 50 kHz、66 kHz、100 kHz。

V_{EE}：负电源输入端。

V_{SS}：电源公共端。

EOC：转换周期结束输出信号端。模/数转换结束后，此端输出一个正脉冲信号。

$\overline{OR}$：过量程信号输出端。当转换过程中有溢出现象发生时，该端输出低电平。

DS_1 ~ DS_4：输出数字千、百、十、个位的选通脉冲输出端。

Q_3 ~ Q_0：转换结果输出端。BCD 码输出，Q_0 为最低位，Q_3 为最高位。

V_{DD}：正电源输入端。

MC14433 采用动态扫描方式输出，即周期性地从千位到个位依次将转换结果输出。在每次模/数转换周期结束时，先输出一个 EOC 信号，然后 DS_1、DS_2、DS_3、DS_4 再依次输出正脉冲信号，正脉冲信号的宽度为 18 个时钟周期，各选通信号之间的间隔为 2 个时钟周期。在位选通信号 DS_1 输出下脉冲期间，Q_3 ~ Q_0 输出千位标志及电压极性标志等，其中 Q_2 表示电压极性，$Q_2=1$ 表示正极性，$Q_2=0$ 表示负极性，Q_3 表示千位，$Q_3=1$ 千位为 0，$Q_3=0$ 千位为 1；在位选通信号 DS_2、DS_3、DS_4 输出正脉冲期间，Q_3 ~ Q_0 输出 BCD 码，分别在 DS_4 时对应个位，DS_3 时对应十位，DS_2 时对应百位。

MC14433 具有自动调零和自动极性转换等功能，可测量正或负电压。

2. A/D 转换器 MC14433 的电路应用

图 9－12 所示为一款采用 MC14433 组成的典型的数字式直流电压表原理电路图，图中 MC14433 为双积分型 ADC，CD4511 为七段数码管译码电路，MC1403 为集成型精密基准源，输出 2.5 V 电压，通过调整 VR1 可为 MC14433 提供精密基准电压（2 V），MC1413 是小功率达林顿晶体管驱动器，用于驱动 LED 数码管。

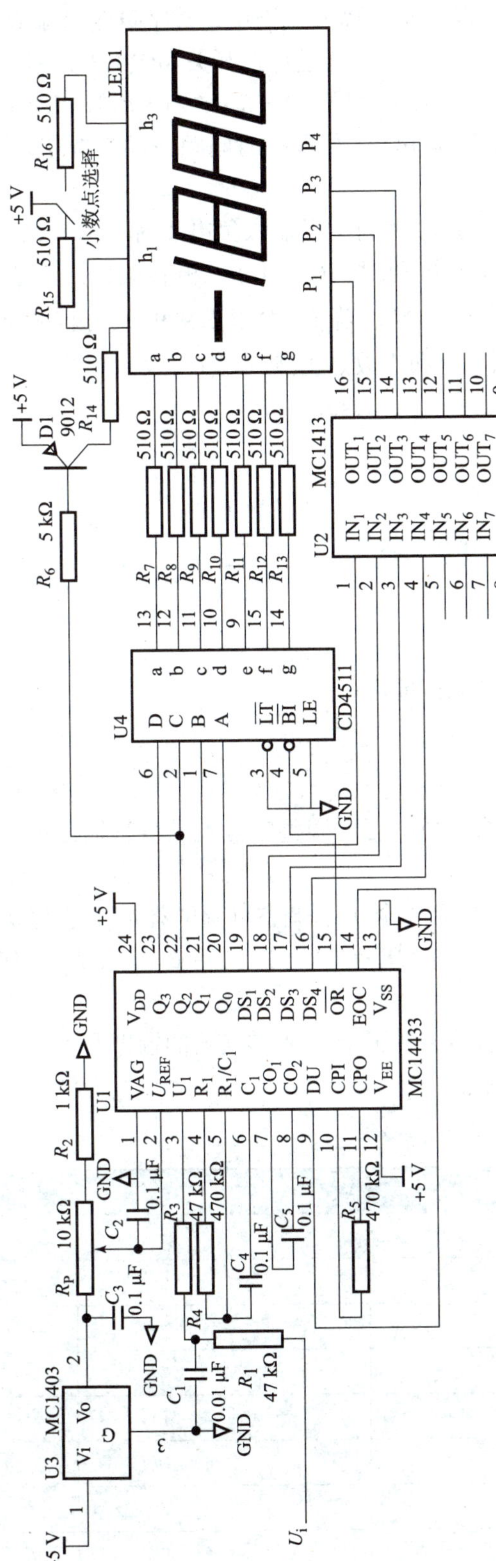

图 9－12　典型的数字式直流电压表原理电路图

被测直流电压 U_i 经 A/D 转换后，以动态扫描方式输出，数字量输出端 $Q_3 \sim Q_0$ 上的数字信号按照先后顺序输出。位选通信号 $DS_1 \sim DS_4$ 通过位选开关 MC1413 分别控制着千、百、十、个位上的四只 LED 数码管的共阴极。数字信号经过七段译码驱动器 CD4511 译码后，驱动四只 LED 数码管的各段阳极。这样，MC14433 便能按时间顺序以扫描方式将输出的数据在四只数码管上依次显示出来。

电压极性符号“-”由 MC14433 的 Q_2 控制。当输入负电压时，$Q_2=0$，三极管导通，负号“-”通过三极管点亮；当输入为正电压时，$Q_2=1$，三极管截止，负号“-”熄灭。小数点的位置由根据量程大小的不同而选择。若 U_i 大于 1.999 V，由 $\overline{OR}$ 输出信号控制 CD4511 的 $\overline{BI}$ 端，使显示数字熄灭，而负号和小数点仍然点亮。

任务训练

一、AD7520 组成 D/A 转换器电路的测试

1. 实验目的

（1）了解 AD7520 电路的工作原理。

（2）掌握并提高硬件电路的连接及调试能力。

（3）掌握 ADC 电路的评估方法。

2. 实验内容及步骤

（1）根据 AD7520 电路的技术文档，画出可以调整零点、满量程输出电压值的电路原理图。

（2）调零：根据原理图，置 $D_9 \sim D_0$ 为“全 0”，调整可调位器 R_{P3}，使输出电压为 0 V。

（3）调满量程值：根据原理图，置 $D_9 \sim D_0$ 为“全 1”，调整 R_{P1} 及 R_{P2}，使输出电压为 10 V。

（4）按表 9-1 改变 $D_9 \sim D_0$ 的输入值，并记录 D/A 转换器的输出电压。

（5）根据所得测试值分析转换误差值。

表 9-1　D/A 转换器测试记录表

序号	输入值	实际输出电压/V	理论输出值/V	转换误差/%
1	0x00			
2	0x64			
3	0xC8			
4	0x12C			
5	0x190			
6	0x1F4			
8	0x258			
9	0x2BC			
10	0x320			

续表

序号	输入值	实际输出电压/V	理论输出值/V	转换误差/%
11	0x384			
12	0x3E8			
13	0x3FF			

二、MC14433 组成 A/D 转换器电路的测试

1. 实验目的

（1）了解 MC14433 电路的工作原理。

（2）掌握并提高硬件电路的连接及调试能力。

（3）掌握 ADC 电路的评估方法。

2. 实验内容及步骤

（1）根据 MC14433 电路的技术文档，画出数字式直流电压表的电路原理图。

（2）根据原理图制作数字式直流电压表。

（3）调整参考电压：根据原理图，调整可调电位器 R_P，使 MC14433 芯片 2 脚电压为 2 V。

（4）将本直流电压表接入一个可调电源，调节电源调整其输出电压。

（5）按表 9－2 改变输入模拟电压值，并记录直流电压表的输出值。

（6）根据所得测试值分析测量误差值。

表 9－2　A/D 转换器测试记录表

序号	输入电压值/V		实际测量值/V	绝对误差/V	相对误差/%
	参考	实际输入			
1	0				
2	0.2				
3	0.4				
4	0.6				
5	0.8				
6	1.0				
8	1.2				
9	1.4				
10	1.6				
11	1.8				
12	2.0				

【本章小结】

本章重点介绍了 D/A 和 A/D 两种电路的基本原理，并学习了 AD7520 和 MC14433 两种集成型 DAC 与 ADC 电路。

1. D/A 和 A/D 是连接模拟信号与数字信号的桥梁，是计算机控制系统的重要组成部分。

2. D/A 的原理是利用线性电阻网络来分配数字量各位的权，使输出电流与数字量成正比，然后利用运算放大器转换成模拟电压输出。在 DAC 中，介绍了 $R-2R$ 倒 T 形电阻网络 DAC 的工作原理。

3. A/D 的电路形式多种多样，但其工作原理均是将输入的模拟电压与基准电压相比较（直接或间接）转换成数字量。在 A/D 中，介绍了逐次逼近型 ADC 和双积分型 ADC 的工作原理。

4. 为了能对单片集成 DAC 和 ADC 有感性认识，分别介绍了 AD7520 和 MC14433 两种集成型 DAC 和 ADC。对于单片集成 DAC 或 ADC，只要着重理解它们的外特性、使用方法即可。

【习　题】

1. 填空题

(1) 在图 9-3 中，若 $U_{ref}=10$ V，当 $D_3D_2D_1D_0=8$H 时，对应的输出 u_o 是________，当 $D_3D_2D_1D_0=$AH 时，对应的输出 u_o 是________，当 $D_3D_2D_1D_0=$DH 时，对应的输出 u_o 是________，当 $D_3D_2D_1D_0=$FH 时，对应的输出 u_o 是________。

(2) 有一个 8 位 DAC 电路满值输出电压为 10 V，当输入数字量分别为 FFH、80H、01H 时的模拟输出电压值分别为________、________、________。

(3) 已知某 DAC 电路最小分辨电压为 4.88 mV，最大满值输出电压为 10 V，试求该电路输入数字量的位数是________，基准电压是________。

(4) 在 8 位逐次逼近型 ADC 中，若 $U_{max}=10$ V，输入模拟电压 $U_i=7.36$ V，试求输出数字量是________。

(5) 一个 8 位逐次逼近型 ADC，满值输出电压为 10 V，时钟脉冲频率为 2.5 MHz，请问该电路的转换时间是________，当 $U_i=3.4$ V 时，输出数字量是________。

(6) 如图 9-9 所示，双积分型 ADC 中，设计数器为 8 位，时钟脉冲的频率为 1 MHz，若 $U_{max}=10$ V，试计算固定时间积分的时间 T_1 是________。当 $U_A=3.75$ V 时，固定斜率积分的时间 T_2 是________。当 $U_A=2.5$ V 时，转换完成后计数器的值是________。

2. 判断题

(1) ADC 转换精度取决于 ADC 的位数，与其他因素无关。（　　）

(2) ADC 位数越高，其转换时间越长。（　　）

(3) 逐次逼近型 ADC 与双积分型 ADC 相比，其转换时间要短，用于快速 ADC 的场合。 ( )

(4) MC14433 是 4 位半 CMOS 工艺的双积分型 ADC 电路。 ( )

(5) ADC 电路一般包括采样、保持、量化与编码等过程。 ( )

(6) AD7520 是一款 12 位 $R-2R$ 倒 T 形电阻网络型 DAC 电路。 ( )

第10章 Proteus软件应用

学习目标

了解 Proteus ISIS 的编辑环境；掌握 Proteus ISIS 编辑数字电路原理图的方法和技巧；掌握 Proteus ISIS 仿真数字电路的方法和技巧；理解三人抢答器、十位可逆循环彩灯控制器和数字电子钟电路的工作原理；掌握三人抢答器、十位可逆循环彩灯控制器和数字电子钟电路的设计与仿真调试。

先导案例

在知识抢答竞赛中，主持人按下开始键后，比赛选手就开始按键抢答，最先按下按键的选手序号会显示在屏幕上。那么，如何用软件仿真来实现这一功能呢？

10.1 Proteus 仿真软件

10.1.1 Proteus 简介

Proteus 软件是英国 LabCenter Electronics 公司出版的 EDA 工具软件，是一个基于 ProSPICE 混合模型仿真器的完整的嵌入式系统软、硬件设计仿真平台，能实现数字电路、模拟电路、微控制器系统仿真以及 PCB 设计等功能。

Proteus 软件由 ISIS 和 ARES 两个软件构成，其中 ISIS 是电气原理图设计和仿真软件，ARES 是印刷电路板（PCB）设计软件。

Proteus ISIS 的主要特点如下：

（1）具有强大的对象选择工具和属性编辑工具。

（2）支持自动布线和连接点放置。
（3）支持自动标注元器件标号。
（4）能生成详细的元器件清单。
（5）适合主流 PCB 设计的网络表输出。
（6）具有较强的电气规则检查功能。
（7）提供丰富的元器件库，并支持自定义元器件。
（8）提供丰富的虚拟仪器。
（9）能管理每个项目的源代码和目标代码。
（10）支持图表操作以进行传统的时域、频域仿真。

ISIS 和 ARES 协同工作，可使原理图设计、单片机编程、系统仿真到 PCB 设计一气呵成，真正实现从概念到产品的完整设计。

10.1.2　Proteus ISIS 编辑环境

PROTEUS 软件的安装

1. Proteus ISIS 编辑环境的进入和退出

双击桌面上的 ISIS 7 Professional 图标或者单击屏幕左下方的“开始”→“所有程序”→“ Proteus 7 Professional”→“ISIS 7 Professional”，将出现如图 10－1 所示的屏幕，表明进入 Proteus ISIS 集成环境。ISIS 编辑环境的界面如图 10－2 所示。

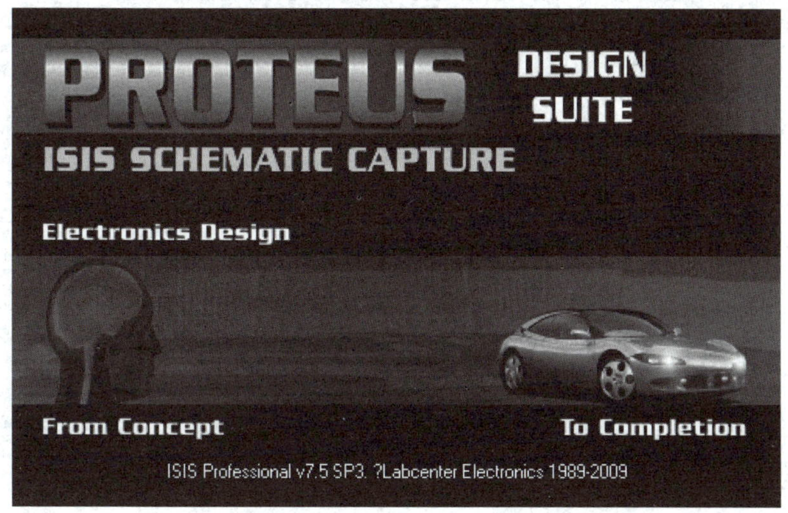

图 10－1　启动时的屏幕

退出 Proteus ISIS 编辑环境可通过以下三种方法实现：
（1）单击图 10－2 右上角的“ ×”实现。
（2）在 File 菜单中选择 Exit 命令退出。
（3）按键盘上的 Q 键。

2. 认识 Proteus ISIS 编辑环境

Proteus ISIS 启动后，将进入工作界面。Proteus ISIS 的工作界面是一种标准的 Windows 界面，如图 10－3 所示，包括标题栏、主菜单、标准工具栏、绘图工具栏、状态栏、对象选择按钮、仿真控制按钮、预览窗口、对象选择器窗口、原理图编辑窗口。下面简单介绍各部分功能。

图 10－2　ISIS 编辑环境的界面

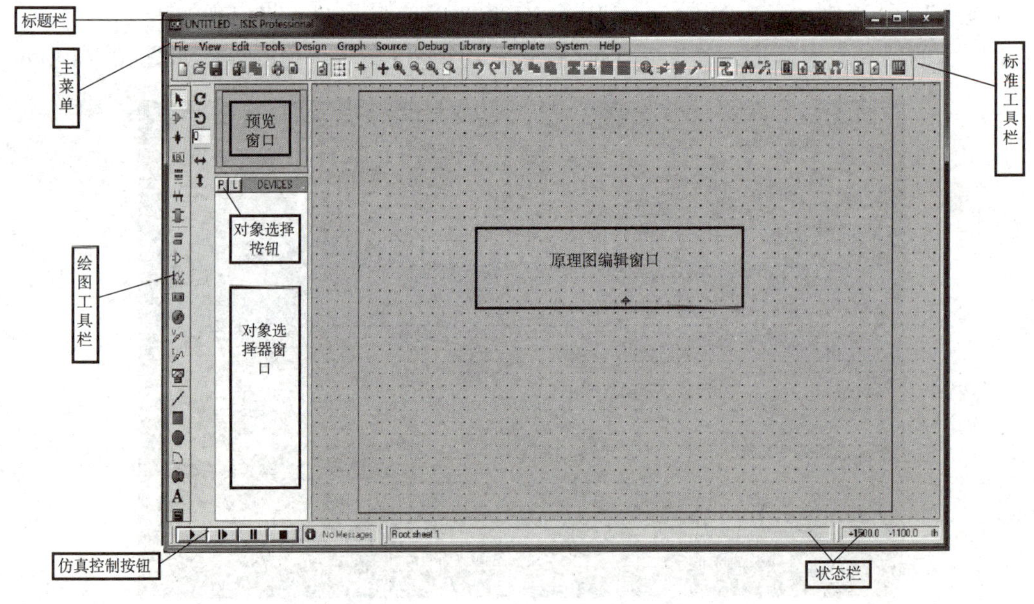

图 10－3　Proteus ISIS 的工作界面

1）原理图编辑窗口

原理图编辑窗口占有的面积最大，它是用以绘制原理图的窗口。

2）预览窗口

预览窗口可以显示两个内容：一个是在元件列表中选择一个元件时，显示该元件的预览图；另一个是鼠标焦点落在原理图编辑窗口时，显示整张原理图的缩略图。

3）对象选择器窗口

对象选择器窗口用来放置从库中选出的待用元件、终端、图表和虚拟仪器等。原理图中所用元件、终端、图表和虚拟仪器等，要先从库里选到此窗口中来。

4）主菜单

ISIS 的主要操作都通过此菜单实现。主菜单栏包括 File（文件）、View（视图）、Edit（编辑）、Tools（工具）、Design（设计）、Graph（图形）、Source（源）、Debug（调试）、Library（库）、Template（模板）、System（系统）和 Help（帮助）12 个一级菜单，双击可展开下一级菜单。

5）标准工具栏

标准工具栏提供菜单命令的快捷键，以图标形式给出，对应 File、View、Edit、Library、Design、Tools 六个菜单中的部分命令（一个图标代表一个命令）。

6）绘图工具栏

绘图工具栏包括主模式图标、部件图标和 2D 图形工具图标。

7）仿真控制按钮

仿真控制按钮包括开始仿真、单步仿真、暂停仿真和结束仿真四个按钮。

10.1.3 用 Proteus ISIS 编辑原理图

现在以十进制同步可逆计数器 74LS190 功能测试电路原理图为例，说明 Proteus 电路原理图画法，如图 10－4 所示。

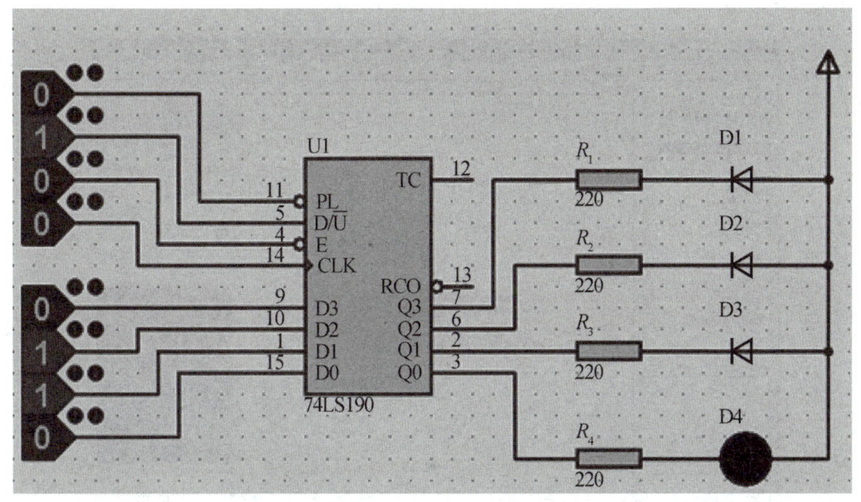

图 10－4 十进制同步可逆计数器 74LS190 功能测试电路原理图

1. 新建设计文件

打开 Proteus ISIS 工作界面，选择菜单“文件”→“新建设计”命令，弹出选择模板窗口，从中选择“DEFAULT”模板，单击“确定”按钮，然后单击“保存设计”按钮，弹出如图 10－5 所示的“保存 ISIS 设计文件”对话框。选好保存路径，在文件名框中输入“abc1”后，单击“保存”按钮，则完成了新建设计文件的保存，文件自动保存为“abc1. DSN”。

2. 元件选择

在画原理图之前，应将图中所用元件从库中选择出来。同一个元件不管图中用多少次，只取一次。从库中选择元件时，可输入所需元件的全称或部分名称，元件拾取窗口可以进行快速查询。

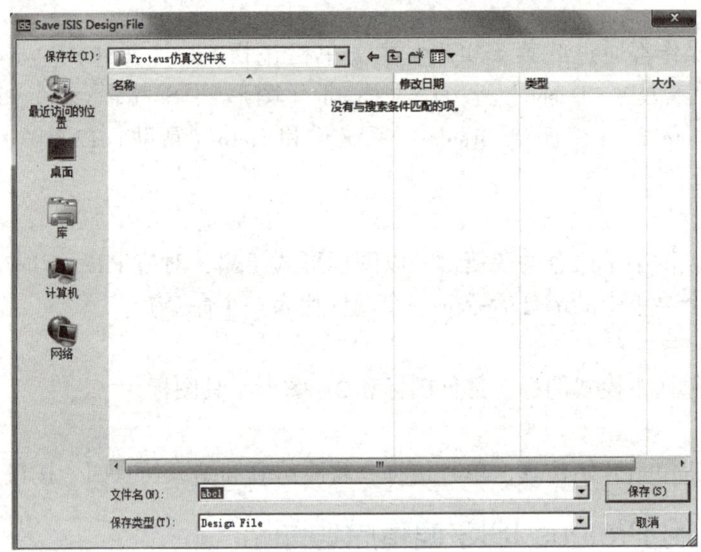

图 10－5　“保存 ISIS 设计文件”对话框

单击图 10－3 中对象选择器窗口上方的“P”按钮，弹出如图 10－6 所示的“Pick Devices”对话框。

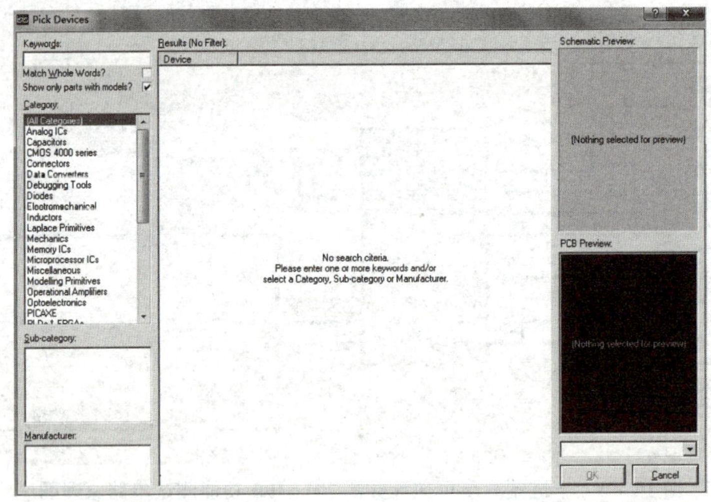

图 10－6　“Pick Devices”对话框

1）添加 74LS190

在图 10－6 所示对话框的“关键字”文本框中输入“74LS190”，然后从“结果”列表中选择所需要的型号。此时在元件的预览窗口中分别显示出元件的原理图和封装图，如图 10－7 所示。单击“OK”按钮或直接双击“结果”列表中的“74LS190”，都可将选中的元件添加到对象选择器。

2）添加发光二极管

打开“Pick Devices”对话框，在“关键字”文本框中输入“LED－YELLOW”（黄色），在“结果”列表中只有一只黄色发光二极管，如图 10－8 所示。双击该器件，将其添加到对象选择器。

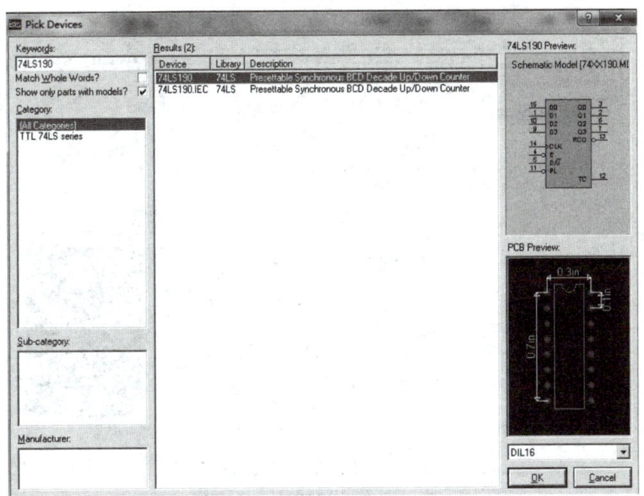

图 10－7　添加 74LS190

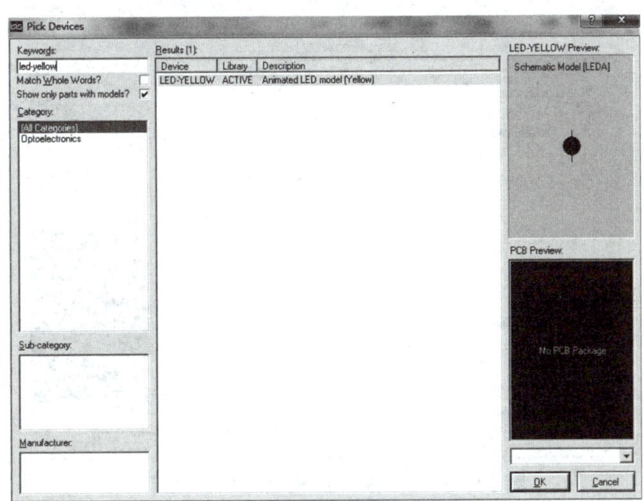

图 10－8　添加黄色发光二极管

3）添加电阻

打开“Pick Devices”对话框，在“关键字”文本框中输入“resistor 220r”，在“结果”列表中出现多只电阻，如图 10－9 所示。在“结果”列表中双击“220R 0.6 W Resistor”，将其添加到对象选择器。

4）添加“逻辑状态”调试元件

打开“Pick Devices”对话框，在“关键字”文本框中输入“logic”，在“结果”列表中出现多只调试元件，如图 10－10 所示。在“结果”列表中双击“LOGICSTATE”项，将其添加到对象选择器。

到此为止，对象选择器中已有 4 个元件，就是本例中涉及的元件——计数器（74LS190）、黄色发光二极管（LED－YELLOW）、0.6 W/220 Ω 电阻（RES）和“逻辑状态”调试元件（LOGICSTATE），如图 10－11 所示。

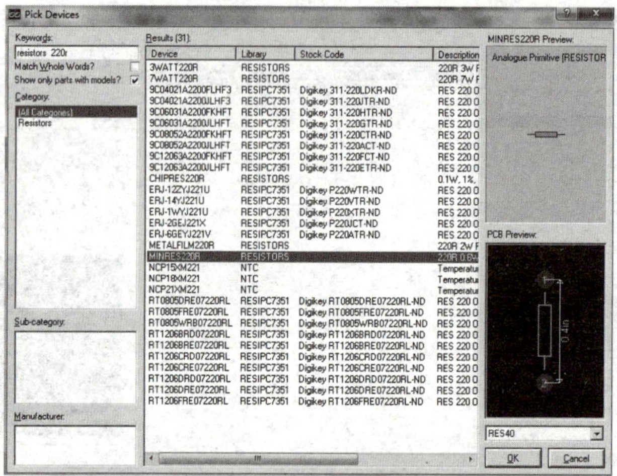

图 10－9　添加“220R 0.6 W”电阻

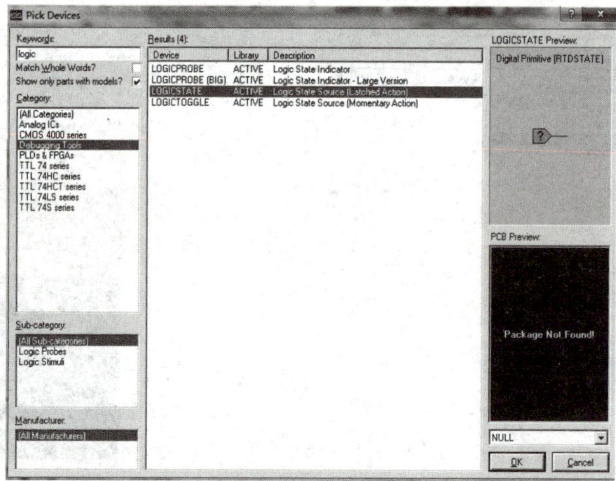

图 10－10　添加“逻辑状态”调试元件

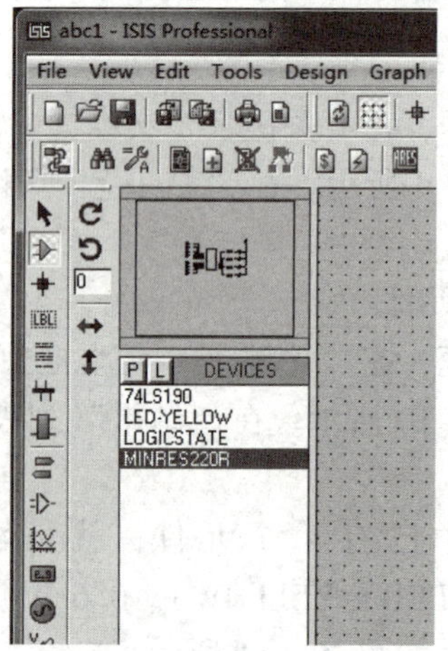

图 10－11　对象选择器中的元件列表

3. 放置元件

1）放置计数器 74LS190

放置元件是将对象选择器中的元件放到原理图编辑区。在对象选择器中单击“74LS190”，然后将光标移入原理图编辑区，在任意位置单击鼠标左键，即可出现一个随光标浮动的元件原理图符号。移动光标到适当的位置单击鼠标左键即可完成该元件的放置，如图 10 - 12 所示。

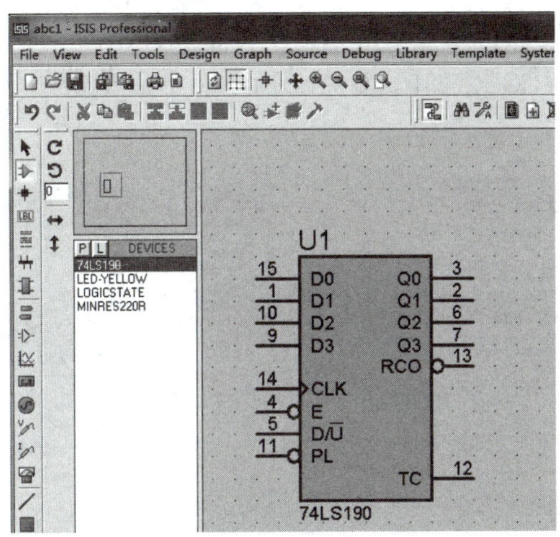

图 10 - 12　放符号置好的计数器 74LS190

2）元件的移动、旋转和删除

用鼠标右键单击计数器 74LS190，弹出如图 10 - 13 所示的快捷菜单。此快捷菜单中有移动、以各种方式旋转和删除等命令。根据需要用这些命令将元件以适当的姿态放到图中适当位置，本例中 74LS190 只需移到适当的位置即可。

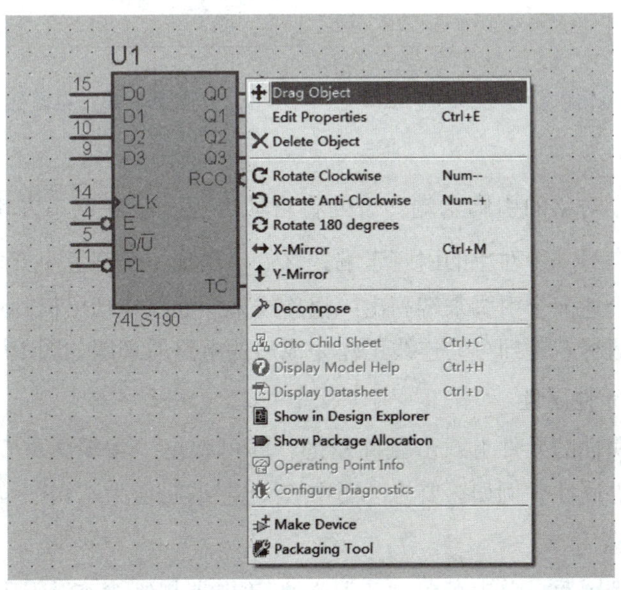

图 10 - 13　用鼠标右键单击计数器 74LS190 弹出的快捷菜单

用类似的方法可以将发光二极管、电阻和“逻辑状态”调试元件也以合适的姿势放到图中适当的位置。

3）放置电源和地

单击元件工具箱中的终端按钮，则在对象选择中显示各种终端。从中选择“POWER”终端，可在预览窗口中看到电源的符号，如图10－14所示。

用上面介绍过的方法将此符号放到原理图的适当位置。需要“地”的符号时，则选“GROUND”项。在电源终端符号上双击鼠标左键，在弹出的“Edit Terminal Label”对话框“标号”文本框中输入“VCC”，如图10－15所示。最后单击“OK”按钮完成电源终端的放置。

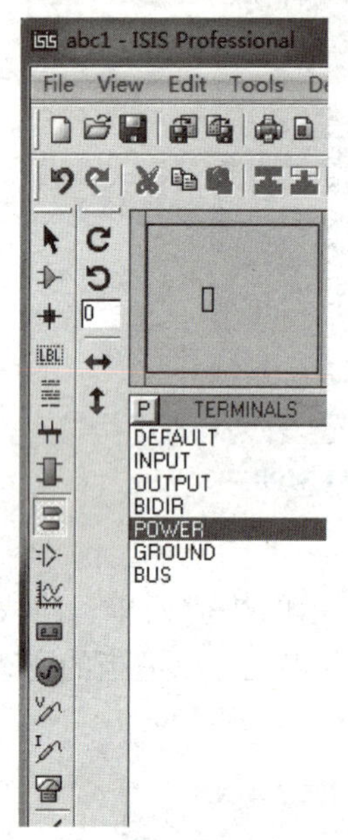

图10－14　预览窗口看到电源的符号

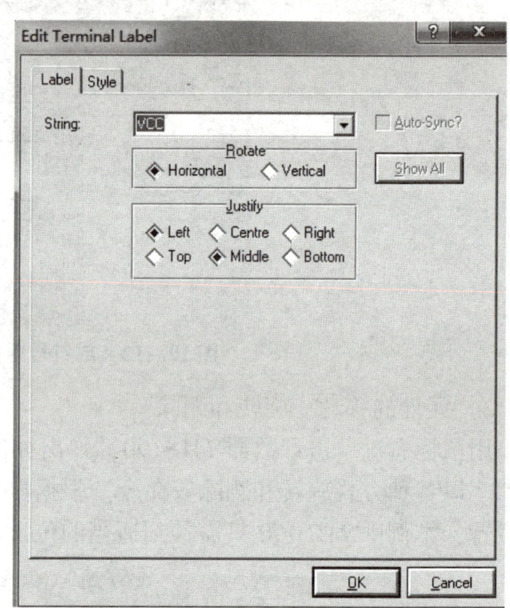

图10－15　电源符号的放置

4）连线

将光标靠近一个对象的引脚末端，该处将自动出现一个红色小方块。单击鼠标左键，拖动鼠标，放在另一个对象的引脚末端，该处再出现一个红色小方块时，再单击鼠标左键，就可以在上述两个引脚末端画出一根连线来。如在拖动鼠标画线时需要拐弯，只需在拐弯处单击一下鼠标左键即可。连线工作完成后的电路原理图如图10－16所示。

4. 设置、修改元件属性

在需要修改其属性的元件上双击鼠标左键，即可弹出“编辑元件”对话框，在此对话框中设置或修改元件属性。例如，要修改图中R_1电阻的阻值为470R，如图10－17所示。

5. 电器规则检查

设计完电路原理图后，单击菜单“工具”→“电器规则检查”，则弹出如图10－18所示的电器规则检查结果对话框。如果电器规则无误，则系统会给出“No ERC errors found”

的信息，如果电器规则有误，则系统会给出“ERC errors found”的信息，并指出错误所在。图 10－18 中给出“No ERC errors found”的信息，表明电器规则无误。

U1
TC
12
11
PL
5
D/U
4
E
14
CLK
RCO
13
9
D3
Q3
7
10
D2
Q2
6
1
D1
Q1
2
15
D0
Q0
3
74LS190
R1
220
R2
220
R3
220
R4
220
D1
D2
D3
D4

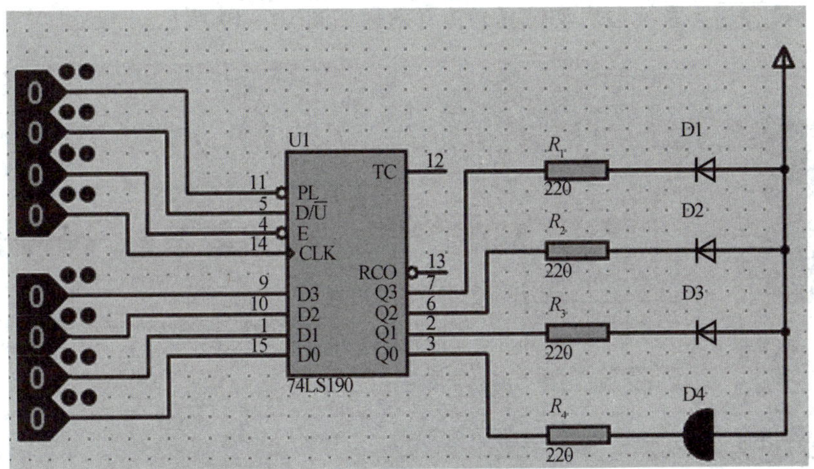

图 10－16　连线工作完成后的电路原理图

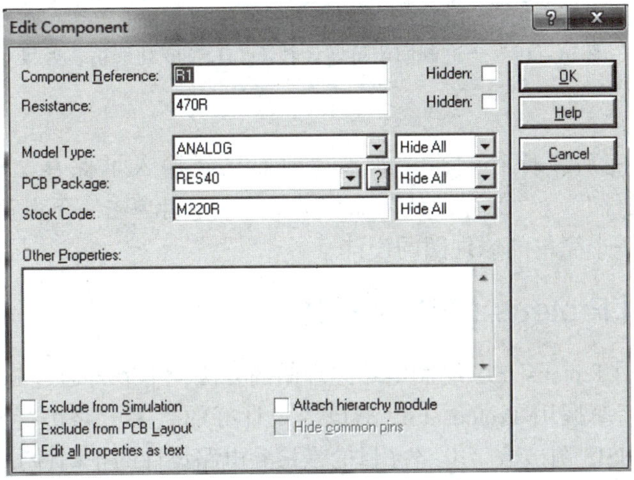

Edit Component
Component Reference: R1
Hidden:
Resistance: 470R
Hidden:
OK
Help
Cancel
Model Type: ANALOG
Hide All
PCB Package: RES40
Hide All
Stock Code: M220R
Hide All
Other Properties:
Exclude from Simulation
Exclude from PCB Layout
Edit all properties as text
Attach hierarchy module
Hide common pins

图 10－17　修改元件属性

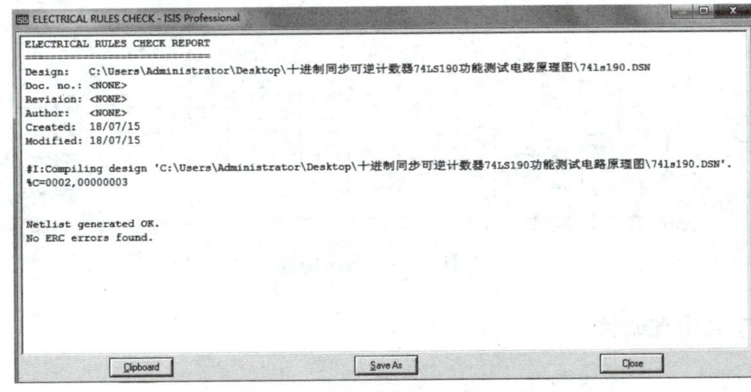

ELECTRICAL RULES CHECK - ISIS Professional
ELECTRICAL RULES CHECK REPORT
Design: C:\Users\Administrator\Desktop\十进制同步可逆计数器74LS190功能测试电路原理图\74ls190.DSN
Doc. no.: <NONE>
Revision: <NONE>
Author: <NONE>
Created: 18/07/15
Modified: 18/07/15
#I:Compiling design 'C:\Users\Administrator\Desktop\十进制同步可逆计数器74LS190功能测试电路原理图\74ls190.DSN'.
%C=0002,00000003
Netlist generated OK.
No ERC errors found.
Clipboard
Save As
Close

图 10－18　电器规则检查结果对话框

6. 仿真运行

电路原理图画好并检查通过后，就可以仿真运行。单击图形下方4个仿真按钮中的第一运行仿真按钮 ▶ ，系统会启动仿真，仿真效果如图10-19所示。

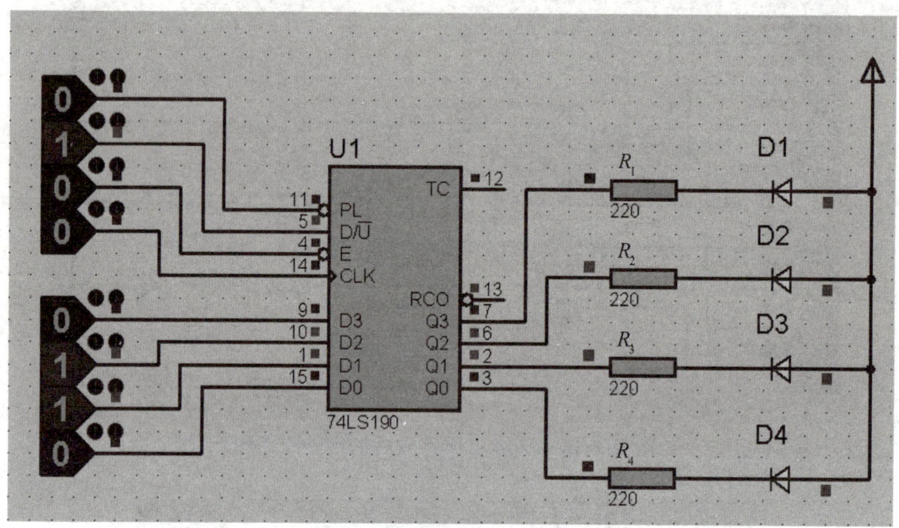

图10-19　十进制同步可逆计数器74LS190功能仿真效果

7. 文件的保存

电路原理图画完后应保存起来，如果在前面已经输入了保存文件名（其扩展名是DSN），则单击“文件”→“保存设计”命令就行了，或者单击一下保存图标也可。

至此，完成了一个简单的原理图的设计。

10.1.4　用 Proteus ISIS 调试电路

上一节学习了用 Proteus ISIS 绘制电路原理图的方法，本节将通过对（图10-20）电路的仿真调试，让读者掌握用 Proteus ISIS 对已经设计好的数字电路进行调试的方法和技巧，以便学会用 Proteus ISIS 调试数字电路（目的是检验电路设计的正确性）。

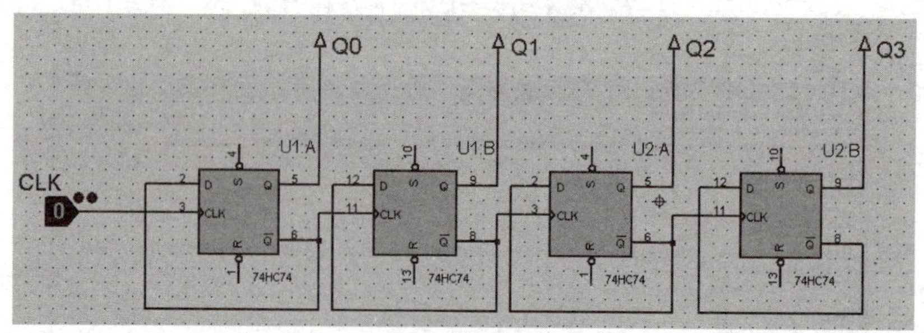

图10-20　调试电路

1. 用调试工具仿真调试

1）调试工具

Proteus ISIS 软件的调试工具在元器件库 Debugging Tools 类中，常用的有以下四个。

(1) LOGICSTATE。

逻辑电平输出［图 10－21（a）］，用在电路的输入端。该工具可通过单击图形输出“0”或“1”电平；也可单击图形上方的箭头输出“0”或“1”，单击“↓”输出“0”，单击“↑”输出“1”。

(2) LOGICTOGLE。

逻辑电平翻转［图 10－21（b）］，用在电路的输入端。该工具可通过单击图形上方的双向箭头循环输出“0”或“1”，每单击一次，状态翻转一次；直接单击图形可输出正脉冲信号。

(3) LOGICPROBE。

逻辑电平探针，用在电路的输出端。检测输出端电平，高电平显示“1”，低电平显示“0”。

(4) LOGICPROBE（BIG）。

逻辑电平探针，用在电路的输出端。与（3）功能完全相同，只是图标大些。

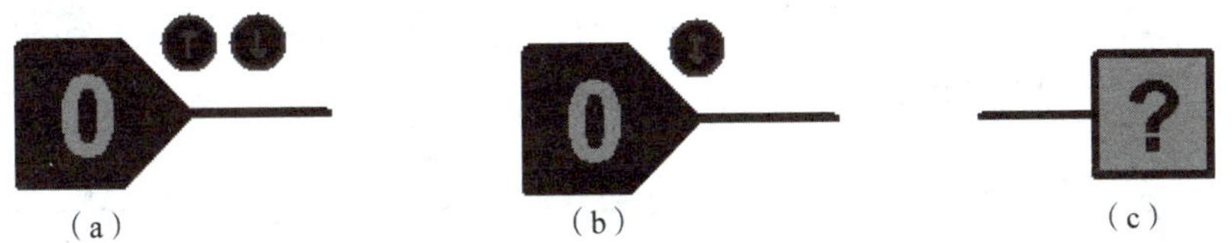

图 10－21　常用 Debugging Tools 图标

(a) LOGICSTATE 图标；(b) LOGICTOGLE 图标；(c) LOGICPROBE 图标

2）绘制仿真电路图

所谓绘制仿真电路图，就是用调试工具代替原电路图中的输入、输出，这里用 LOGICSTATE 代替电路中的输入 CLK，用 LOGICPROBE（BIG）代替电路中的输出 $Q_0 \sim Q_3$。图 10－20所示电路经修改后如图 10－22 所示（运行状态的仿真电路图）。

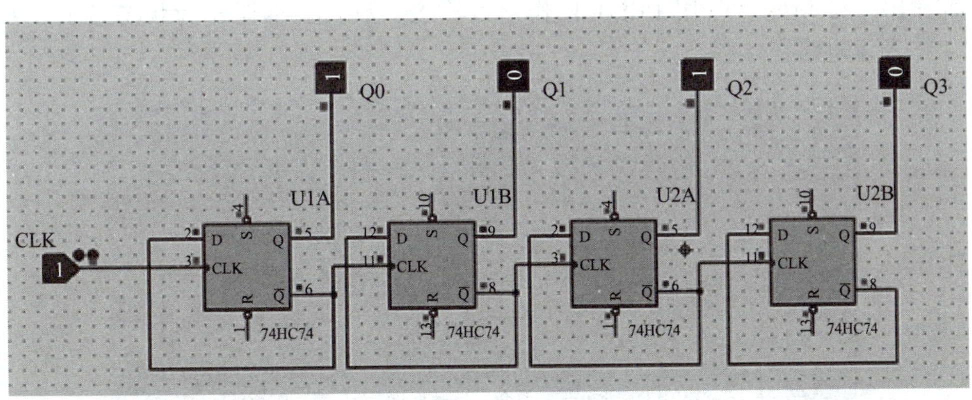

图 10－22　仿真电路

3）电路的仿真调试

电路的仿真运行既可以通过主菜单实现，也可通过仿真工具栏进行，因仿真工具栏位于屏幕左下方，操作方便，比较常用。

在仿真开始后，不断单击 CLK 下方的图形，如电路没有逻辑错误，Q_3　Q_2　Q_1　Q_0 应按 0000，0001，…，1111 循环变化，实现四位二进制加法计数功能。

2. 用信号发生器仿真调试

对象栏中图标 就是 Proteus ISIS 软件的信号发生器，包含多达 13 种信号，其中数字信号有 5 种（后 5 种，名称的第一个字母为 D），其中最常用的是 DCLOCK，如图 10－23 所示。

DCLOCK 是一个方波信号，可通过属性编辑修改其频率，对电路如用 DCLOCK 作信号输入，其频率可设置为 1 Hz，如图 10－24 所示。

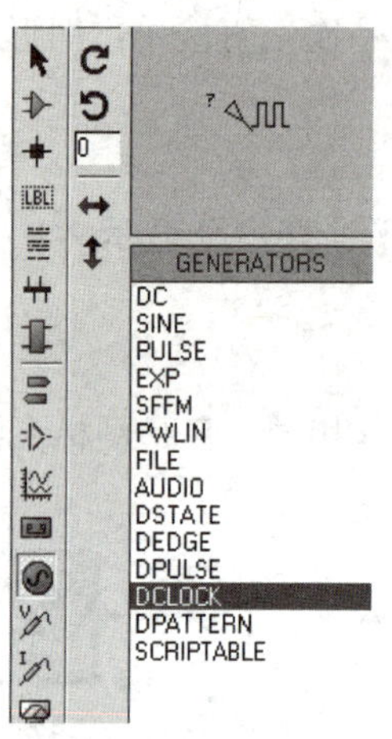

图 10－23　添加 DCLOCK 信号

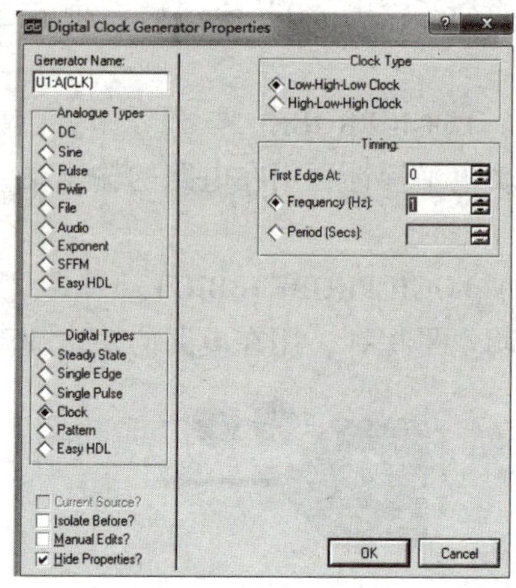

图 10－24　修改 DCLOCK 属性

修改后的仿真电路在仿真运行时将以 1 Hz 的频率做加计数，输出状态显示方式同上。

3. 用数码显示器仿真调试

数码显示器（7 SEG－BCD）虽然并不属于调试工具，但对于计数器的调试却十分有用。

如图 10－22 所示，改用 DCLOCK 作信号输入，数码显示器作为状态指示，可得如图 10－25 所示电路。

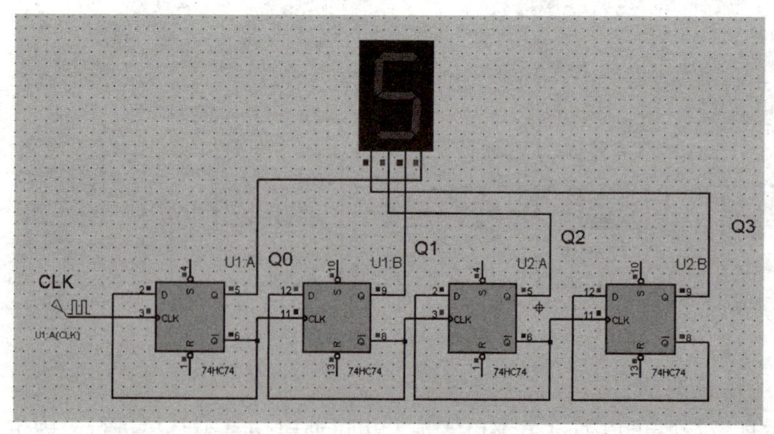

图 10－25　用数码管显示器仿真调试

启动仿真运行，数码显示器将按 0，1，…，9，A，…，F 循环变化，实现四位二进制加计数功能。

4. 用虚拟示波器仿真调试

1）添加虚拟示波器

（1）从对象栏中选择图标 。

（2）在对象选择窗口选择 OSCILLOSCOPE（示波器）。

（3）将示波器放置到图样合适的位置上。

（4）在示波器的 A、B、C、D 输入端连接需要测试的输入、输出信号。

添加虚拟示波器后的电路图如图 10－26 所示。

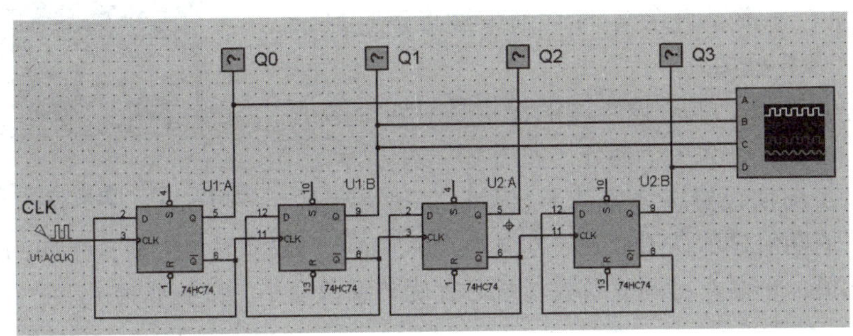

图 10－26　添加虚拟示波器后的电路图

2）虚拟示波器的使用

启动仿真运行后，屏幕将自动跳出示波器运行界面，波形显示区将跟踪四个通道输入的波形，如图 10－27 所示。

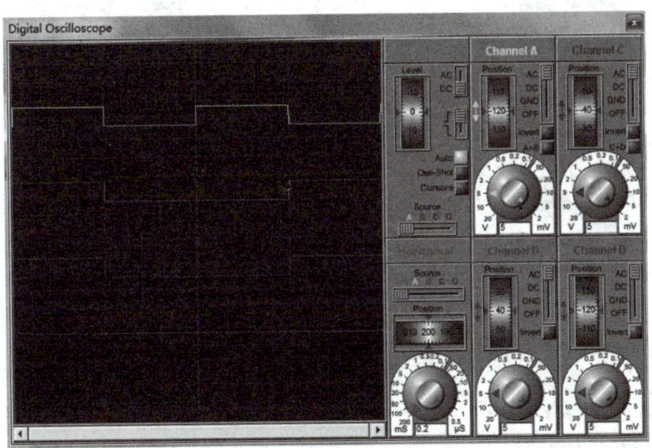

图 10－27　虚拟示波器运行界面

虚拟示波器的操作区可分为通道设置区、水平设置区和触发设置区三个部分。

（1）通道设置区。要正确显示虚拟示波器各通道的波形必须进行正确的通道设置。虚拟示波器有四个通道，每个通道的功能相同，设置方法也相同，但需要分别设置。需要设置的内容有五项，如图 10－28 所示。

①波形显示位置（垂直）设置。单击图 10－28 中的滚轮，波形的显示位置将随鼠标指针的移动而变化，上移为垂直上移，下移为垂直下移。

②测量信号类型选择。共有 AC、DC、GND 和 OFF 四个选项，分别为测量交流信号、直流信号、地信号和停止测量。

③波形显示幅度设置。调节图 10－28 中的大、小箭头，可改变波形显示区每格表示的电压值，每格电压值显示在图下方的方框中（5 V）。

调节时，大箭头指向的数字为每格表示的电压初值，小箭头可调节系数（顺时针旋转系数变小，旋到底为 1）。

④波形显示方式设置。单击图标可控制波形显示是从高电平开始还是从低电平开始。

⑤信号叠加设置。此设置只有 A、C 两个通道，用于控制 A 通道和 C 通道是显示 A 与 C 通道波形还是显示 A＋B 叠加和 C＋D 叠加波形。

（2）水平设置区。水平设置区的设置是对四个通道的公共设置，设置区分为三个部分，如图 10－29 所示。

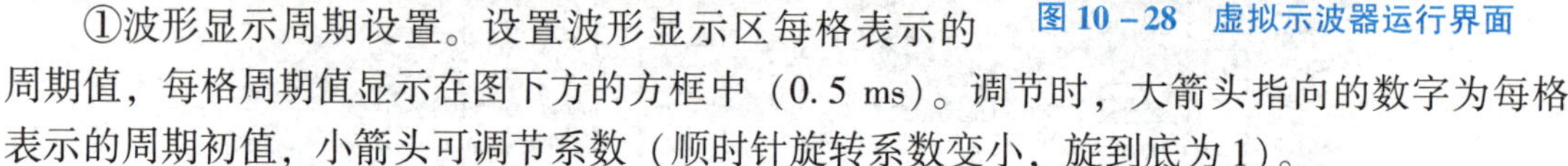

图 10－28　虚拟示波器运行界面

①波形显示周期设置。设置波形显示区每格表示的周期值，每格周期值显示在图下方的方框中（0.5 ms）。调节时，大箭头指向的数字为每格表示的周期初值，小箭头可调节系数（顺时针旋转系数变小，旋到底为 1）。

②Y 轴显示位置设置。

③触发源选择。滑块放在最左边即可。

（3）触发设置区。触发设置区的设置是对四个通道的公共设置，设置区分为六个部分，如图 10－30 所示。

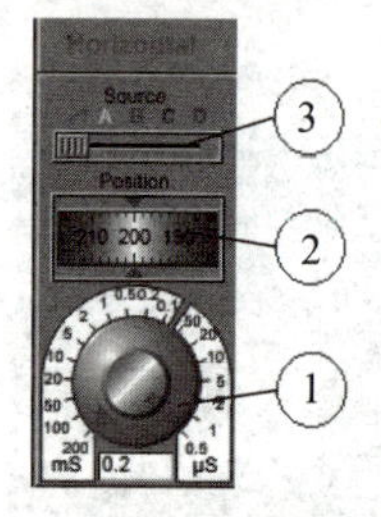

图 10－29　水平设置区

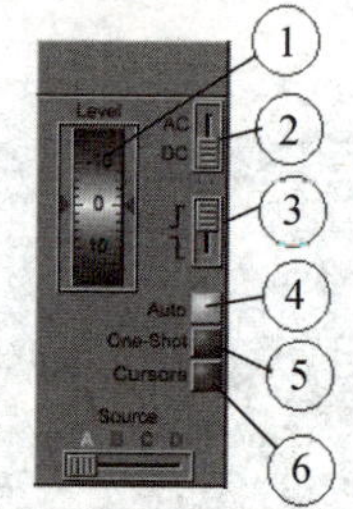

图 10－30　触发设置区

①X 轴显示位置设置。单击图 10－30 中的滚轮，X 轴的显示位置将随鼠标指针的移动而变化。X 轴只在设置时显示。

②选择交流或直流信号触发。

③选择上升沿触发或下降沿触发。

④自动触发。图标被选中后将连续显示波形。

⑤一次触发。图标被选中后只显示一次波形。

⑥坐标标注。图标被选中后，光标在波形显示区可标注横坐标（时间）和纵坐标（幅值），以便测出波形的幅值和周期。

5. 用虚拟逻辑分析仪仿真调试

1）添加虚拟逻辑分析仪

（1）从对象栏中选择图标 。

（2）在对象选择窗口选择 LOGICANALYSER（逻辑分析仪）。

（3）将逻辑分析仪放置到图样合适的位置上。

（4）在逻辑分析仪的 A0 ~ A15 的部分输入端连接需要测试的输入、输出信号。

添加虚拟逻辑分析仪后的电路如图 10－31 所示。

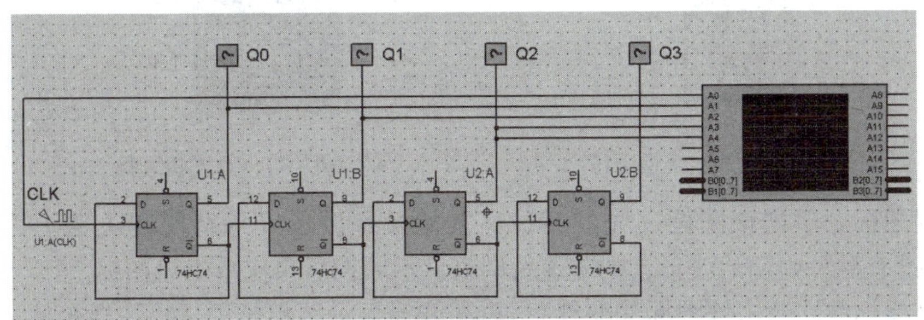

图 10－31　添加虚拟逻辑分析仪后的电路

2）逻辑分析仪的使用

启动仿真运行后，屏幕将自动弹出图 10－32 所示逻辑分析仪运行界面，波形显示区将跟踪通道输入的波形。

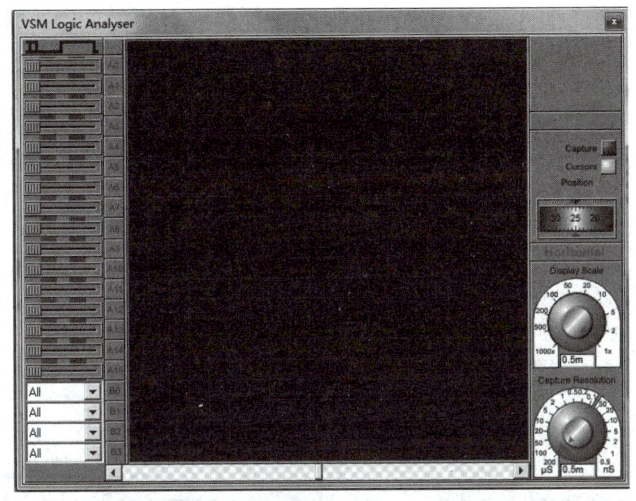

图 10－32　逻辑分析仪运行界面

逻辑分析仪的操作区可分为两个部分：

（1）水平设置区。水平设置区分为两个部分，如图 10－33 所示。

①扫描周期设置。必须设置为比被测量信号周期小的周期，越小精度越好，本例设置周期为 0.5 ms。调节时，大箭头指向的数字为扫描周期初值，小箭头可调节系数（顺时针旋转系数变小，旋到底为 1）。

②波形显示周期设置。设置波形显示区每格表示的周期值，每格周期值显示在图下方的方框中（0.5 ms）。

调节时，大箭头指向的数字 × 扫描周期 = 每格表示的周期初值［1 000 × 0.5 = 0.5（s）］，小箭头可调节系数（顺时针旋转系数变小，旋到底为 1）。

（2）触发设置区。触发设置区分为三个部分，如图 10－34 所示。

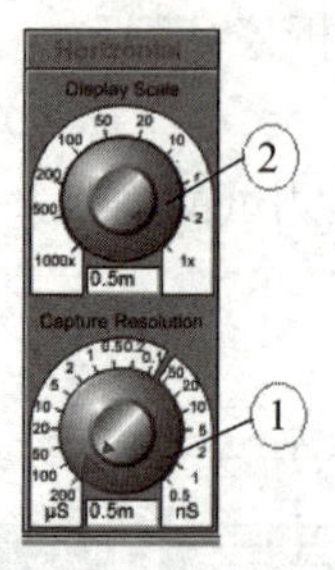

图 10－33　水平设置区

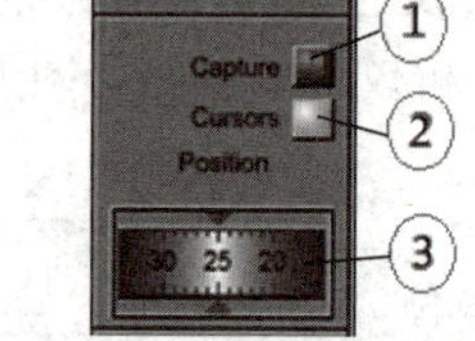

图 10－34　触发设置区

①捕捉图标。单击该图标（先红后绿）开始显示波形（等待时间决定于计算机的速度）。如果没有显示预期的波形，则应重新调整显示周期后再次单击该图标。

②横坐标标注。单击该图标（变红），再在波形显示区单击，可标注横坐标，用于测量波形的周期、脉宽等。

③波形显示调节。移动滚轮可使波形左右移动。

6. 设置“动画”辅助仿真调试

选择主菜单 System 中 Set Animation Options 选项弹出“动画”对话框，如图 10－35 所示。对话框左边的数据通常使用默认值，正确设置对话框右边的四个选项可在电路的仿真调试中起到辅导作用。

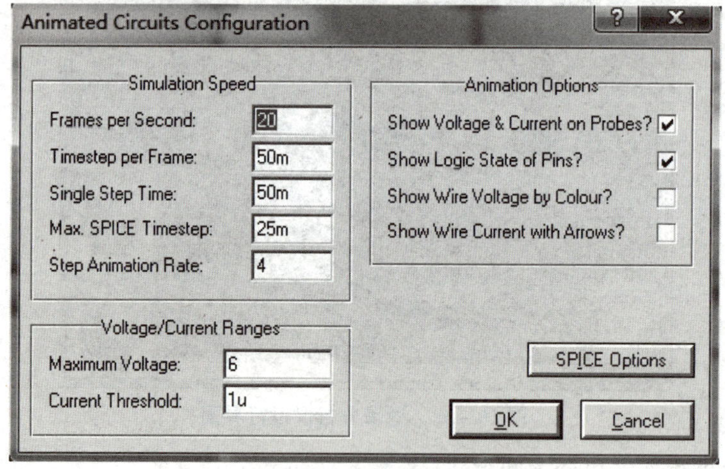

图 10－35　“动画”设置

（1）Show Voltage & Current on Probes?

可选择是否在电压和电流探针上显示电压与电流的值。

（2）Show Logic State of Pins?

在后面的框中打“√”，电路仿真运行时将显示元器件引脚的逻辑状态。蓝色表示低电平“0”，红色表示高电平“1”。

（3）Show Wire Voltage by Colour?

在后面的框中打“√”后，电路仿真运行时将用导线颜色表示导线电压。浅绿色表示低电压，深红色表示高电压。

（4） Show Wire Current with Arrows？

在后面的框中打“√”后，电路仿真运行时将用箭头表示电流方向。

PROTEUS
软件的使用

10.2 基于 Proteus 的项目设计

10.2.1 三人抢答器设计与仿真调试

1. 三人抢答器的设计要求

有 1 名主持人与 3 名选手参加抢答，主持人发出开始信号后 3 名选手可以抢答，第一位按下抢答键的选手抢答成功，其后抢答则无效。要求抢答器显示第一位抢答者的编号。

2. 三人抢答器的工作原理

三人抢答器由抢先功能模块、编码功能模块和显示功能模块构成。图 10 – 36 所示为三人抢答器的原理框图。

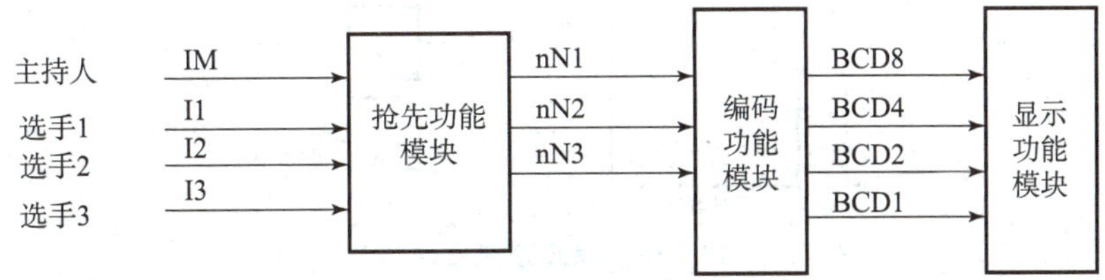

图 10 – 36 三人抢答器的原理框图

从图 10 – 36 可以看出：

抢先功能模块的作用：对选手信号进行处理，完成抢答功能（允许、抢先功能）。

编码功能模块的作用：对抢先信号进行编码（8421 BCD）。

显示功能模块的作用：对输入进行译码，显示一位数码。

3. 三人抢答器的设计

根据功能，可以将三人抢答器分成三个部分。

1） 抢先功能模块设计

抢先功能模块电路如图 10 – 37 所示。

2） 编码功能模块设计

编码功能模块电路如图 10 – 38 所示。

3） 显示功能模块设计

显示功能模块电路如图 10 – 39 所示。

4. 三人抢答器的仿真调试

根据上面介绍的三人抢答器设计，使用 Proteus ISIS 编辑原理图，启动仿真后，当主持人按下开始按键后，三位选手中最先按下抢答按键的选手序号会显示在数码管上，如图 10 – 40所示。

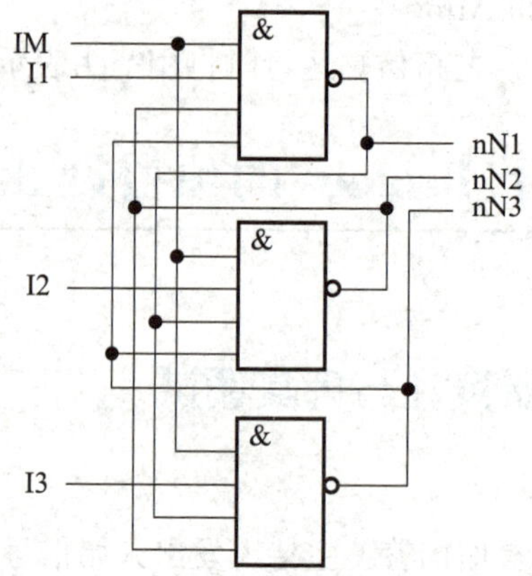

图 10-37　抢先功能模块电路

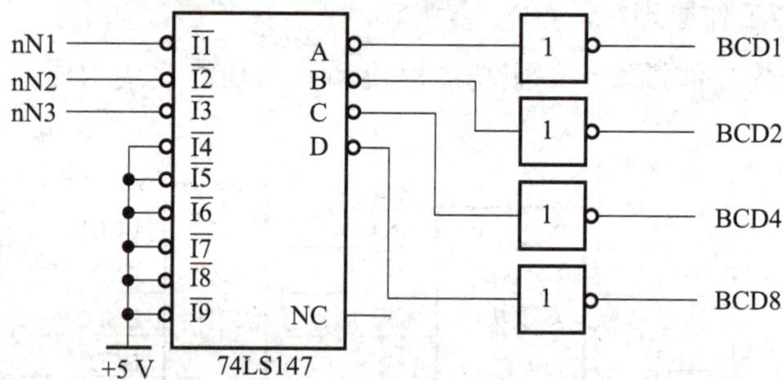

图 10-38　编码功能模块电路

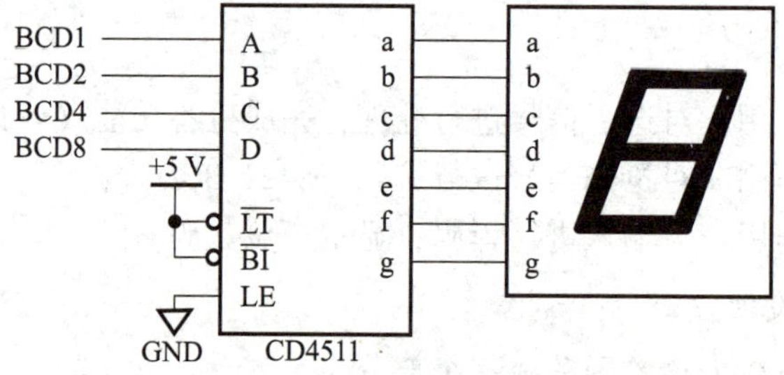

图 10-39　显示功能模块电路

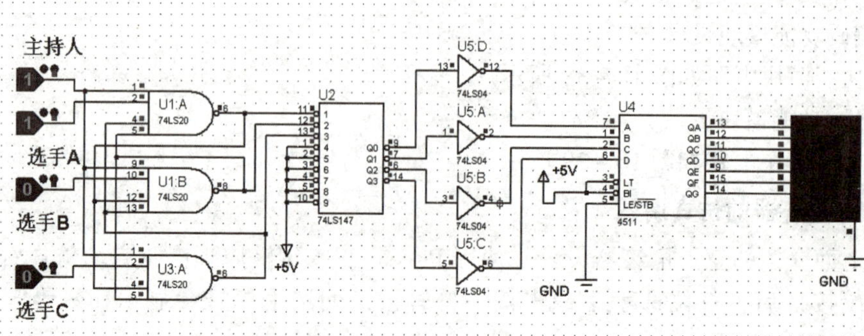

图 10-40　三人抢答器仿真调试

10.2.2　十位可逆循环彩灯控制器设计与仿真调试

1. 十位可逆循环彩灯控制器的设计要求

（1）支持 10 个 LED 彩灯。

（2）循环点亮，间隔时间可调。

（3）从 1 号灯依次点亮至 10 号灯，再从 10 号灯依次点亮至 1 号灯，依次循环。

2. 十位可逆循环彩灯控制器的工作原理

循环彩灯控制器由脉冲发生器、加/减计数器、译码器和加/减计数反馈控制器构成。图 10－41 所示为循环彩灯控制器的原理框图。

从图 10－41 可以看出：

脉冲发生器的作用：产生计数脉冲。

加/减计数器的作用：对脉冲信号进行计数。

译码器的作用：对输入进行译码，控制十位 LED 彩灯。

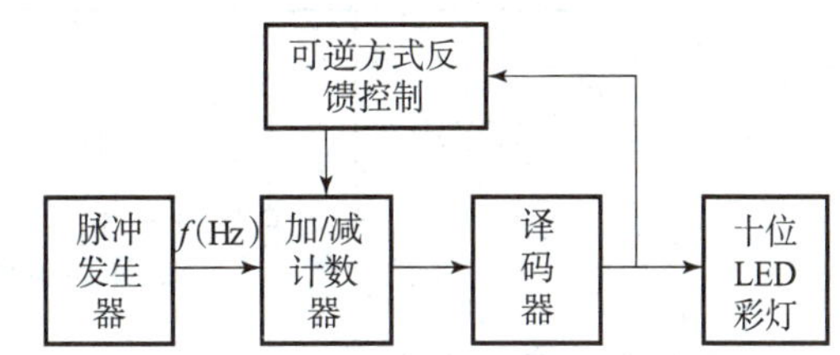

图 10－41　循环彩灯控制器原理框图

加/减计数反馈控制器的作用：控制加/减计数器的模式。

3. 十位可逆循环彩灯控制器的设计

根据功能，可将循环彩灯控制器分成三个部分。

1）脉冲发生器设计

脉冲发生器电路如图 10－42 所示。

2）加/减计数器设计

加/减计数器电路如图 10－43 所示。

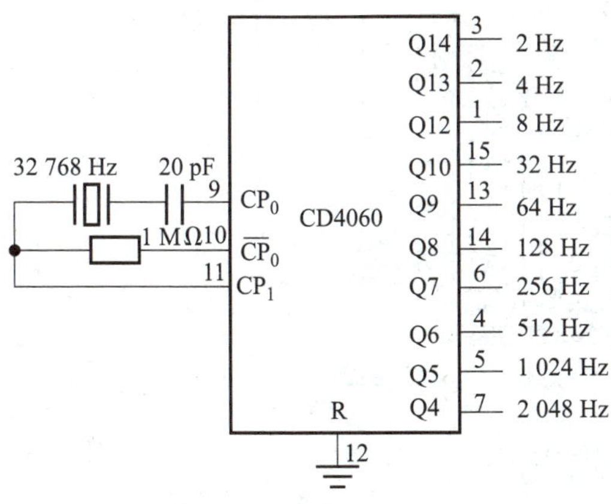

图 10－42　脉冲发生器电路

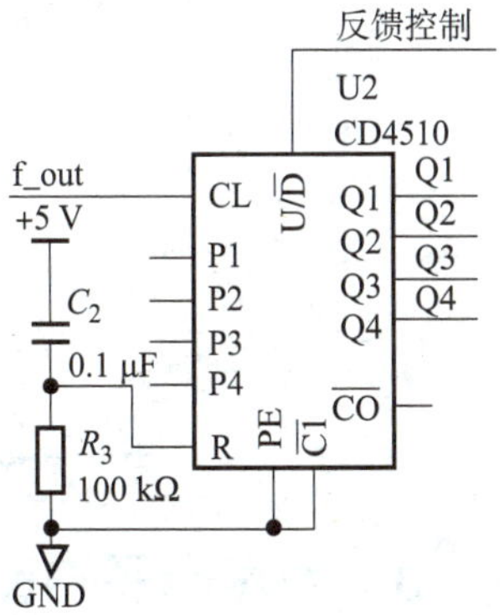

图 10－43　加/减计数器电路

3）译码器和加/减计数反馈控制器

译码器和加/减计数反馈控制器如图 10－44 所示。

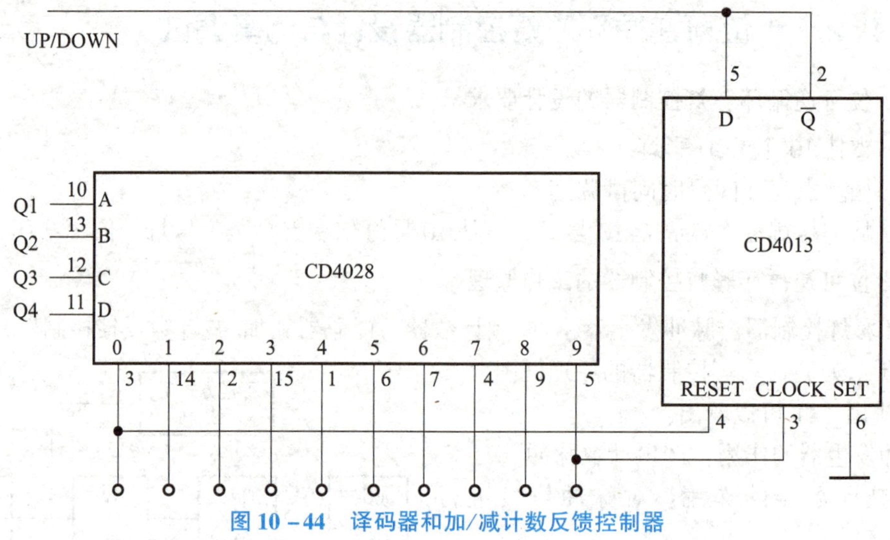

图 10-44　译码器和加/减计数反馈控制器

4. 十位可逆循环彩灯控制器的仿真调试

根据上面介绍的循环彩灯控制器设计，使用 Proteus ISIS 编辑原理图，启动仿真后，从 1 号灯依次点亮至 10 号灯，再从 10 号灯依次点亮至 1 号灯，依次循环。如图 10-45 所示，图中的脉冲发生器电路被信号发生器中的方波信号 DCLOCK 代替。

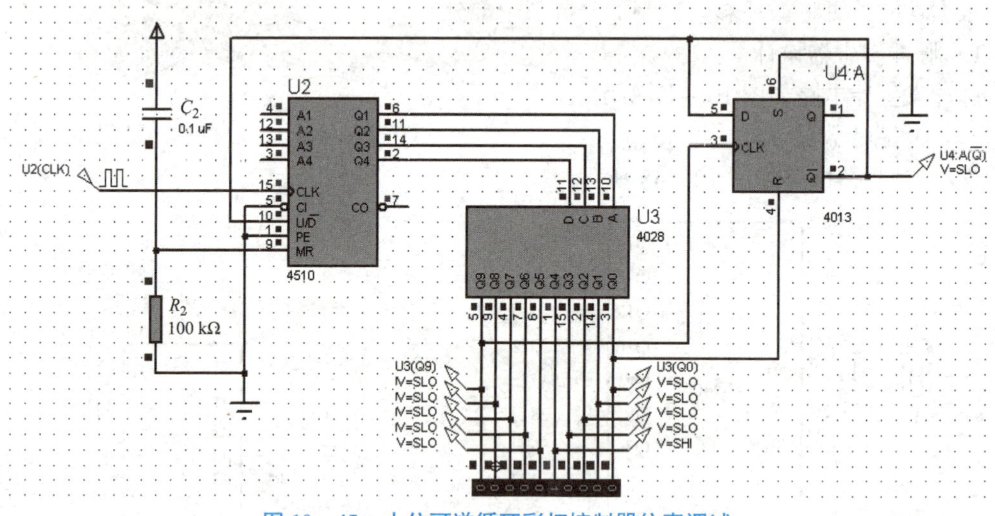

图 10-45　十位可逆循环彩灯控制器仿真调试

10.2.3　数字电子钟设计与仿真调试

1. 数字电子钟的设计要求

数字电子钟具体要求如下：

（1）按规律正常走时，用数码管清晰显示秒、分、时的走时。

（2）具有快速校时功能。

（3）具有整点报时功能（报时要求四低一高，最后一声高音结束时，恰好为报时的准点，报时时间限制在 10 s 内完成）。

2. 数字电子钟的工作原理

数字电子钟由时钟源（秒发生器）、秒计数器、分计数器、时计数器、译码器、数码管显示、校时电路及报时电路构成。图 10 – 46 所示为数字钟原理框图。

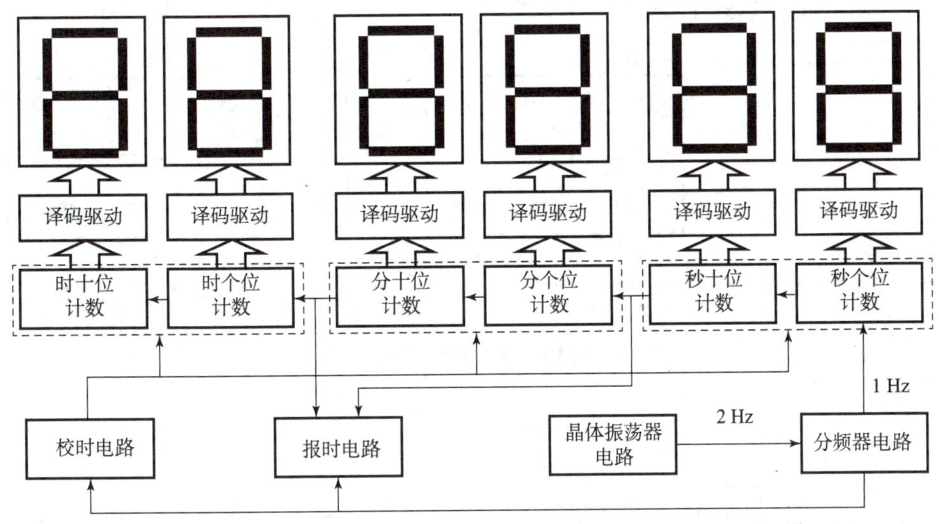

图 10 – 46　数字钟原理框图

从图 10 – 46 可以看出，晶体振荡器电路输出 2 Hz 的脉冲信号，经过分频器电路得 1 Hz 的脉冲信号，作为数字钟的时钟源，计数器电路对 1 Hz 的脉冲信号进行计数，同时将计数的结果在数码上显示，显示的内容就是当前的时间；校时电路可以对时、分和秒进行调整；报时电路可以在即将到达整点的时候具备提醒功能。

3. 数字电子钟的设计

根据功能，可以将数字电子钟分成四个部分。

1）晶体振荡器电路设计

晶体振荡器电路如图 10 – 47 所示。

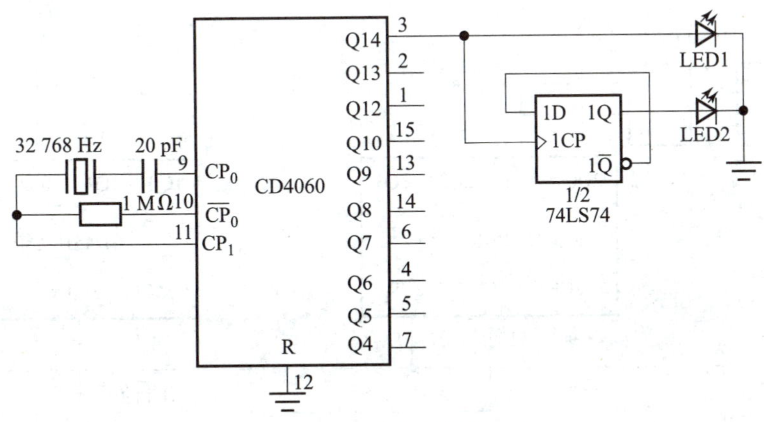

图 10 – 47　晶体振荡器电路

2）计时显示电路设计

秒、分、时计时电路如图 10－48～图 10－50 所示。

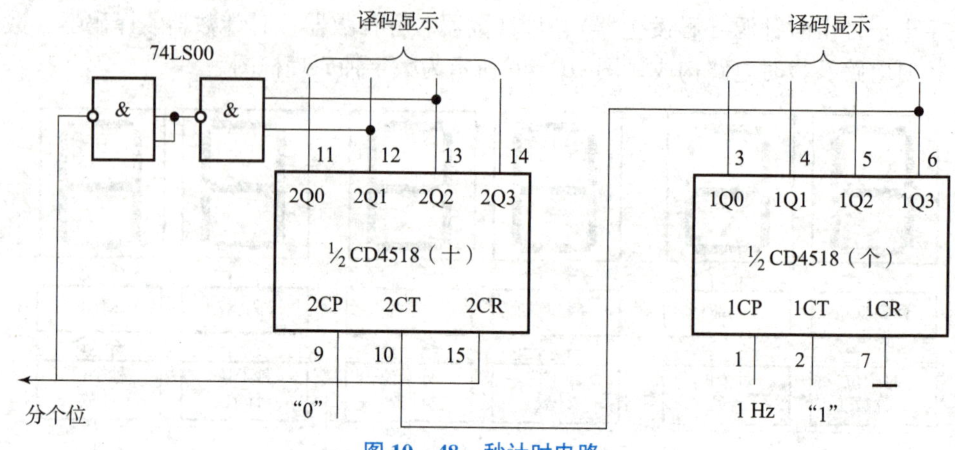

图 10－48　秒计时电路

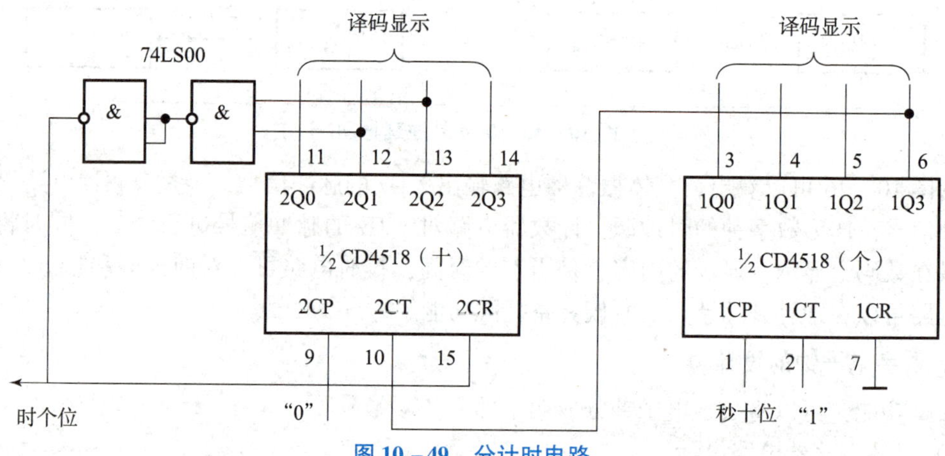

图 10－49　分计时电路

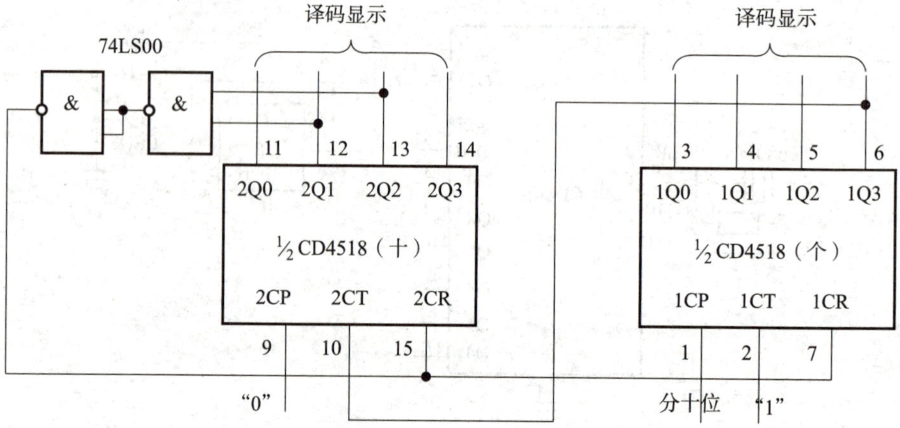

图 10－50　时计时电路

3）校时电路设计

校时电路如图 10－51 所示。

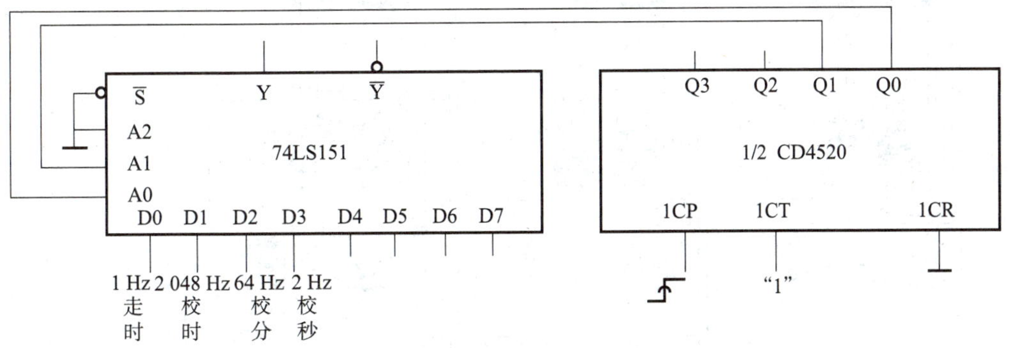

图 10－51　校时电路

4）报时电路设计

报时电路如图 10－52 所示。

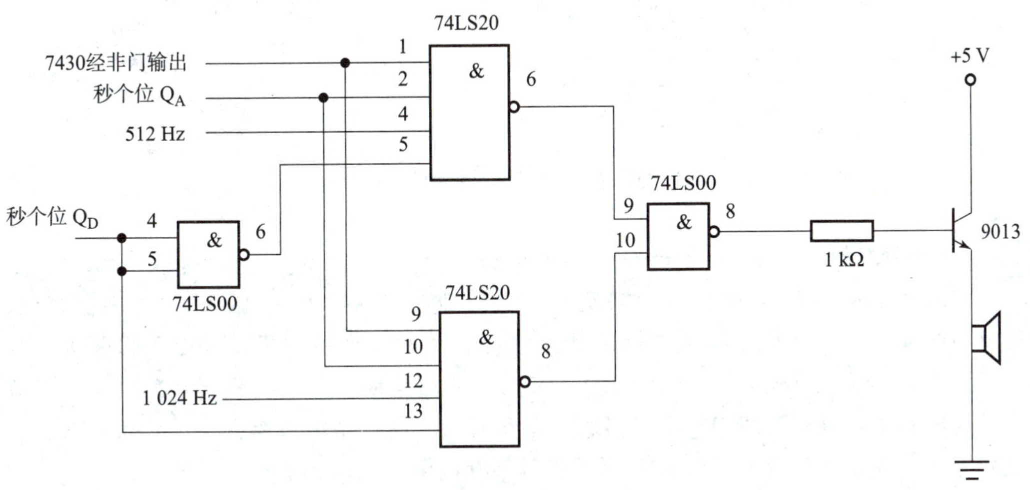

图 10－52　报时电路

4. 数字电子钟的仿真调试

根据上面介绍的数字电子钟的设计，使用 Proteus ISIS 编辑原理图，启动仿真后，6 个数码管就开始显示时间，最左边两个数码管显示时，中间两个数码管显示分，最右边两个数码管显示秒，如图 10－53 所示，图中的晶体振荡器电路被信号发生器中的 1 Hz 方波信号 DCLOCK 代替。

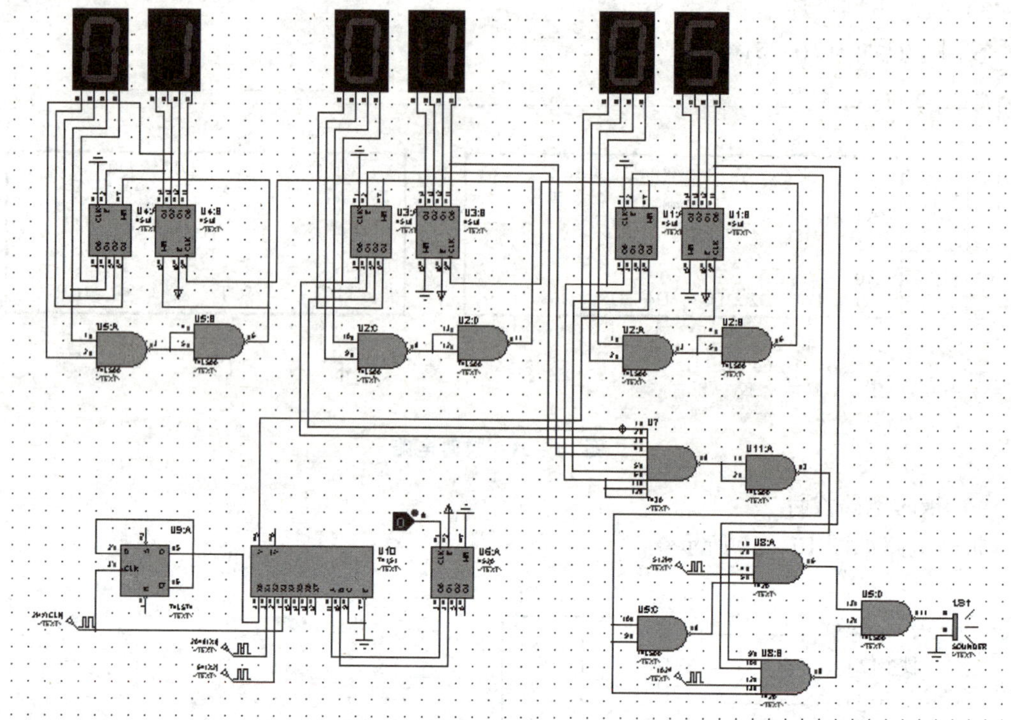

图 10－53　数字电子钟仿真调试

先导案例解决

借助于 Proteus 仿真软件可以实现抢答器的功能。抢答器的电路由抢先功能模块、编码功能模块和显示功能模块三部分构成。抢先功能模块的作用：对选手信号进行处理，完成抢答功能（允许、抢先功能），可用与非门构成；编码功能模块的作用：对抢先信号进行编码（8421 BCD），可用编码器和非门构成；显示功能模块的作用：对输入进行译码，显示一位数码，可用显示译码器和数码管构成。

【本章小结】

本章主要介绍了 Proteus 仿真软件的使用和基于 Proteus 的项目设计与仿真调试。

1. Proteus 仿真软件的使用

介绍了 Proteus ISIS 的编辑环境，利用 Proteus ISIS 编辑数字电路原理图的方法和技巧，利用 Proteus ISIS 仿真调试数字电路的方法和技巧。

2. 基于 Proteus 的项目设计与仿真调试

介绍了三人抢答器的设计要求、工作原理和设计，以及基于 Proteus 的仿真调试；介绍了十位可逆循环彩灯控制器的设计要求、工作原理和设计，以及基于 Proteus 的仿真调试；介绍了数字电子钟电路的设计要求、工作原理和设计，以及基于 Proteus 的仿真调试。

【习　题】

1. 用 Proteus 软件绘制如图 10－16 所示电路。
2. 用 Proteus 软件绘制如图 10－22 所示电路。
3. 用 Proteus 软件绘制如图 10－25 所示电路。
4. 仿真调试绘制如图 10－26 所示电路。
5. 仿真调试绘制如图 10－53 所示电路。

数字电路的设计方法

数字电路是小型、简单的数字系统，设计方法仍采用经典的数字电路理论。由功能表、卡诺图、逻辑方程等来描述数字电路的功能，还要凭借设计者对数字电路设计的熟练技巧和丰富经验，将各种不同功能的电路拼成待设计的电路，常称这种方法为试凑法。设计时有意识的向标准集成电路靠拢。

具体步骤如下：

1. 选择总体方案

所谓总体方案是根据所提出的设计任务、要求和性能指标，用具有一定功能的若干单元电路组成一个整体，来实现各项功能。拿到设计任务要求后，首先应查阅资料以广开思路，提出若干不同的方案，然后仔细分析每个方案的可行性和优缺点，确定总体实施方案，并画出整机框图。选择方案时注意考虑可行性，还要考虑性能、可靠性、成本、功耗和体积等实际问题。

2. 单元电路设计

在确定了总体方案并画出详细框图后，便可进行单元电路设计。单元电路是整机电路的一个部分。只有把单元电路设计好才能提高整体设计水平。目前由于 MSI、LSI 器件迅速发展，许多功能部件已有现成的产品，如译码器、编码器、全加器等，只要单元设计方案向标准集成电路靠拢，会使单元电路设计工作大大简化。

设计单元电路的一般方法：

(1) 根据设计要求，将总体方案分割成若干单元电路，尽量选用标准集成电路。

(2) 注意各个单元电路之间的相互配合。

3. 审图和仿真、测试

把各个单元电路连接起来画出总原理图初图，由于在设计过程中有些问题难免考虑不周全，画出总原理图初图后要进行审图。审图可以发现原理图中不当或错误之处，使设计少走弯路。

审图时应注意：

（1）检查总体方案有无问题，是否最佳。

（2）检查各单元电路是否正确，电路形式是否合适

（3）各个单元电路之间的电平配合是否有问题，逻辑关系是否正确，是否存在竞争冒险。

（4）检查电路中有无烦琐之处，是否可以简化。

电子电路的设计可以通过仿真、电路测试来发现问题，解决问题，不断完善电路。电路仿真具有快速、安全、省材等特点，可以大大提高工作效率，但仍不能完全代替电路测试。

4. 画总体电路图

原理电路设计完成后，应画出总体电路图。

绘制电路图时应注意：

（1）布局合理，排列均匀，稀疏恰当，图面清晰，美观协调，便于看图，便于对图的理解和阅读。

（2）注意信号的流向，一般从输入端或信号源画起，由左至右或由上至下按信号的流向依次画出各个单元电路。

（3）每个单元电路的组件应集中布置在一起，便于看清各单元电路的功能关系。

（4）连接线应为直线，连线通常画成水平线或竖线，一般不画斜线。连线应尽量短，少折弯。有的连线可用符号表示，比如器件的电源一般只标出电源电压的数值，底线用符号表示。

（5）图形符号要标准，图中应加适当的标注。

（6）电路中门电路、触发器建议用门电路符号、触发器符号来画，而不用接线图形式画，更利于看懂。CMOS 集成电路的输入端不允许悬空，因此 CMOS 不用的输入端应进行处理。

附录 2

实验电路的故障检查和排除

在实验中，当电路不能完成预期逻辑功能时，就称电路有故障。如果掌握了排除故障的方法，那么故障时不难排除的。但在以往的实验中，很多同学一遇到故障，不是过分依赖教师，就是盲目地乱猜乱碰，其结果不仅不能排除故障，反而引起其他问题。

实践证明，在实验前必须认真做好实验准备工作（主要包括实验电路的正确设计，了解所用器件的性能和特点等），实验中，按布线原则进行布线，有助于减少电路故障，特别是在复杂的电路中，希望一次通过实现电路全部功能也是不容易的。因此就有一个检查和排除故障的过程。

在实验过程中，通常遇到这么三类典型故障。一是设计错误，二是布线错误，三是器件与底板故障。其中大量的故障出现在接触不良（导线与底板插孔，器件管脚与底板插孔），其次是布线上的错误（漏线和错线）。

设计错误在这里指的不是逻辑设计错误，而是指所用的器件不合适或电路中各器件之间在配合上的错误。例如，电路动作的边沿选择与电平选择、电路延迟时间的配合，以及某些器件的控制信号变化对时钟脉冲所处状态的要求等，这些因素在设计时应引起足够的重视。

下面仅介绍在正确设计的前提下，对实验故障的检查方法。

（1）全部连线连接好后，仔细检查一遍。检查集成电路正方向是否插对，包括电源线与地线在内的连线是否有漏线与错线，是否有两个以上输出端错误地连在一起等。

（2）使用万用表的“欧姆 10”挡，测量实验电路电源端与地线之间的电阻值，排除电源与地线的开路与短路现象。

（3）用万用表测量直流稳压电源输出电压是否为所需值（+5 V），然后接通电源，观察电路及各种器件有无异常发热等现象。

（4）检查各集成电路是否均已加上电源。可靠的检查方法是用万用表测试棒直接测量集成块电源端和地线两脚之间的电压。这种方法可以检查出因底板、集成块引脚等原因造成的故障。

（5）检查是否有不允许悬空的输入端（例如，TTL 中规模以上的控制输入端，CMOS 电路的各输入端等）未接入电路。

（6）进行静态（或单步工作）的测量。使电路处在某一输入状态下，观察电路的输出是否与设计要求一致。用真值表检查电路是否正常。若发现差错，必须重复测试，仔细观察故障现象，然后把电路固定在某一故障状态，用万用表测试电路中各器件输入、输出端的电压。对于 TTL 电路，所测应符合如附表 1 数值范围。

附表 1 TTL 电路静态工作各引出端电压值

引出端所处状态	电压范围/V
≥3	输出高电平
输出低电平	≤0.4
输入端悬空	1.0~1.4
输入端接低电平	≤0.4
输入端接高电平	≥3
两输出端短接（两输出端状态不同）	0.6~1.4

（7）如果无论输入信号怎么变化，输出一直保持高电平不变，则可能集成块没有接地或接地不良。若输出信号保持与输入信号同样规律变化，则可能集成块没有接电源。

（8）对于多个与输入端器件，如果使用时有输入端多余，在检查故障时，可以调换另外的输入端试用。实验中使用器件替换法也是一种有效的检查故障的方法，以排除器件功能不正常引起的电路故障。

（9）电路故障的检查方法可用逐级跟踪的方法进行。静态检查时使电路处在某一故障的工作状态，动态检查则在某一规律信号作用下检查各级工作波形。具体检查次序可以从输入端开始，按信号流程依次逐级向后检查，也可以从故障输出端向输入方向逐级检查，直至找到故障为止。

附录3

数字电路的安装与测试技术

数字电路的安装与测试工作是验证设计方案的实践过程，是应用理论知识来解决实践中各类问题的关键环节，是数字电路设计者必须掌握的基本技能。下面介绍一些数字电路安装与调试中常用的基本方法。

1. 集成电路元件的逻辑功能测试

在安装电路之前，必须对所选用的数字集成电路器件进行逻辑功能测试，以避免因器件功能不正常而增加调试的困难。检测器件的方法是多种多样的，常用的方法如下：

1）仪器检测法

可以用一些数字电路检测仪进行检测。

2）逻辑功能试验检查法

用实验电路方法对该器件进行逻辑功能测试。

3）替代法

用被测器件替代正常工作的数字电路中的相同器件。

2. 集成电路器件的接插和布线方法

数字电路的实验通常在面包板上进行。插接集成器件时，把器件的缺口端朝左，现对准插孔的位置，然后用力将其插牢，防止集成器件管脚弯曲或折断。

布线时应注意导线不宜太长，最好贴近底板并在集成器件周围走线。切忌导线跨越集成器件的上空和杂乱地在空中搭成网状。数字电路的布线应整齐美观，这样既提高了电路的可靠性，又便于检查排除故障及更换器件。

导线连接顺序：先接固定电平的连线，如电源正极（一般用红色导线）、地线（一般用黑色导线）、门电路的多余输入端及电平固定的某些输入端（如触发器的控制端J、K），然后按照电路中的信号流向顺序对划分的子系统逐一布线、调试，最后将各子系统连接起来。

3. 数字电路的调试方法

数字电路的调试顺序也是先调试单元电路的子系统，然后逐渐扩大将几个电源电路进行联调。最后进行整机调试。一般根据信号流向逐级调试。由于数字电路系统中，相同单元电路和集成器件往往较多，为了尽快找出故障，常用以下调试方法：

1）替代法

将已经调试好的单元电路替代有故障或有问题的相同电路，这样能很快地判断出故障原因是在单元电路本身，还是在其他单元或连接线上。当发现某一局部电路有问题时，应检查该电路的连接线，当确定无误后再更换集成电路芯片。

2）对比法

将有问题的电路的状态、参数与相同正常电路进行逐项对比。

3）对分法

把有故障的电路对分为两个部分，可检查出有问题的那一部分而排除另一部分无故障的电路。然后再对有故障的部分进行对分检测，直到对分找到故障点为止。

实践证明，数字单元电路的故障大多数是接线错误或解除不良引起的，集成器件本身的问题是较少的。然而设计者在调试过程中发现工作不正常时，往往一开始就怀疑集成器件损坏，这是应该引起注意的。

4. 几种基本电路的测试方法

1）集成逻辑门电路

静态时，在各输入端分别接入不同的电平值，即逻辑“1”接高电平（输入端通过 10 kΩ 电阻接电源正极），逻辑“0”接低电平（输入端接地）。用万用表测量各输入端的逻辑电平，并分析各逻辑电平值是否符合电路的逻辑关系。动态测试是指各输入端接入规定的脉冲信号，用示波器观察各输出端信号，并画出各输出信号的时序波形关系图，分析它们之间是否符合电路的逻辑关系。

2）集成触发器电路

静态时，主要测试触发器的复位、置位和翻转功能。动态时，在时钟脉冲作用下，测试触发器计数功能，用示波器观察电路各处波形的变化情况。也可以测定输出、输入信号之间的分频关系，输出脉冲的上升和下降时间，触发灵敏度和抗干扰能力以及接入不同性质负载时，对于输出波形的影响。测试时，触发脉冲的宽度一般要大于数微秒，且脉冲的上升沿或下降沿要陡。

3）计数器电路

计数器电路的静态主要是测试电路复位、置位功能。动态测试是指在时序脉冲作用下测试计数器各输出状态是否满足计数功能表的要求，可用示波器观测各输出端的波形，并记录这些波形与时钟脉冲之间的波形关系。

4）译码器显示电路

首先测试数码管各段工作是否正常，如共阴极的发光二极管显示器，可以将阴极接地。再将各段通过 1 kΩ 接电源正极 V_{CC}，各段应该亮。再将译码器的数据输入端依次输入 0001～1001，则显示器对应显示出 1～9 的数字。

译码器显示电路常见故障：

(1) 数码显示器上某个字总是“亮”或“不灭”。可能是译码器的输出幅度不正常或译码器的工作不正常。

(2) 数码显示器上某字总是不“亮”。可能是数码管或译码器的连线不正确或接触不良。

(3) 数码管字符显示模糊，而且不随输入信号变化。可能是译码器的电源电压不正常或连线不正确或接触不良。

(4) 数码管某段总是不“亮”。可能是数码管本身有问题，需更换新的。

附录 4

常用集成芯片一览

74LS00 2 输入四与非门
74LS01 2 输入四与非门（oc）
74LS02 2 输入四或非门
74LS03 2 输入四与非门（oc）
74LS04 六倒相器
74LS05 六倒相器（oc）
74LS06 六高压输出反相缓冲器/驱动器（oc，30v）
74LS07 六高压输出缓冲器/驱动器（oc，30v）
74LS08 2 输入四与门
74LS09 2 输入四与门（oc）
74LS10 3 输入三与非门
74LS11 3 输入三与门
74LS12 3 输入三与非门（oc）
74LS13 4 输入双与非门（斯密特触发）
74LS14 六倒相器（斯密特触发）
74LS15 3 输入三与门（oc）
74LS16 六高压输出反相缓冲器/驱动器（oc，15v）
74LS17 六高压输出缓冲器/驱动器（oc，15v）
74LS18 4 输入双与非门（斯密特触发）
74LS19 六倒相器（斯密特触发）
74LS20 4 输入双与非门
74LS21 4 输入双与门
74LS22 4 输入双与非门（oc）

74LS23 双可扩展输入或非门
74LS24 2 输入四与非门（斯密特触发）
74LS25 4 输入双或非门（有选通）
74LS26 2 输入四高电平接口与非缓冲器（oc，15v）
74LS27 3 输入三或非门
74LS28 2 输入四或非缓冲器
74LS30 8 输入与非门
74LS31 延迟电路
74LS32 2 输入四或门
74LS33 2 输入四或非缓冲器（集电极开路输出）
74LS34 六缓冲器
74LS35 六缓冲器（oc）
74LS36 2 输入四或非门（有选通）
74LS37 2 输入四与非缓冲器
74LS38 2 输入四或非缓冲器（集电极开路输出）
74LS39 2 输入四或非缓冲器（集电极开路输出）
74LS40 4 输入双与非缓冲器
74LS41 bcd－十进制计数器
74LS42 4 线－10 线译码器（bcd 输入）
74LS43 4 线－10 线译码器（余 3 码输入）
74LS44 4 线－10 线译码器（余 3 格雷码输入）
74LS45 bcd－十进制译码器/驱动器
74LS46 bcd－七段译码器/驱动器
74LS47 bcd－七段译码器/驱动器
74LS48 bcd－七段译码器/驱动器
74LS49 bcd－七段译码器/驱动器（oc）
74LS50 双二路 2－2 输入与或非门（一门可扩展）
74LS51 双二路 2－2 输入与或非门
74LS51 二路 3－3 输入，二路 2－2 输入与或非门
74LS52 四路 2－3－2－2 输入与或门（可扩展）
74LS53 四路 2－2－2－2 输入与或非门（可扩展）
74LS53 四路 2－2－3－2 输入与或非门（可扩展）
74LS54 四路 2－2－2－2 输入与或非门
74LS54 四路 2－3－3－2 输入与或非门
74LS54 四路 2－2－3－2 输入与或非门
74LS55 二路 4－4 输入与或非门（可扩展）
74LS60 双四输入与扩展
74LS61 三 3 输入与扩展
74LS62 四路 2－3－3－2 输入与或扩展器

74LS63 六电流读出接口门
74LS64 四路 4 -2 -3 -2 输入与或非门
74LS65 四路 4 -2 -3 -2 输入与或非门（oc）
74LS70 与门输入上升沿 jk 触发器
74LS71 与输入 r-s 主从触发器
74LS72 与门输入主从 jk 触发器
74LS73 双 j-k 触发器（带清除端）
74LS74 正沿触发双 d 型触发器（带预置端和清除端）
74LS75 4 位双稳锁存器
74LS76 双 j-k 触发器（带预置端和清除端）
74LS77 4 位双稳态锁存器
74LS78 双 j-k 触发器（带预置端，公共清除端和公共时钟端）
74LS80 门控全加器
74LS81 16 位随机存取存储器
74LS82 2 位二进制全加器（快速进位）
74LS83 4 位二进制全加器（快速进位）
74LS84 16 位随机存取存储器
74LS85 4 位数字比较器
74LS86 2 输入四异或门
74LS87 四位二进制原码/反码/oi 单元
74LS89 64 位读/写存储器
74LS90 十进制计数器
74LS91 八位移位寄存器
74LS92 12 分频计数器（2 分频和 6 分频）
74LS93 4 位二进制计数器
74LS94 4 位移位寄存器（异步）
74LS954 位移位寄存器（并行 io）
74LS965 位移位寄存器
74LS97 六位同步二进制比率乘法器
74LS100 八位双稳锁存器
74LS103 负沿触发双 j-k 主从触发器（带清除端）
74LS106 负沿触发双 j-k 主从触发器（带预置，清除，时钟）
74LS107 双 j-k 主从触发器（带清除端）
74LS108 双 j-k 主从触发器（带预置，清除，时钟）
74LS109 双 j-k 触发器（带置位，清除，正触发）
74LS110 与门输入 j-k 主从触发器（带锁定）
74LS111 双 j-k 主从触发器（带数据锁定）
74LS112 负沿触发双 j-k 触发器（带预置端和清除端）
74LS113 负沿触发双 j-k 触发器（带预置端）

74LS114 双 j - k 触发器（带预置端，共清除端和时钟端）
74LS116 双四位锁存器
74LS120 双脉冲同步器/驱动器
74LS121 单稳态触发器（施密特触发）
74LS122 可再触发单稳态多谐振荡器（带清除端）
74LS123 可再触发双单稳多谐振荡器
74LS125 四总线缓冲门（三态输出）
74LS126 四总线缓冲门（三态输出）
74LS128 2 输入四或非线驱动器
74LS131 3 - 8 译码器
74LS132 2 输入四与非门（斯密特触发）
74LS133 13 输入端与非门
74LS134 12 输入端与门（三态输出）
74LS135 四异或/异或非门
74LS136 2 输入四异或门（oc）
74LS137 八选 1 锁存译码器/多路转换器
74LS138 3 - 8 线译码器/多路转换器
74LS139 双 2 - 4 线译码器/多路转换器
74LS140 双 4 输入与非线驱动器
74LS141 bcd - 十进制译码器/驱动器
74LS142 计数器/锁存器/译码器/驱动器
74LS145 4 - 10 译码器/驱动器
74LS147 10 线 - 4 线优先编码器
74LS148 8 线 - 3 线八进制优先编码器
74LS150 16 选 1 数据选择器（反补输出）
74LS151 8 选 1 数据选择器（互补输出）
74LS152 8 选 1 数据选择器多路开关
74LS153 双 4 选 1 数据选择器/多路选择器
74LS154 4 线 - 16 线译码器
74LS155 双 2 - 4 译码器/分配器（图腾柱输出）
74LS156 双 2 - 4 译码器/分配器（集电极开路输出）
74LS157 四 2 选 1 数据选择器/多路选择器
74LS158 四 2 选 1 数据选择器（反相输出）
74LS160 可预置 bcd 计数器（异步清除）
74LS161 可预置四位二进制计数器（并清除异步）
74LS162 可预置 bcd 计数器（异步清除）
74LS163 可预置四位二进制计数器（并清除异步）
74LS164 8 位并行输出串行移位寄存器
74LS165 并行输入 8 位移位寄存器（补码输出）

74LS166 8 位移位寄存器
74LS167 同步十进制比率乘法器
74LS168 4 位加/减同步计数器（十进制）
74LS169 同步二进制可逆计数器
74LS170 4 * 4 寄存器堆
74LS171 四 d 触发器（带清除端）
74LS172 16 位寄存器堆
74LS173 4 位 d 型寄存器（带清除端）
74LS174 六 d 触发器
74LS175 四 d 触发器
74LS176 十进制可预置计数器
74LS177 2 - 8 - 16 进制可预置计数器
74LS178 四位通用移位寄存器
74LS179 四位通用移位寄存器
74LS180 九位奇偶产生/校验器
74LS181 算术逻辑单元/功能发生器
74LS182 先行进位发生器
74LS183 双保留进位全加器
74LS184 bcd - 二进制转换器
74LS185 二进制 - bcd 转换器
74LS190 同步可逆计数器（bcd，二进制）
74LS191 同步可逆计数器（bcd，二进制）
74LS192 同步可逆计数器（bcd，二进制）
74LS193 同步可逆计数器（bcd，二进制）
74LS194 四位双向通用移位寄存器
74LS195 四位通用移位寄存器
74LS196 可预置计数器/锁存器
74LS197 可预置计数器/锁存器（二进制）
74LS198 八位双向移位寄存器
74LS199 八位移位寄存器
74LS210 2 - 5 - 10 进制计数器
74LS213 2 - n - 10 可变进制计数器
74LS221 双单稳触发器
74LS230 八 3 态总线驱动器
74LS231 八 3 态总线反向驱动器
74LS240 八缓冲器/线驱动器/线接收器（反码三态输出）
74LS241 八缓冲器/线驱动器/线接收器（原码三态输出）
74LS242 八缓冲器/线驱动器/线接收器
74LS243 4 同相三态总线收发器

74LS244 八缓冲器/线驱动器/线接收器
74LS245 八双向总线收发器
74LS246 4 线－七段译码/驱动器（30v）
74LS247 4 线－七段译码/驱动器（15v）
74LS248 4 线－七段译码/驱动器
74LS249 4 线－七段译码/驱动器
74LS251 8 选 1 数据选择器（三态输出）
74LS253 双四选 1 数据选择器（三态输出）
74LS256 双四位可寻址锁存器
74LS257 四 2 选 1 数据选择器（三态输出）
74LS258 四 2 选 1 数据选择器（反码三态输出）
74LS259 8 为可寻址锁存器
74LS260 双 5 输入或非门
74LS261 4 * 2 并行二进制乘法器
74LS265 四互补输出元件
74LS266 2 输入四异或非门（oc）
74LS270 2048 位 rom（512 位四字节，oc）
74LS271 2048 位 rom（256 位八字节，oc）
74LS273 八 d 触发器
74LS274 4 * 4 并行二进制乘法器
74LS275 七位片式华莱士树乘法器
74LS276 四 jk 触发器
74LS278 四位可级联优先寄存器
74LS279 四 s－r 锁存器
74LS280 9 位奇数/偶数奇偶发生器/校验器
74LS283 4 位二进制全加器
74LS290 十进制计数器
74LS291 32 位可编程模
74LS293 4 位二进制计数器
74LS294 16 位可编程模
74LS295 四位双向通用移位寄存器
74LS298 四－2 输入多路转换器（带选通）
74LS299 八位通用移位寄存器（三态输出）
74LS348 8－3 线优先编码器（三态输出）
74LS352 双四选 1 数据选择器/多路转换器
74LS353 双 4－1 线数据选择器（三态输出）
74LS354 8 输入端多路转换器/数据选择器/寄存器，三态补码输出
74LS355 8 输入端多路转换器/数据选择器/寄存器，三态补码输出
74LS356 8 输入端多路转换器/数据选择器/寄存器，三态补码输出

74LS357 8 输入端多路转换器/数据选择器/寄存器，三态补码输出
74LS365 6 总线驱动器
74LS366 六反向三态缓冲器/线驱动器
74LS367 六同向三态缓冲器/线驱动器
74LS368 六反向三态缓冲器/线驱动器
74LS373 八 d 锁存器
74LS374 八 d 触发器（三态同相）
74LS375 4 位双稳态锁存器
74LS377 带使能八 d 触发器
74LS378 六 d 触发器
74LS379 四 d 触发器
74LS381 算术逻辑单元/函数发生器
74LS382 算术逻辑单元/函数发生器
74LS384 8 位 * 1 位补码乘法器
74LS385 四串行加法器/乘法器
74LS386 2 输入四异或门
74LS390 双十进制计数器
74LS391 双四位二进制计数器
74LS395 4 位通用移位寄存器
74LS396 八位存储寄存器
74LS398 四 2 输入端多路开关（双路输出）
74LS399 四 -2 输入多路转换器（带选通）
74LS422 单稳态触发器
74LS423 双单稳态触发器
74LS440 四 3 方向总线收发器，集电极开路
74LS441 四 3 方向总线收发器，集电极开路
74LS442 四 3 方向总线收发器，三态输出
74LS443 四 3 方向总线收发器，三态输出
74LS444 四 3 方向总线收发器，三态输出
74LS445 bcd - 十进制译码器/驱动器，三态输出
74LS446 有方向控制双总线收发器
74LS448 四 3 方向总线收发器，三态输出
74LS449 有方向控制双总线收发器
74LS465 八三态线缓冲器
74LS466 八三态线反向缓冲器
74LS467 八三态线缓冲器
74LS468 八三态线反向缓冲器
74LS490 双十进制计数器
74LS540 八位三态总线缓冲器（反向）

74LS541 八位三态总线缓冲器
74LS589 有输入锁存并入串出移位寄存器
74LS590 带输出寄存器 8 位二进制计数器
74LS591 带输出寄存器 8 位二进制计数器
74LS592 带输出寄存器 8 位二进制计数器
74LS593 带输出寄存器 8 位二进制计数器
74LS594 带输出锁存 8 位串入并出移位寄存器
74LS595 8 位输出锁存移位寄存器
74LS596 带输出锁存 8 位串入并出移位寄存器
74LS597 8 位输出锁存移位寄存器
74LS598 带输入锁存并入串出移位寄存器
74LS599 带输出锁存 8 位串入并出移位寄存器
74LS604 双 8 位锁存器
74LS605 双 8 位锁存器
74LS606 双 8 位锁存器
74LS607 双 8 位锁存器
74LS620 8 位三态总线发送接收器（反相）
74LS621 8 位总线收发器
74LS622 8 位总线收发器
74LS623 8 位总线收发器
74LS640 反相总线收发器（三态输出）
74LS641 同相 8 总线收发器，集电极开路
74LS642 同相 8 总线收发器，集电极开路
74LS643 8 位三态总线发送接收器
74LS644 真值反相 8 总线收发器，集电极开路
74LS645 三态同相 8 总线收发器
74LS646 八位总线收发器，寄存器
74LS647 八位总线收发器，寄存器
74LS648 八位总线收发器，寄存器
74LS649 八位总线收发器，寄存器
74LS651 三态反相 8 总线收发器
74LS652 三态反相 8 总线收发器
74LS653 反相 8 总线收发器，集电极开路
74LS654 同相 8 总线收发器，集电极开路
74LS668 4 位同步加/减十进制计数器
74LS669 带先行进位 4 位同步二进制可逆计数器
74LS670 4 * 4 寄存器堆（三态）
74LS671 带输出寄存四位并入并出移位寄存器
74LS672 带输出寄存四位并入并出移位寄存器

74LS673 16 位并行输出存储器，16 位串入串出移位寄存器
74LS674 16 位并行输入串行输出移位寄存器
74LS681 4 位并行二进制累加器
74LS682 8 位数值比较器（图腾柱输出）
74LS683 8 位数值比较器（集电极开路）
74LS684 8 位数值比较器（图腾柱输出）
74LS685 8 位数值比较器（集电极开路）
74LS686 8 位数值比较器（图腾柱输出）
74LS687 8 位数值比较器（集电极开路）
74LS688 8 位数字比较器（oc 输出）
74LS689 8 位数字比较器
74LS690 同步十进制计数器/寄存器（带数选，三态输出，直接清除）
74LS691 计数器/寄存器（带多转换，三态输出）
74LS692 同步十进制计数器（带预置输入，同步清除）
74LS693 计数器/寄存器（带多转换，三态输出）
74LS696 同步加/减十进制计数器/寄存器（带数选，三态输出，直接清除）
74LS697 计数器/寄存器（带多转换，三态输出）
74LS698 计数器/寄存器（带多转换，三态输出）
74LS699 计数器/寄存器（带多转换，三态输出）
74LS716 可编程模 n 十进制计数器
74LS718 可编程模 n 十进制计数器
CD4001 4 二输入或非门
CD4002 双 4 输入或非门
CD4006 18 位静态移位寄存器
CD4007 双互补对加反相器
CD4009 六缓冲器/转换 - 倒相
CD4010 六缓冲器/转换 - 正相
CD4011 四 2 输入与非门
CD4012 双 4 输入与非门
CD4013 置/复位双 D 型 触发器
CD4014 8 位静态同步移位寄存
CD4015 双 4 位静态移位寄存器
CD4016 四双向模拟数字开关
CD4017 10 译码输出十进制计数器
CD4018 可预置 1/N 计数器
CD4019 四与或选择门
CD4020 14 位二进制计数器
CD4021 8 位静态移位寄存器
CD4022 8 译码输出 8 进制计数器

CD4023 三 3 输入与非门
CD4024 7 位二进制脉冲计数器
CD4025 三 3 输入与非门
CD4026 十进制/7 段译码/驱动
CD4027 置位/复位主从触发器
CD4028 BCD 十进制译码器
CD4029 4 位可预置可逆计数器
CD4030 四异或门
CD4031 64 位静态移位寄存器
CD4032 三串行加法器
CD4033 十进制计数器/7 段显示
CD4034 8 位静态移位寄存器
CD4035 4 位并入/并出移位寄存器
CD4038 3 位串行加法器
CD4040 12 位二进制计数器
CD4041 四原码/补码缓冲器
CD4042 四时钟 D 型锁存器
CD4043 四或非 R/S 锁存器
CD4044 四与非 R/S 锁存器
CD4046 锁相环
CD4047 单非稳态多谐振荡器
CD4048 可扩充八输入门
CD4049 六反相缓冲/转换器
CD4050 六正相缓冲/转换器
CD4051 单 8 通道多路转换/分配
CD4052 双 4 通道多路转换/分配
CD4053 三 2 通道多路转换/分配
CD4056 7 段液晶显示译码/驱动
CD4060 二进制计数/分频/振荡
CD4063 四位数值比较器
CD4066 四双相模拟开管
CD4067 16 选 1 模拟开关
CD4068 8 输入端与非/与门
CD4069 六反相器
CD4070 四异或门
CD4071 四 2 输入或门
CD4072 双四输入或门
CD4073 三 3 输入与门
CD4075 三 3 输入与门

CD4076 4 位 D 型寄存器
CD4077 四异或非门
CD4078 八输入或/或非门
CD4081 四输入与门
CD4082 双 4 输入与门
CD4085 双 2 组 2 输入与或非门
CD4086 可扩展 2 输入与或非门
CD4093 四与非斯密特触发器
CD4094 8 位移位/贮存总线寄存
CD4096 3 输入 J－K 触发器
CD4098 双单稳态触发器
CD4099 8 位可寻址锁存器
CD40103 同步可预置减法器
CD40106 六斯密特触发器
CD40107 双 2 输入与非缓冲/驱动
CD40110 计数/译码/锁存/驱动
CD40174 6D 触发器
CD40175 4D 触发器
CD40192 BCD 可预置可逆计数器
CD40193 二进制可预置可逆计数

部分数字集成电路引脚功能图

1. 74LS00 四二输入与非门

74LS00

引脚	功能	功能	引脚
1	A_1	V_{CC}	14
2	B_1	B_4	13
3	Y_1	A_4	12
4	A_2	Y_4	11
5	B_2	B_3	10
6	Y_2	A_3	9
7	GND	Y_3	8

74LS00 功能真值表		
输入		输出
A	*B*	*Y*
0	0	1
0	1	1
1	0	1
1	1	0

2. 74LS04 六反相器

74LS04

引脚	功能	功能	引脚
1	1A	V_{CC}	14
2	1Y	6A	13
3	2A	6Y	12
4	2Y	5A	11
5	3A	5Y	10
6	3Y	4A	9
7	GND	4Y	8

74LS04 功能真值表	
输入	输出
A	*Y*
0	1
1	0

3. 74LS10 三 3 输入与非门

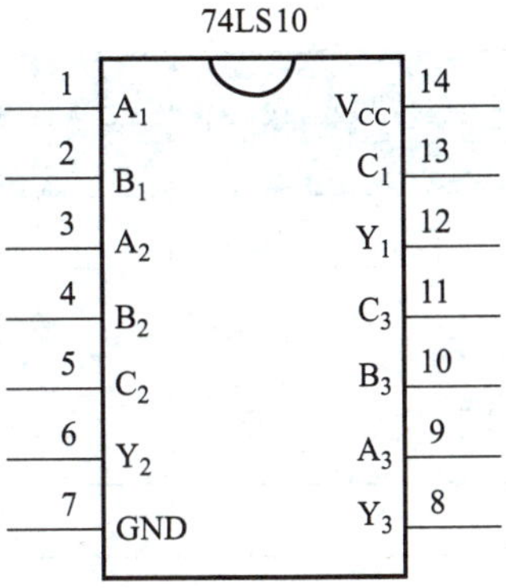

74LS10

引脚	名称	引脚	名称
1	A_1	14	V_{CC}
2	B_1	13	C_1
3	A_2	12	Y_1
4	B_2	11	C_3
5	C_2	10	B_3
6	Y_2	9	A_3
7	GND	8	Y_3

74LS10 功能真值表			
输入			输出
A	B	C	Y
×	×	0	1
×	0	×	1
0	×	×	1
1	1	1	0

4. 74LS20　双 4 输入与非门

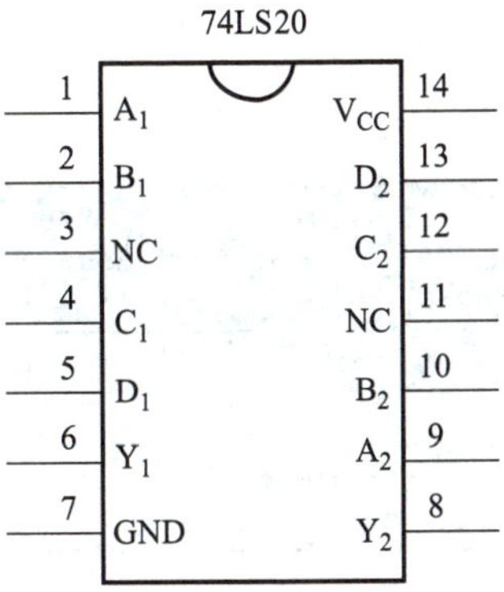

74LS20

引脚	名称	引脚	名称
1	A_1	14	V_{CC}
2	B_1	13	D_2
3	NC	12	C_2
4	C_1	11	NC
5	D_1	10	B_2
6	Y_1	9	A_2
7	GND	8	Y_2

74LS20 功能真值表				
输入				输出
A	B	C	D	Y
×	×	×	0	1
×	×	0	×	1
×	0	×	×	1
0	×	×	×	1
1	1	1	1	0

5. 74LS30　8 输入与非门

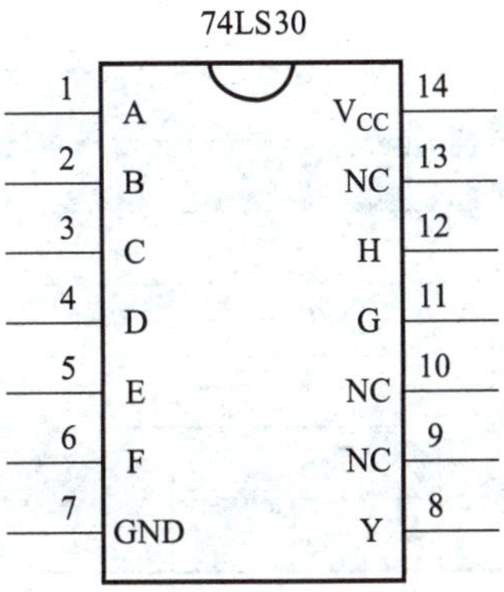

74LS30

引脚	名称	引脚	名称
1	A	14	V_{CC}
2	B	13	NC
3	C	12	H
4	D	11	G
5	E	10	NC
6	F	9	NC
7	GND	8	Y

74LS30 功能真值表	
输入	输出
$A\ B\ C\ D\ E\ F\ G\ H$	Y
输入全为高电平	0
输入中有低电平	1

6. 74LS02　四 2 输入或非门

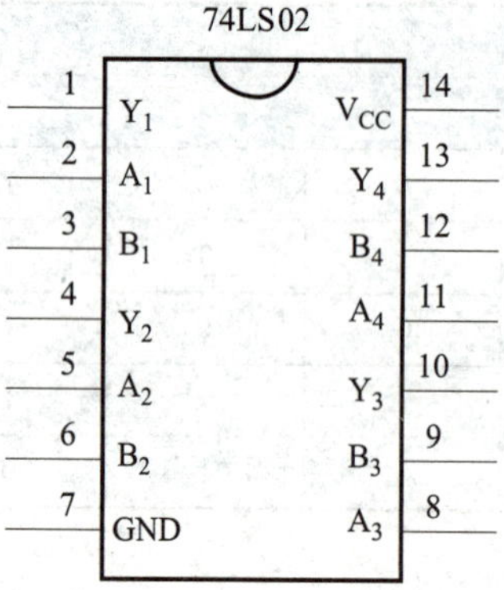

74LS02

引脚	左侧	右侧	引脚
1	Y_1	V_{CC}	14
2	A_1	Y_4	13
3	B_1	B_4	12
4	Y_2	A_4	11
5	A_2	Y_3	10
6	B_2	B_3	9
7	GND	A_3	8

74LS02 功能真值表

输入		输出
A	*B*	*Y*
0	0	1
0	1	0
1	0	0
1	1	0

7. 74LS27　三 3 输入或非门

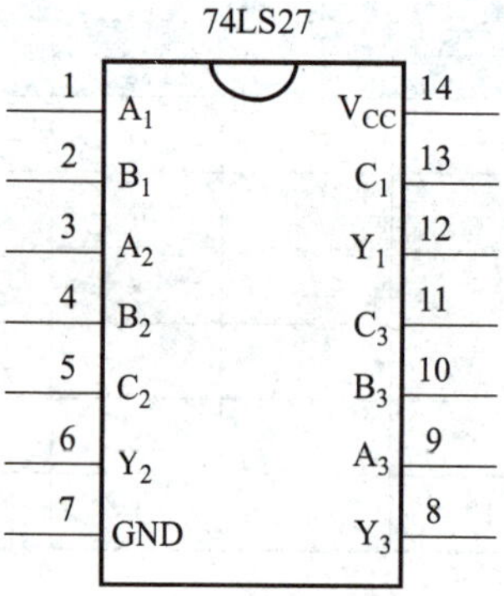

74LS27

引脚	左侧	右侧	引脚
1	A_1	V_{CC}	14
2	B_1	C_1	13
3	A_2	Y_1	12
4	B_2	C_3	11
5	C_2	B_3	10
6	Y_2	A_3	9
7	GND	Y_3	8

74LS27 功能真值表

输入	输出
A　*B*　*C*	*Y*
输入全为 0	1
输入中有 1	0

8. 74LS03　四 2 输入与非门（OC 门）

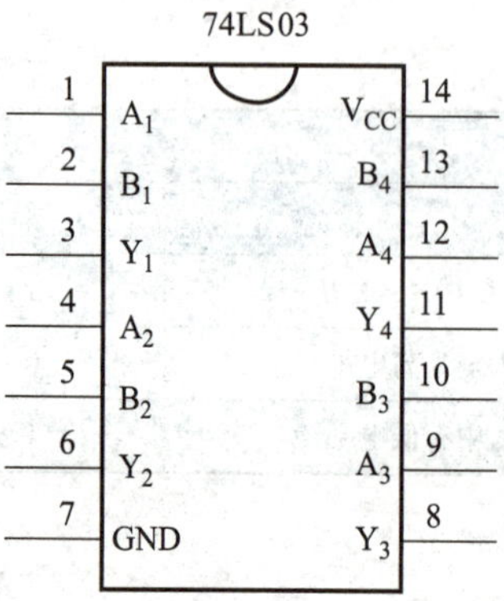

74LS03

引脚	左侧	右侧	引脚
1	A_1	V_{CC}	14
2	B_1	B_4	13
3	Y_1	A_4	12
4	A_2	Y_4	11
5	B_2	B_3	10
6	Y_2	A_3	9
7	GND	Y_3	8

74LS03 真值表

输入		输出
A	*B*	*Y*
0	0	1
0	1	1
1	0	1
1	1	0

9. 74LS05　六反相器（OC 门）

74LS05

74LS05 功能真值表	
输入	输出
A	*Y*
0	1
1	0

10. 74LS14　施密特六反相器

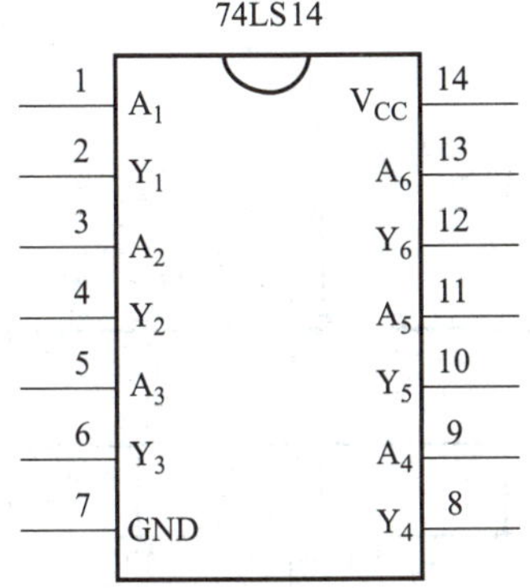

74LS14 功能真值表	
输入	输出
A	*Y*
0	1
1	0

11. 74LS132　施密特触发器四 2 输入与非门

74LS132

74LS132 功能真值表		
输入		输出
A	*B*	*Y*
0	0	1
0	1	1
1	0	1
1	1	0

12. 74LS51　双 2 路 3－3、2－2 输入与或非门

74LS51

引脚	名称	引脚	名称
1	A_1	14	V_{CC}
2	A_2	13	C_1
3	B_2	12	B_1
4	C_2	11	F_1
5	D_2	10	E_1
6	Y_2	9	D_1
7	GND	8	Y_1

74LS51 功能真值表						
输入						输出
A_1	B_1	C_1	D_1	E_1	F_1	Y_1
1	1	1	×	×	×	0
×	×	×	1	1	1	0
其余情况						1
输入						输出
A_2	B_2	C_2	D_2			Y_2
1	1	×	×			0
×	×	1	1			0
其余情况						1

13. 74LS54　4 路 2－3－3－2 输入与或非门

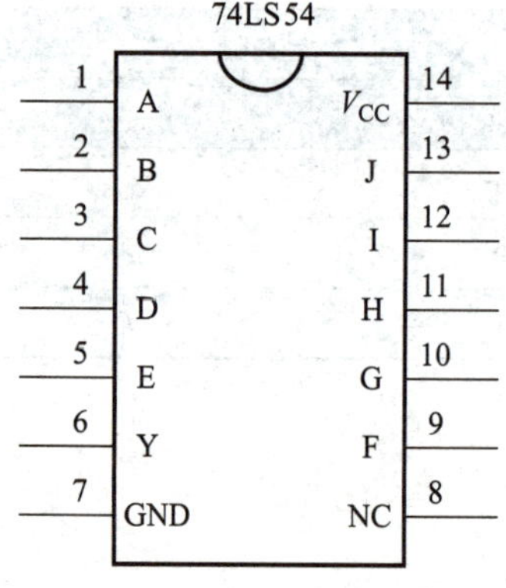

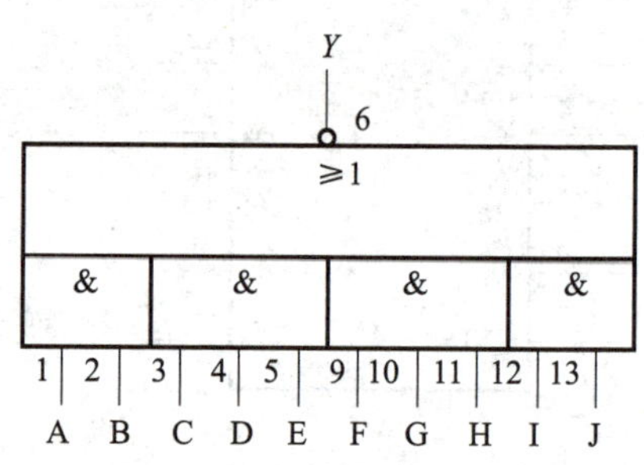

14. 74LS55　2 路 4－4 输入与或非门

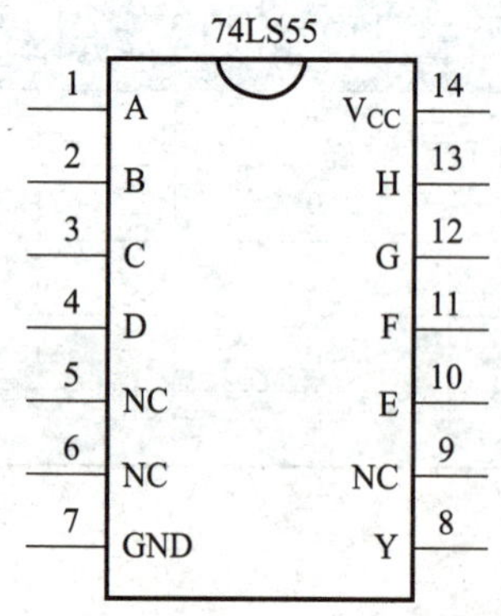

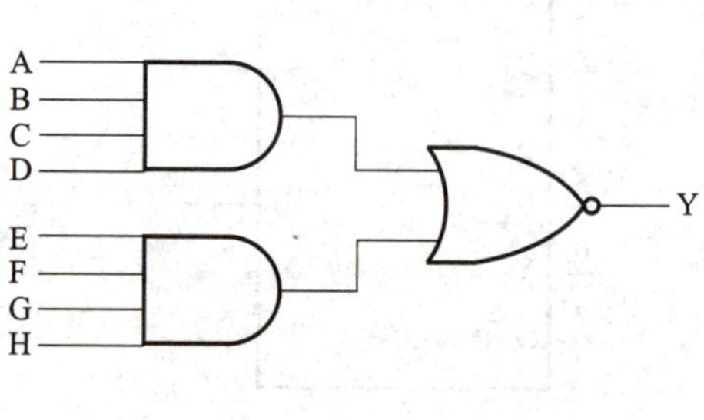

15. 74LS86 四异或门

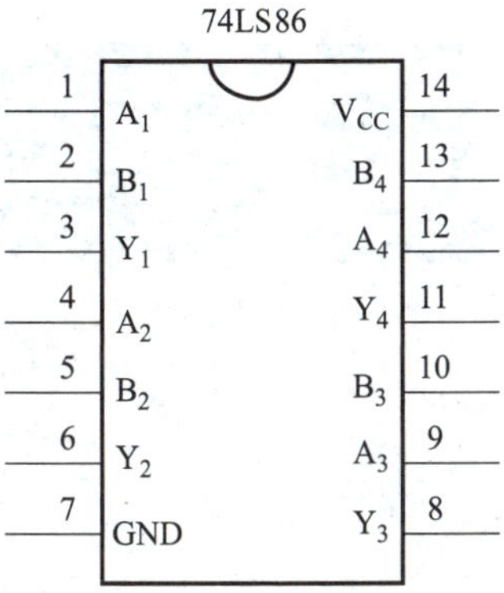

74LS86

引脚	功能	功能	引脚
1	A_1	V_{CC}	14
2	B_1	B_4	13
3	Y_1	A_4	12
4	A_2	Y_4	11
5	B_2	B_3	10
6	Y_2	A_3	9
7	GND	Y_3	8

74LS86 功能真值表		
输入		输出
A	*B*	*Y*
0	0	0
0	1	1
1	0	1
1	1	0

16. 74LS125 三态四总线驱动器

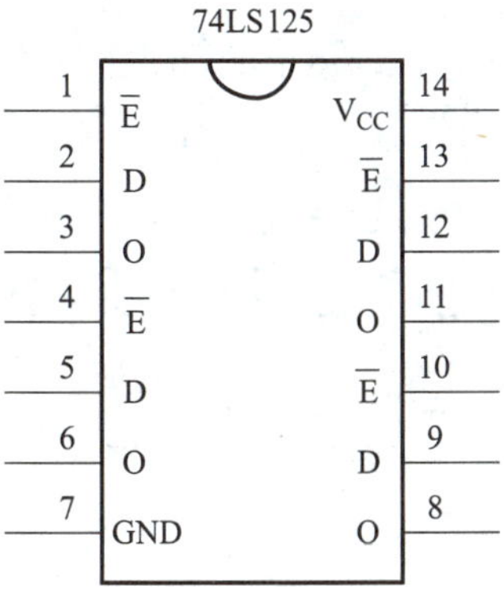

74LS125

引脚	功能	功能	引脚
1	$\overline{E}$	V_{CC}	14
2	D	$\overline{E}$	13
3	O	D	12
4	$\overline{E}$	O	11
5	D	$\overline{E}$	10
6	O	D	9
7	GND	O	8

74LS125 功能真值表		
输入		输出
$\overline{E}$	*D*	*O*
0	0	0
0	1	1
1	×	*Z*
Z 表示高阻抗状态		

17. 74LS147 10 线 – 4 线优先编码器

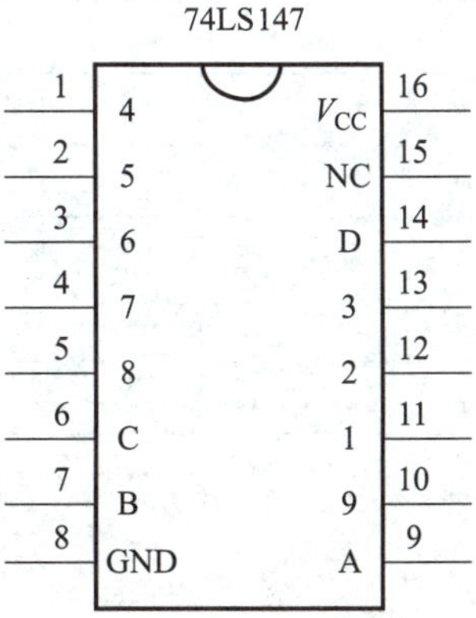

74LS147

引脚	功能	功能	引脚
1	4	V_{CC}	16
2	5	NC	15
3	6	D	14
4	7	3	13
5	8	2	12
6	C	1	11
7	B	9	10
8	GND	A	9

74LS147 功能真值表												
输入									输出			
1	2	3	4	5	6	7	8	9	*D*	*C*	*B*	*A*
H	H	H	H	H	H	H	H	H	H	H	H	H
×	×	×	×	×	×	×	×	L	L	H	H	L
×	×	×	×	×	×	×	L	H	L	H	H	H
×	×	×	×	×	×	L	H	H	H	L	L	L
×	×	×	×	×	L	H	H	H	H	L	L	H
×	×	×	×	L	H	H	H	H	H	L	H	L
×	×	×	L	H	H	H	H	H	H	L	H	H
×	×	L	H	H	H	H	H	H	H	H	L	L
×	L	H	H	H	H	H	H	H	H	H	L	L
L	H	H	H	H	H	H	H	H	H	H	H	L

18. 74LS138　3 线 -8 线译码器

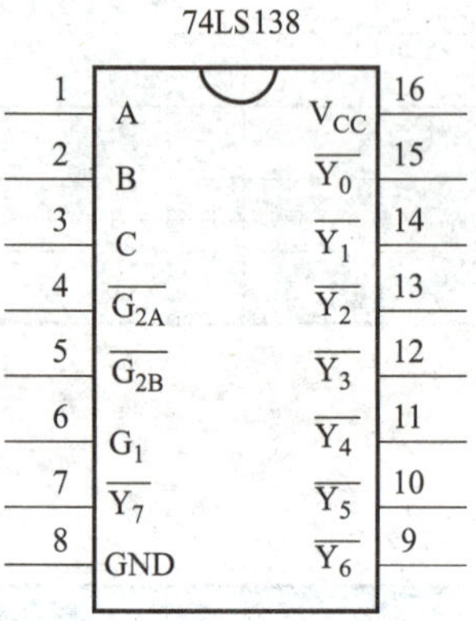

74LS138

引脚	名称	引脚	名称
1	A	16	V_{CC}
2	B	15	$\overline{Y_0}$
3	C	14	$\overline{Y_1}$
4	$\overline{G_{2A}}$	13	$\overline{Y_2}$
5	$\overline{G_{2B}}$	12	$\overline{Y_3}$
6	G_1	11	$\overline{Y_4}$
7	$\overline{Y_7}$	10	$\overline{Y_5}$
8	GND	9	$\overline{Y_6}$

74LS138 功能真值表												
输入					输出							
使能端		选择端										
G_1	G_2 (Note 1)	C	B	A	Y_0	Y_1	Y_2	Y_3	Y_4	Y_5	Y_6	Y_7
×	H	×	×	×	H	H	H	H	H	H	H	H
L	×	×	×	×	H	H	H	H	H	H	H	H
H	L	L	L	L	L	H	H	H	H	H	H	H
H	L	L	L	H	H	L	H	H	H	H	H	H
H	L	L	H	L	H	H	L	H	H	H	H	H
H	L	L	H	H	H	H	H	L	H	H	H	H
H	L	H	L	L	H	H	H	H	L	H	H	H
H	L	H	L	H	H	H	H	H	H	L	H	H
H	L	H	H	L	H	H	H	H	H	H	L	H
H	L	H	H	H	H	H	H	H	H	H	H	L

19. 74LS139　双 2 线 -4 线优先译码器

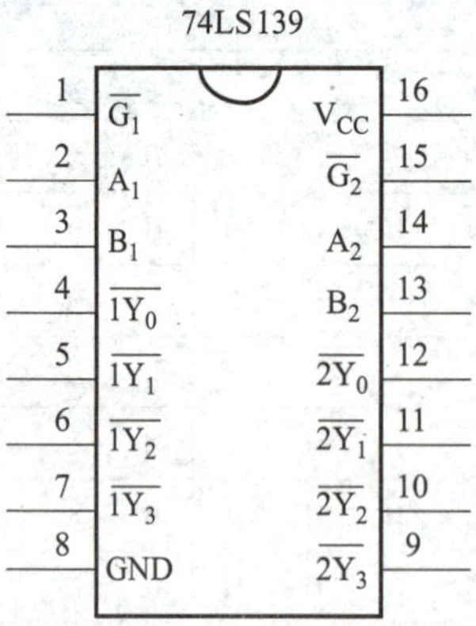

74LS139

引脚	名称	引脚	名称
1	$\overline{G_1}$	16	V_{CC}
2	A_1	15	$\overline{G_2}$
3	B_1	14	A_2
4	$\overline{1Y_0}$	13	B_2
5	$\overline{1Y_1}$	12	$\overline{2Y_0}$
6	$\overline{1Y_2}$	11	$\overline{2Y_1}$
7	$\overline{1Y_3}$	10	$\overline{2Y_2}$
8	GND	9	$\overline{2Y_3}$

74LS139 功能真值表						
输入			输出			
使能端	选择端					
G	B	A	$\overline{Y_0}$	$\overline{Y_1}$	$\overline{Y_2}$	$\overline{Y_3}$
1	×	×	1	1	1	1
0	0	0	0	1	1	1
0	0	1	1	0	1	1
0	1	0	1	1	0	1
0	1	1	1	1	1	0

20. 74LS283 四位二进制超前进位全加器

74LS283

引脚	功能	功能	引脚
1	$\sum 2$	V_{CC}	16
2	B_2	B_3	15
3	A_2	A_3	14
4	$\sum 1$	$\sum 3$	13
5	A_1	A_4	12
6	B_1	B_4	11
7	C_0	$\sum 4$	10
8	GND	C_4	9

21. 74LS85 四位数值比较器

74LS285

引脚	功能	功能	引脚
1	B_3	V_{CC}	16
2	$I_{A<B}$	A_3	15
3	$I_{A=B}$	B_2	14
4	$I_{A>B}$	A_2	13
5	$O_{A>B}$	A_1	12
6	$O_{A=B}$	B_1	11
7	$O_{A<B}$	A_0	10
8	GND	B_0	9

74LS85 功能真值表

输入							输出		
$A_3\ B_3$	$A_2\ B_2$	$A_1\ B_1$	$A_0\ B_0$	$I_{A>B}$	$I_{A<B}$	$I_{A=B}$	$O_{A>B}$	$O_{A<B}$	$O_{A=B}$
$A_3>B_3$	×	×	×	×	×	×	1	0	0
$A_3<B_3$	×	×	×	×	×	×	0	1	0
$A_3=B_3$	$A_2>B_2$	×	×	×	×	×	1	0	0
$A_3=B_3$	$A_2<B_2$	×	×	×	×	×	0	1	0
$A_3=B_3$	$A_2=B_2$	$A_1>B_1$	×	×	×	×	1	0	0
$A_3=B_3$	$A_2=B_2$	$A_1<B_1$	×	×	×	×	0	1	0
$A_3=B_3$	$A_2=B_2$	$A_1=B_1$	$A_0>B_0$	×	×	×	1	0	0
$A_3=B_3$	$A_2=B_2$	$A_1=B_1$	$A_0<B_0$	×	×	×	0	1	0
$A_3=B_3$	$A_2=B_2$	$A_1=B_1$	$A_0=B_0$	1	0	0	1	0	0
$A_3=B_3$	$A_2=B_2$	$A_1=B_1$	$A_0=B_0$	0	1	0	0	1	0
$A_3=B_3$	$A_2=B_2$	$A_1=B_1$	$A_0=B_0$	0	0	1	0	0	1
$A_3=B_3$	$A_2=B_2$	$A_1=B_1$	$A_0=B_0$	×	×	1	0	0	1
$A_3=B_3$	$A_2=B_2$	$A_1=B_1$	$A_0=B_0$	1	1	0	0	0	0
$A_3=B_3$	$A_2=B_2$	$A_1=B_1$	$A_0=B_0$	0	0	0	1	1	0

22. 74LS151　8 选 1 数据选择器

74LS151

1 D_3　　V_{CC} 16
2 D_2　　D_4 15
3 D_1　　D_5 14
4 D_0　　D_6 13
5 Y　　D_7 12
6 $\overline{Y}$　　A 11
7 $\overline{S}$　　B 10
8 GND　　C 9

74LS151 功能真值表					
输入				输出	
C	*B*	*A*	$\overline{S}$	*Y*	$\overline{Y}$
×	×	×	1	0	1
0	0	0	0	D0	$\overline{D0}$
0	0	1	0	D1	$\overline{D1}$
0	1	0	0	D2	$\overline{D2}$
0	1	1	0	D3	$\overline{D3}$
1	0	0	0	D4	$\overline{D4}$
1	0	1	0	D5	$\overline{D5}$
1	1	0	0	D6	$\overline{D6}$
1	1	1	0	D7	$\overline{D7}$

23. 74LS153　双 4 选 1 数据选择器

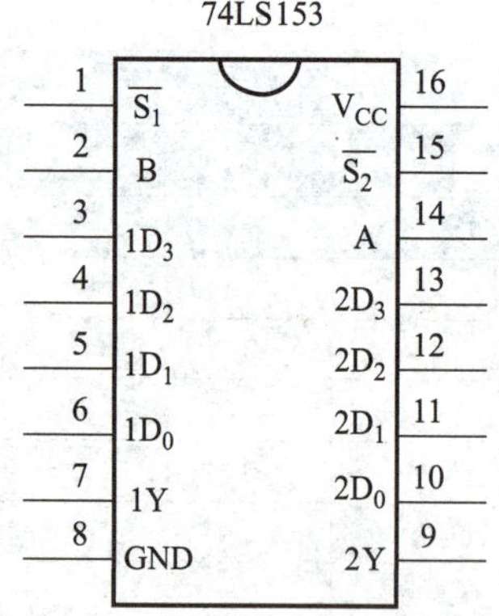

选择输入		数据输入				选通	输出
B	*A*	D_0	D_1	D_2	D_3	$\overline{S}$	$\overline{Y}$
×	×	×	×	×	×	1	0
0	0	0	×	×	×	0	0
0	0	1	×	×	×	0	1
0	1	×	0	×	×	0	1
0	1	×	1	×	×	0	1
1	0	×	×	0	×	0	0
1	0	×	×	1	×	0	1
1	1	×	×	×	0	0	0
1	1	×	×	×	1	0	1

24. 74LS157 四2选1数据选择器

74LS157

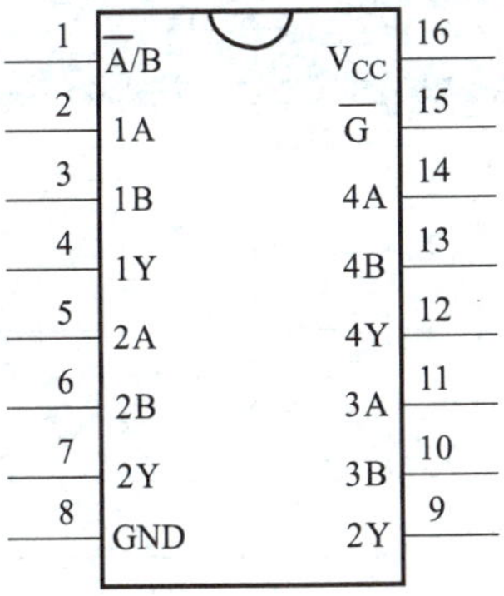

引脚	功能	功能	引脚
1	$\overline{A}/B$	V_{CC}	16
2	1A	$\overline{G}$	15
3	1B	4A	14
4	1Y	4B	13
5	2A	4Y	12
6	2B	3A	11
7	2Y	3B	10
8	GND	2Y	9

74LS157 功能真值表

输入				输出
$\overline{G}$	$\overline{A}/B$	A	B	Y
1	×	×	×	0
0	0	0	×	0
0	0	1	×	1
0	1	×	0	0
0	1	×	1	1

25. 74LS251 三态8选1数据选择器

74LS251

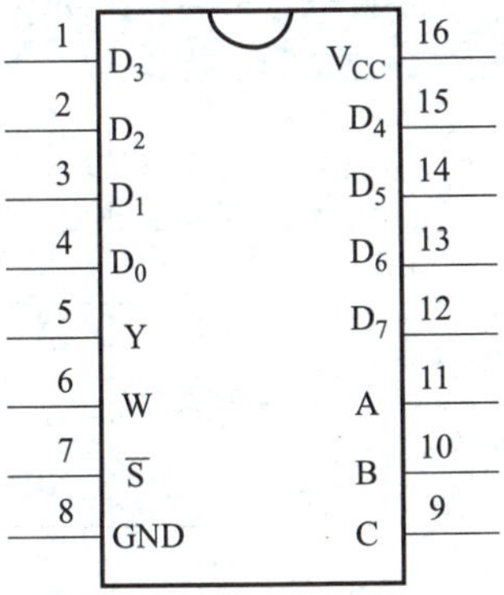

引脚	功能	功能	引脚
1	D_3	V_{CC}	16
2	D_2	D_4	15
3	D_1	D_5	14
4	D_0	D_6	13
5	Y	D_7	12
6	W	A	11
7	$\overline{S}$	B	10
8	GND	C	9

74LS251 功能真值表

输入			选通	输出	
C	B	A	$\overline{S}$	Y	W
×	×	×	1	Z	Z
0	0	0	0	D_0	$\overline{D_0}$
0	0	1	0	D_1	$\overline{D_1}$
0	1	0	0	D_2	$\overline{D_2}$
0	1	1	0	$\overline{D}_3$	$\overline{D}_3$
1	0	0	0	$\overline{D}_4$	$\overline{D}_4$
1	0	1	0	$\overline{D}_5$	$\overline{D}_5$
1	1	0	0	D_6	$\overline{D_6}$
1	1	1	0	D_7	$\overline{D_7}$

Z 表示高阻抗状态

26. 74LS257 三态四2选1数据选择器

74LS257

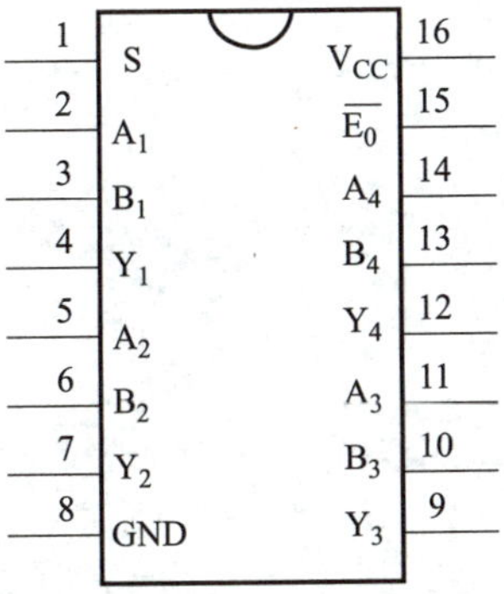

引脚	功能	功能	引脚
1	S	V_{CC}	16
2	A_1	$\overline{E_0}$	15
3	B_1	A_4	14
4	Y_1	B_4	13
5	A_2	Y_4	12
6	B_2	A_3	11
7	Y_2	B_3	10
8	GND	Y_3	9

74LS257 功能真值表

$\overline{E_0}$	S	A	B	Y
1	×	×	×	Z
0	0	0	×	0
0	0	1	×	1
0	1	×	0	0
0	1	×	1	1

Z 表示高阻抗状态

27. 74LS74　双 D 触发器

74LS74

引脚	名称	引脚	名称
1	$\overline{R_{D1}}$	14	V_{CC}
2	D_1	13	$\overline{R_{D2}}$
3	CP_1	12	D_2
4	$\overline{S_{D1}}$	11	CP_2
5	Q_1	10	$\overline{S_{D2}}$
6	$\overline{Q_1}$	9	Q_2
7	GND	8	$\overline{Q_2}$

74LS74 功能真值表

输入				输出	
$\overline{R_D}$	$\overline{S_D}$	D	CP	Q	$\overline{Q}$
0	1	×	×	0	1
1	0	×	×	1	0
1	1	D	↑	D	$\overline{D}$
0	0	×	×	1	1

↑表示上升沿

28. 74LS112　双 JK 触发器

74LS112

引脚	名称	引脚	名称
1	CP_1	16	V_{CC}
2	K_1	15	$\overline{R_{D1}}$
3	J_1	14	$\overline{R_{D2}}$
4	$\overline{S_{D1}}$	13	CP_2
5	Q_1	12	K_2
6	$\overline{Q_1}$	11	J_2
7	$\overline{Q_2}$	10	$\overline{S_{D2}}$
8	GND	9	Q_2

74LS157 功能真值表

输入					输出	
$\overline{R_D}$	$\overline{S_D}$	J	K	CP	Q	$\overline{Q}$
0	1	×	×	×	0	1
1	0	×	×	×	1	0
1	1	0	0	↓	Q^n	$\overline{Q^n}$
1	1	0	1	↓	0	1
1	1	1	0	↓	1	0
1	1	1	1	↓	$\overline{Q^n}$	Q^n
0	0	×	×	×	1	1

↓表示下降沿

29. 74LS160　四位十进制同步计数器

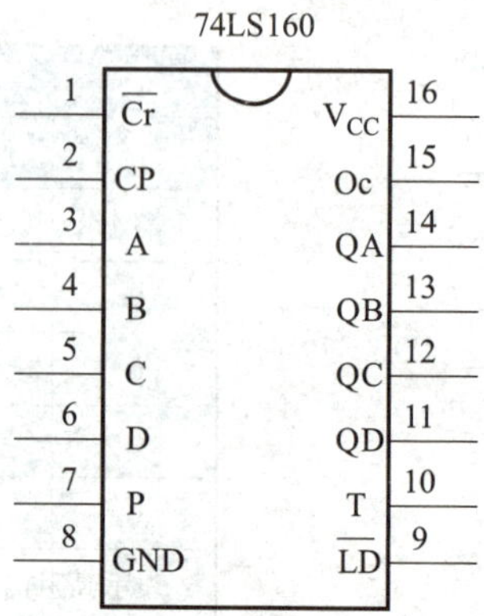

74LS160 功能真值表												
输入									输出			
CP	$\overline{CR}$	$\overline{LD}$	P	T	A	B	C	D	Q_A	Q_B	Q_C	Q_D
×	0	×	×	×	×	×	×	×	0	0	0	0
↑	1	0	×	×	A	B	C	D	A	B	C	D
×	1	1	0	×	×	×	×	×	保持			
×	1	1	×	0	×	×	×	×	保持			
↑	1	1	1	1	×	×	×	×	计数			

30. 74LS161 四位二进制同步计数器

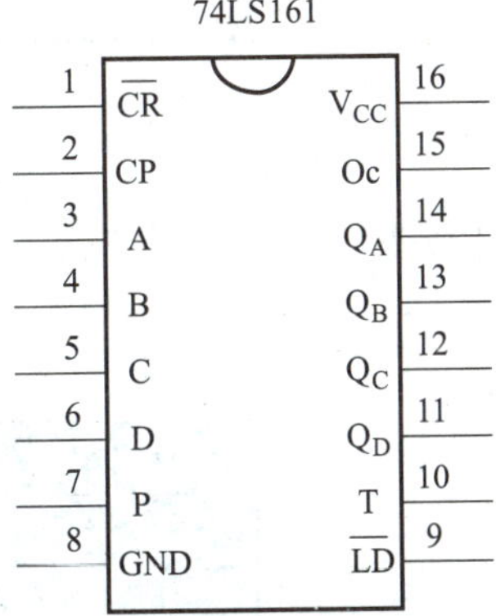

74LS161 功能真值表												
输入									输出			
CP	$\overline{CR}$	$\overline{LD}$	P	T	A	B	C	D	Q_A	Q_B	Q_C	Q_D
×	0	×	×	×	×	×	×	×	0	0	0	0
↑	1	0	×	×	A	B	C	D	A	B	C	D
×	1	1	0	×	×	×	×	×	保 持			
×	1	1	×	0	×	×	×	×	保持			
↑	1	1	1	1	×	×	×	×	计数			

31. 74LS190 四位十进制同步加/减计数器

74LS190
1 P_1
2 Q_1
3 Q_0
4 $\overline{CE}$
5 $\overline{U}/D$
6 Q_2
7 Q_3
8 GND
16 V_{CC}
15 P_0
14 CP
13 $\overline{RC}$
12 TC
11 $\overline{PL}$
10 P_2
9 P_3

74LS190 功能真值表				
输入				输出
$\overline{PL}$	$\overline{CE}$	$\overline{U}/D$	CP	
1	0	0	↑	加计数
1	0	1	↑	减计数
0	×	×	×	预置
1	1	×	×	保持

32. 74LS191 四位二进制同步加/减计数器

74LS191

1 P_1 — 16 V_{CC}
2 Q_1 — 15 P_0
3 Q_0 — 14 CP
4 $\overline{CE}$ — 13 $\overline{RC}$
5 $\overline{U}/D$ — 12 TC
6 Q_2 — 11 $\overline{PL}$
7 Q_3 — 10 P_2
8 GND — 9 P_3

74LS191 功能真值表				
输入				输出
$\overline{PL}$	$\overline{CE}$	$\overline{U}/D$	CP	
1	0	0	↑	加计数
1	0	1	↑	减计数
0	×	×	×	预置
1	1	×	×	保持

33. 74LS393　双四位二进制计数器

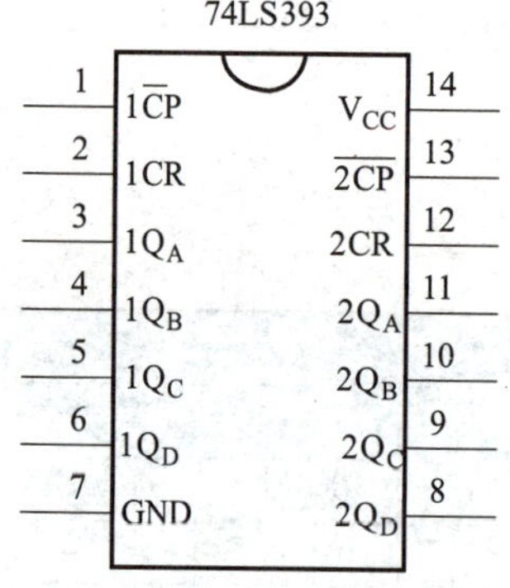

74LS393 功能真值表		
输入		输出
CP	CR	Q_D　Q_C　Q_B　Q_A
×	1	清零
↓	0	加计数

34. 74LS192　四位十进制同步加/减计数器

74LS192

1 P_1 — 16 V_{CC}
2 Q_1 — 15 P_0
3 Q_0 — 14 MR
4 CP_D — 13 $\overline{TC_D}$
5 CP_U — 12 $\overline{TC_U}$
6 Q_2 — 11 $\overline{PL}$
7 Q_3 — 10 P_2
8 GND — 9 P_3

74LS192 功能真值表				
输入				功能
MR	$\overline{PL}$	CP_U	CP_D	
1	×	×	×	清零
0	0	×	×	预置
0	1	1	1	保持
0	1	↑	1	加计数
0	1	1	↑	减计数

35. 74LS193 四位二进制同步加/减计数器

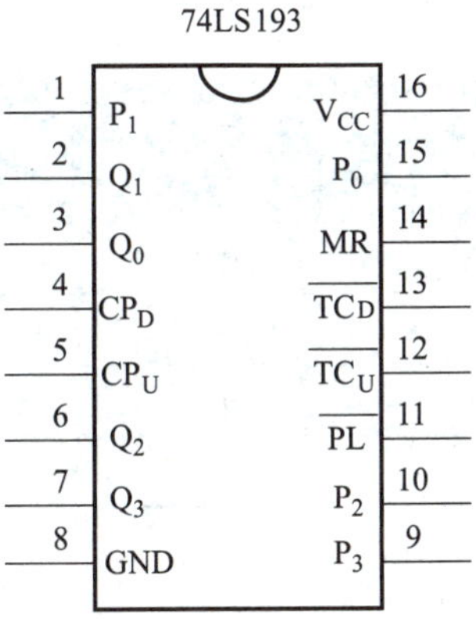

74LS193

引脚	名称	引脚	名称
1	P_1	16	V_{CC}
2	Q_1	15	P_0
3	Q_0	14	MR
4	CP_D	13	$\overline{TC_D}$
5	CP_U	12	$\overline{TC_U}$
6	Q_2	11	$\overline{PL}$
7	Q_3	10	P_2
8	GND	9	P_3

74LS193 功能真值表

输入				功能
MR	$\overline{PL}$	CP_U	CP_D	
1	×	×	×	清零
0	0	×	×	预置
0	1	1	1	保持
0	1	↑	1	加计数
0	1	1	↑	减计数

36. 74LS194 四位双向移位寄存器

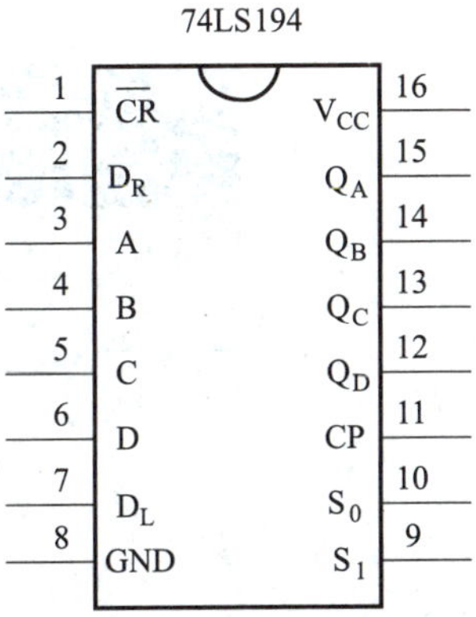

74LS194

引脚	名称	引脚	名称
1	$\overline{CR}$	16	V_{CC}
2	D_R	15	Q_A
3	A	14	Q_B
4	B	13	Q_C
5	C	12	Q_D
6	D	11	CP
7	D_L	10	S_0
8	GND	9	S_1

74LS194 功能真值表

功能	输入										输出			
	$\overline{CR}$	S_1	S_0	CP	D_L	D_R	A	B	C	D	Q_A^{n+1}	Q_B^{n+1}	Q_C^{n+1}	Q_D^{n+1}
清除	0	×	×	×	×	×	×	×	×	×	0	0	0	0
保持	1	×	×	0	×	×	×	×	×	×	Q_A^n	Q_B^n	Q_C^n	Q_D^n
送数	1	1	1	↑	×	×	A	B	C	D	A	B	C	D
右移	1	0	1	↑	×	1	×	×	×	×	1	Q_A^n	Q_B^n	Q_C^n
	1	0	1	↑	×	0	×	×	×	×	0	Q_A^n	Q_B^n	Q_C^n
左移	1	1	0	↑	1	×	×	×	×	×	Q_B^n	Q_C^n	Q_D^n	1
	1	1	0	↑	0	×	×	×	×	×	Q_B^n	Q_C^n	Q_D^n	0
保持	1	0	0	↑	×	×	×	×	×	×	Q_A^n	Q_B^n	Q_C^n	Q_D^n

37. 74LS373　八 *D* 锁存器

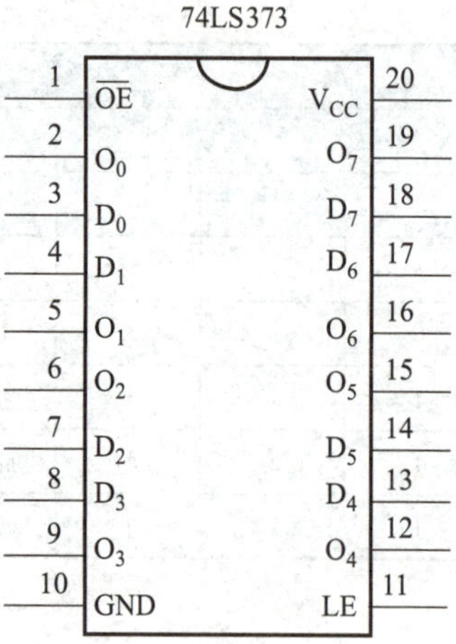

74LS373

引脚	名称	名称	引脚
1	$\overline{OE}$	V_{CC}	20
2	O_0	O_7	19
3	D_0	D_7	18
4	D_1	D_6	17
5	O_1	O_6	16
6	O_2	O_5	15
7	D_2	D_5	14
8	D_3	D_4	13
9	O_3	O_4	12
10	GND	LE	11

74LS373 功能真值表

D_n	LE	$\overline{OE}$	O_n
1	1	0	1
0	1	0	0
×	0	0	Q_0
×	×	1	Z*（高阻抗）

38. 74LS374　八 *D* 触发器

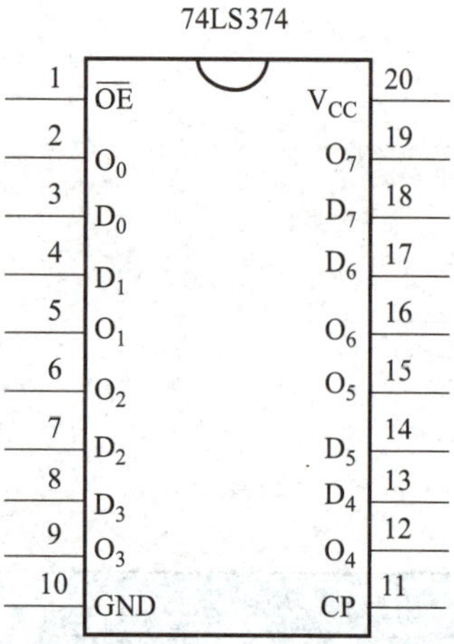

74LS374

引脚	名称	名称	引脚
1	$\overline{OE}$	V_{CC}	20
2	O_0	O_7	19
3	D_0	D_7	18
4	D_1	D_6	17
5	O_1	O_6	16
6	O_2	O_5	15
7	D_2	D_5	14
8	D_3	D_4	13
9	O_3	O_4	12
10	GND	CP	11

74LS374 功能真值表

D_n	LE	$\overline{OE}$	O_n
1	↑	0	1
0	↑	0	0
×	×	1	Z*（高阻抗）

39. CD4013　上升沿双 D 触发器

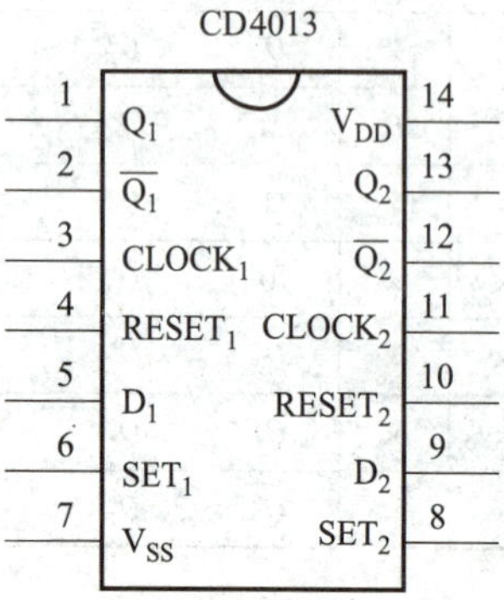

CD4013

引脚	名称	名称	引脚
1	Q_1	V_{DD}	14
2	$\overline{Q_1}$	Q_2	13
3	$CLOCK_1$	$\overline{Q_2}$	12
4	$RESET_1$	$CLOCK_2$	11
5	D_1	$RESET_2$	10
6	SET_1	D_2	9
7	V_{SS}	SET_2	8

CD4013 功能真值表

输入				输出
CLOCK	*D*	RESET	SET	*Q*
↑	L	L	L	L
↑	H	L	L	H
↓	×	L	L	保持
×	×	H	L	L
×	×	L	H	H
×	×	H	H	H
备注：“↑”表示上升沿，“↓”表示下降沿				

40. CD4060 十四位二进制串行计数器/振荡器

CD4060

1 Q_{12} | 16 V_{DD}
2 Q_{13} | 15 Q_{10}
3 Q_{14} | 14 Q_8
4 Q_6 | 13 Q_9
5 Q_5 | 12 R
6 Q_7 | 11 CP_1
7 Q_4 | 10 $\overline{CP_0}$
8 V_{SS} | 9 CP_0

引出端	功能说明	引出端	功能说明
$\overline{CP_1}$	时钟输入端	$\overline{CP_0}$	反向时钟输出端
CP_0	时钟输出端	R	$R=1$ 时计数器清零，振荡器无效
$Q_4 \sim Q_{10}$ $Q_{12} \sim Q_{14}$	计数器输出端	V_{DD}，V_{SS}	正电源和地

41. CD4028 BCD－十进制编码器

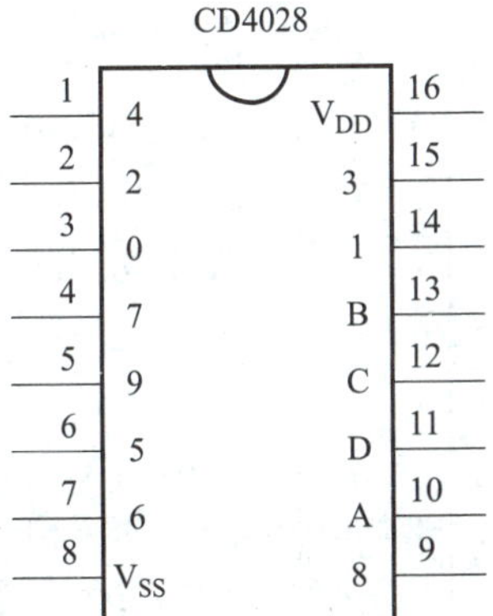

D	*C*	*B*	*A*	0	1	2	3	4	5	6	7	8	9
0	0	0	0	1	0	0	0	0	0	0	0	0	0
0	0	0	1	0	1	0	0	0	0	0	0	0	0
0	0	1	0	0	0	1	0	0	0	0	0	0	0
0	0	1	1	0	0	0	1	0	0	0	0	0	0
0	1	0	0	0	0	0	0	1	0	0	0	0	0
0	1	0	1	0	0	0	0	0	1	0	0	0	0
0	1	1	0	0	0	0	0	0	0	1	0	0	0
0	1	1	1	0	0	0	0	0	0	0	1	0	0
1	0	0	0	0	0	0	0	0	0	0	0	1	0
1	0	0	1	0	0	0	0	0	0	0	0	0	1
1	0	1	0	0	0	0	0	0	0	0	0	1	0
1	0	1	1	0	0	0	0	0	0	0	0	0	1
1	1	0	0	0	0	0	0	0	0	0	0	1	0
1	1	0	1	0	0	0	0	0	0	0	0	0	1
1	1	1	0	0	0	0	0	0	0	0	0	1	0
1	1	1	1	0	0	0	0	0	0	0	0	0	1

42. CD4069 六反相器

CD4069 功能真值表	
输入	输出
A	$\overline{A}$
0	1
1	0

43. CD4511 七段译码器/驱动器

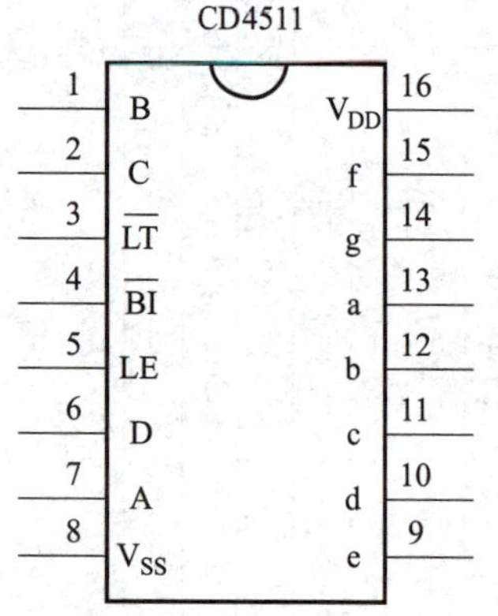

CD4511 功能真值表														
输入							输出							
LE	$\overline{BI}$	$\overline{LT}$	D	C	B	A	a	b	c	d	e	f	g	显示
×	×	0	×	×	×	×	1	1	1	1	1	1	1	8
×	0	1	×	×	×	×	0	0	0	0	0	0	0	Blank
0	1	1	0	0	0	0	1	1	1	1	1	1	0	0
0	1	1	0	0	0	1	0	1	1	0	0	0	0	1
0	1	1	0	0	1	0	1	1	0	1	1	0	1	2
0	1	1	0	0	1	1	1	1	1	1	0	0	1	3
0	1	1	0	1	0	0	0	1	1	0	0	1	1	4
0	1	1	0	1	0	1	1	0	1	1	0	1	1	5
0	1	1	0	1	1	0	0	0	1	1	1	1	1	6
0	1	1	0	1	1	1	1	1	1	0	0	0	0	7
0	1	1	1	0	0	0	1	1	1	1	1	1	1	8
0	1	1	1	0	0	1	1	1	1	0	0	1	1	9
0	1	1	1	0	1	0	0	0	0	0	0	0	0	Blank
0	1	1	1	0	1	1	0	0	0	0	0	0	0	Blank
0	1	1	1	1	0	0	0	0	0	0	0	0	0	Blank
0	1	1	1	1	0	1	0	0	0	0	0	0	0	Blank
0	1	1	1	1	1	0	0	0	0	0	0	0	0	Blank
0	1	1	1	1	1	1	0	0	0	0	0	0	0	Blank
1	1	1	×	×	×	×				*				*

44. CD4510 四位十进制同步加/减计数器 CD4516 四位二进制同步加/减计数器

CD4510

引脚	功能	功能	引脚
1	PE	V_{DD}	16
2	Q_4	CL	15
3	P_4	Q_3	14
4	P_1	P_3	13
5	$\overline{CI}$	P_2	12
6	Q_1	Q_2	11
7	$\overline{CO}$	U/D	10
8	V_{SS}	R	9

CD4510 功能真值表

输入					输出
CL	$\overline{CI}$	U/D	PE	R	$Q_4\ Q_3\ Q_2\ Q_1$
×	1	×	0	0	不计数
↑	0	1	0	0	加计数
↑	0	0	0	0	减计数
×	×	×	1	0	预置
×	×	×	×	1	清零

45. CD4516 四位二进制同步加/减计数器

CD4516

引脚	功能	功能	引脚
1	PE	V_{DD}	16
2	Q_4	CL	15
3	P_4	Q_3	14
4	P_1	P_3	13
5	$\overline{CI}$	P_2	12
6	Q_1	Q_2	11
7	$\overline{CO}$	U/D	10
8	V_{SS}	R	9

CD4516 功能真值表

输入					输出
CL	$\overline{CI}$	U/D	PE	R	$Q_4\ Q_3\ Q_2\ Q_1$
×	1	×	0	0	不计数
↑	0	1	0	0	加计数
↑	0	0	0	0	减计数
×	×	×	1	0	预置
×	×	×	×	1	清零

46. CD4518 双四位十进制同步计数器

CD4518

引脚	功能	功能	引脚
1	1CP	V_{DD}	16
2	1CT	2CR	15
3	$1Q_0$	$2Q_3$	14
4	$1Q_1$	$2Q_2$	13
5	$1Q_2$	$2Q_1$	12
6	$1Q_3$	$2Q_0$	11
7	1CR	2CT	10
8	V_{SS}	2CP	9

CD4518 功能真值表

输入			输出
CP	CT	CR	$Q_3\ Q_2\ Q_1\ Q_0$
↑	1	0	加计数
0	↓	0	加计数
↓	×	0	保持
×	↑	0	保持
↑	0	0	保持
1	↓	0	保持
×	×	1	清零
备注：“↑”表示上升沿，“↓”表示下降沿			

47. CD4520 双四位二进制同步计数器

CD4520

引脚	名称	引脚	名称
1	1CP	16	V_{DD}
2	1CT	15	2CR
3	$1Q_0$	14	$2Q_3$
4	$1Q_1$	13	$2Q_2$
5	$1Q_2$	12	$2Q_1$
6	$1Q_3$	11	$2Q_0$
7	1CR	10	2CT
8	V_{SS}	9	2CP

CD4520 功能真值表			
输入			输出
CP	CT	CR	$Q_3\ Q_2\ Q_1\ Q_0$
↑	1	0	加计数
0	↓	0	加计数
↓	×	0	保持
×	↑	0	保持
↑	0	0	保持
1	↓	0	保持
×	×	1	清零
备注："↑" 表示上升沿，"↓" 表示下降沿			

48. TS547 共阴 LED 数码管

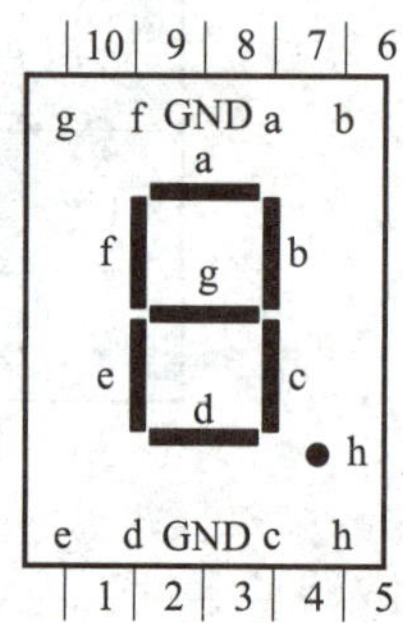

49. NE555 定时器

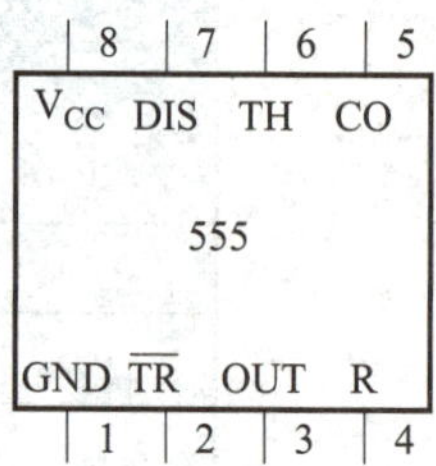

参 考 文 献

[1] 王露. 电子技术与项目训练 [M] . 北京：中国人民大学出版社，2011.

[2] 杨聪锟 . 数字电子技术基础 [M] . 北京：高等教育出版社，2014.

[3] 李中发 . 数字电子技术 [M]. 2 版 . 北京：中国水利水电出版社，2007.

[4] 邱寄帆 . 数字电子技术 [M]. 北京：高等教育出版社，2015.

[5] 周良权，方向乔 . 数字电子技术基础 [M]. 4 版 . 北京：高等教育出版社，2014.

[6] 李福军，宋月丽 . 数字电子技术 [M] . 北京：高等教育出版社，2017.

[7] 皇甫正贤 . 数字电路集成电路基础 [M] . 南京：南京大学出版社，2003.

[8] 董建民. 电子技术教学做一体化教程 [M]. 北京：北京理工大学出版社，2018.

[9] 卢明智. 数字电路创意实验 [M]. 北京：科学出版社，2012.

[10] 李中发. 数字电子技术 [M]. 北京：中国水利水电出版社，2007.

[11] 董小琼. 数字电子技术项目式教程 [M]. 北京：北京理工大学出版社，2017.

[12] 张国权. 电子技术应用实训教程 [M]. 北京：北京理工大学出版社，2016.

[13] 姚福安，徐向华. 电子技术实验设计与仿真 [M]. 北京：清华大学出版社，2014.

[14] 陶洪. 数字电路设计与项目实践. 北京：清华大学出版社，2011.